Animation
production

Introduction and
improvement

职业技能等级认定培训教材

动画制作员

入门与提高

动画制作技能

《动画制作技能入门与提高》编委会◎编著

华东师范大学出版社
·上海·

图书在版编目（CIP）数据

动画制作技能入门与提高 /《动画制作技能入门与提高》编委会编著 .
-- 上海 : 华东师范大学出版社 ,2023
ISBN 978-7-5760-4306-8

Ⅰ . ①动… Ⅱ . ①动… Ⅲ . ①动画制作软件 Ⅳ . ① TP391.414

中国国家版本馆 CIP 数据核字 (2023) 第 222454 号

动画制作技能入门与提高

编　　著　《动画制作技能入门与提高》编委会
责任编辑　余少鹏
责任校对　江小华　时东明
装帧设计　卢晓红

出版发行　华东师范大学出版社
社　　址　上海市中山北路 3663 号　邮编　200062
网　　址　www.ecnupress.com.cn
电　　话　021-60821666　行政传真　021-62572105
客服电话　021-62865537　门市（邮购）电话　021-62869887
地　　址　上海市中山北路 3663 号华东师范大学校内先锋路口
网　　店　http://hdsdcbs.tmall.com

印　刷　者　上海昌鑫龙印务有限公司
开　　本　889 毫米 ×1194 毫米　16 开
印　　张　17.75
字　　数　473 千字
版　　次　2023 年 12 月第 1 版
印　　次　2023 年 12 月第 1 次
书　　号　ISBN 978-7-5760-4306-8
定　　价　168.00 元

出版人　王　焰

（如发现本版图书有印订质量问题，请寄回本社客服中心调换或
电话 021-62865537 联系）

《动画制作技能入门与提高》
编委会

王亦飞　谷天骄　曾　岳　刘忠生

陈　苏　龚丽娟　唐志平　石云峰

韩　雪　葛　睿　任　建　朱文娟

左骋皓　林丹丹

前　言

　　《动画制作技能入门与提高》教材从初步培养动画制作操作技能，掌握相关专业理论和实用技术的角度出发，有较强的应用性和易用性。对于掌握动画制作中级、高级制作岗位的职业核心理论知识与操作技能有很好的帮助和指导作用。本书根据动画职业的工作内容，按照"动画制作员"国家职业技能标准进行编写，以理论知识普及和操作能力培养为根本出发点，采用模块化的编写方式。全书内容共分为十个章节，理论部分主要包括动画概论、二维动画的基本原理、人物的人体结构和运动规律、动物的身体结构和运动规律、自然现象的运动规律和表现方式，技能部分包括场景绘制、三维建模、材质和贴图、灯光和摄像机、三维动画制作。这些内容由浅入深地介绍相关专业理论知识与专业制作技能，使理论知识与实践操作得到有机结合。

　　本书可作为动画制作员职业技能等级认定培训教材，也可供全国中、高等职业院校相关专业师生，以及相关从业人员参加职业培训、岗位培训、就业培训使用。

目　录

第一节　动画的基础知识

一、动画的定义

1994年被发现的肖维岩洞（Grotte Chauvet）也译作萧韦岩洞，又叫肖维—蓬达尔克洞穴（Lagrotte Chauvet-Pont-d'Arc），它是位于法国南部阿尔代什省的一个洞穴，因洞壁上拥有丰富的史前绘画而闻名，这些绘画是世界上已知的最早的艺术作品。部分历史学家认为洞内岩画可以追溯至32 000年前。三万多年前用赭石绘制的犀牛、狮子和熊，虽经岁月侵蚀，却依然能够给人带来极大的视觉冲击，构成了人类试图捕捉动作的最早证据——在一张图上把不同时间发生的动作画在一起，这种"同时进行"的概念间接显示了人类"动"的欲望。

图1-1　肖维岩洞岩画

动画的英文"animate"源于拉丁语"anima"一词，意为"生命、呼吸"，从字面上理解就是将静止不动的图像赋予生命，使之活动起来。

文艺复兴时期，达·芬奇画作上的人有四只胳膊，表示双手上下摆动的动作；中国绘画史上，艺术家有为静态绘画赋予生命的传统，如南朝谢赫的"六法论"中主张"气韵生动"。敦煌壁画中的人物衣袂飘飘，生动庄严，也是基于我国古代画师将空间、时间、速度以及音律与光等抽象元素通过直接的或间接的手段运用视觉符号传达出来的理念，这些和动画的概念都有相通之处。

到了19世纪末，一些艺术家开始采用逐格的拍摄方式，一张一张地拍摄图像，并将拍摄出的图像连续播放从而形成运动影像,产生了动画。逐格拍摄的图像可以来自客观对象,也可以来自艺术家绘制的图画。随着动画技术的成熟和时代的发展,以动画形式制作、拍摄的动画影片也应运而生。现代动画影片作为影视中的一种表现形式,其综合了文学、戏剧、美术、摄影、音乐等几乎所有的文艺形式。1892 年 10 月 28日,在巴黎的葛莱凡蜡像馆,埃米尔·雷诺(Emile Reynaud)首次向观众放映光学影戏,标志着动画这门新兴的艺术形式正式诞生。动画艺术经过了一百多年的发展,已经有了较为完善的理论体系和产业体系,并以其独特的艺术魅力得到人们的喜爱。

二、动画的基本特征

1. 媒介性特征

动画的媒介性特征是由动画美学的研究主体所决定的。动画的研究主体为动画,动画作为一种艺术文化类型,是文化信息和大众传播媒介,是戏剧影视与传媒类研究范畴内,集美术、电影于一体的独特影片形式。在现今社会生活中,动画的大众化成为一种时尚。时尚娱乐场所是动画经常出现的地方,而电视和互联网的出现,也使得动画能够以更强的时尚性和便捷性,来赢得追求时尚的青少年的青睐。

2. 艺术性特征

从美术角度研究,动画是以美术造型手段为基础,借助现代科学技术,得以表现事物运动和发展过程的特殊美术形式。运用造型艺术的塑造手段,创造动画中的角色、背景等动画视觉要素,其根本方法是以美术造型元素为手段的视觉画面创作。无论是三维动画还是较为传统的二维动画的创作,都离不开美术形态的范畴,美术是动画创作的基础。

动画中的形象和剧情都是人为创造的,是创作者的假定设计,包括角色假定、场景假定和剧情假定。动画的假定性,决定了夸张、变形、象征、隐喻等手法在动画创作中占有重要地位。动画创作者能够利用其无拘无束的独特表现力和感染力,使动画角色表演出现实生活中一些人们无法做到甚至难以想象的奇特、怪诞的动作,展现各种光怪陆离、天马行空的剧情,使得动画影片和实拍影片、电视影片一样具有明显的艺术特征。随着动画应用领域的扩大和多视角的需要,其表现手法和设计形式也更趋向多元化。在动画的领域里,几乎能见到所有的平面绘画形式或立体的造型手法,如油画、水彩、水墨、版画、喷绘、电脑绘画和泥塑、布偶、民间工艺等。

从动画剧情故事创作的角度说,动画影片的剧本创作、剧幕镜头、动画角色的表演体现其文学、戏剧的艺术性。动画影片中的配音配乐,需要音乐的配合。可以说动画是以美术的造型艺术为基础,涵盖了多种其他艺术形式的综合性艺术。

3. 技术性特征

在现代动画影片制作中,不仅包含了多种艺术形式,还涉及科学技术,综合了摄影、计算机等许多科学技术手段,是一门把艺术和科学相结合而形成的,具有独特的综合性的艺术形式。伴随着诸如无纸化、三维、动作捕捉等新技术的应用,创新技术甚至成为一部现代动画影片成功与否的重要因素。

4. 符号性特征

在当今全球通信技术不断发展,全球一体化加速实现的进程中,动画影片的传播途径及受众群体也日趋广泛。其中所蕴含的文化内涵能否很好地得以体现和传播,也成为作品传播能否取得根本性成功的关键,符号化就成了一个必然趋向。符号化的视觉呈现、听觉设计及节奏处理,都能够增加动画影片本身的辨识度与信息传递的有效性。

第二节　动画的分类

分类方式主要有：制作技术手段、创作空间维度、传播媒介、功能性等。

一、按制作技术手段分类

1. 传统动画

传统动画是将一系列连续变化的画面描绘在赛璐珞胶片(Celluloid)上,采用"逐格拍摄"方法,再以每秒24格的速度放映到银幕上,使所创造的形象获得活动效果的动画制作方法。赛璐珞动画由动画师在纸张上绘制动画原稿的线条,为了能够做到分层绘制,需要将线稿转印到赛璐珞胶片上,随后由负责上色的动画师将赛璐珞胶片翻过来在背后用颜料上色。为了保证色彩和画面的一致,调配的颜色都也要严格保持一致,一般情况下在线稿旁边的标注上会写上颜色的标号。

2. 计算机动画

计算机动画是用计算机生成一系列可供实时播放的动态连续图像的计算机技术。计算机动画的出现,不仅使动画设计师逐步摆脱了繁重的手工动画制作,并且因其简便、高效、更具表现力的特点,得到越来越广泛的应用。

图1-2　赛璐珞胶片

二、按创作空间维度分类

1. 二维动画

二维动画是在二维空间中绘制的平面活动图画。二维动画通常采用"单线平涂"的绘制方法,即在单线勾画的形象轮廓线内,涂以各种均匀的颜色。这种画法既简洁明快,又易于使数目繁多的画面保持统一和稳定。

二维动画的技术基础是"分层"。传统动画的分层,是将运动的物体和静止的背景分别绘制在不同的透明胶片上,然后叠加在一起拍摄。这样既减少了绘制的幅数,还可以增强景深和空间层次的效果。计算机动画的"分层"效果,是通过"图层"直接合成的,不仅方便而且层数不受限制。

2. 三维动画

三维动画主要依赖电脑图像生成技术。它是在三维空间中,制作立体的形体及其运动。实质上,计算机三维动画是由计算机通过特殊的动画软件,在其给出的一个虚拟的三维空间中,建造物体和背景的三维模型,并为模型设置颜色和材质,再从不同角度用虚拟的灯光照射,然后让这些物体在三维空间里动起来。同时通过对三维软件内提供的"摄影机",去"拍摄"物体的运动过程,最后渲染和生成栩栩如生的三维画面。它可以模拟极为真实的光影、材质、动感和空间效果。

3. 定格动画

定格动画的拍摄空间为现实的三维空间,而后期与传统动画完全一样:把拍摄好的序列导入电脑,在软件内合并成视频片段,然后在时间线上调整速度。在各镜头单独调整完毕后,将所有镜头统一导入进行最后的剪辑。特技合成完全在电脑内完成,常用的方法有蓝幕抠像、动作模糊、手工绘制特技和擦除支撑物等。

图 1-3　定格动画

三、按传播媒介分类

1. 影院动画

影院动画是动画中备受瞩目的动画形式,通常按照电影文学方式编写故事,叙事结构严谨规范,遵循电影的语言设计故事和叙述方式,往往是最能代表一个国家动画综合能力的长片。影院动画的投资巨大,要在规定的播放时间里(一般为 60～90 分钟)讲述完整的故事;影片的结构要求清晰紧凑,故事的起因、发展和高潮衔接合理,并有恰当精彩的悬念、噱头和细节;主题要有相当的思想高度,并以精良上乘的艺术品质赢得更多观众。影院动画主要提供给电影院放映,给人以故事大片的冲击力和艺术享受,具有影院效应。

2. 电视动画

电视动画的产生,是由于电视媒体的出现,它与影院动画虽然在总体概念和规律上是共同的,但在制作技术和艺术要求上却有着较大的区别。

影院与电视动画的拍摄和记录方式不同,前者是使用电影摄影机,而后者用的是电视摄像机。再者,由于载体的不同,两者播映的媒体和渠道亦有所差异。运用电影技术拍摄的影院动画,主要在电影院上映(映期以后也可以在电视上播放),而电视动画则是通过电视播放,是更加接近大众的文化传播形式。电视动画的制作周期相对较快,时效更好。在内容上电视动画有的是以分集的形式叙述一个长故事;有的则是由情节连贯又分别独立的小故事所组成的系列。由于这类动画影片是分集播放的,因此,每集都各自要有起承转合、亮点和高潮,并以精彩的片头和片尾悬念引起观众的观赏兴趣。

3. 网络动画

互联网的产生,为人们提供了一个巨大的交流平台,使得人们能够通过网络把丰富多彩的视觉形象传播到世界的各个角落,网络动画因此应运而生。网络动画是一种文件容量小,播送速度快,适合在网络环境中播放的动画,因制作简便高效,很快得到普及,现已成为深受众多网民喜爱的动画形式。1999年出现的Flash动画设计软件为网络动画的制作、传播提供了良好的工具。该软件能够大大降低动画制作的成本和周期,非常适合当时的中国国情,从而逐渐被国人认可,催生了一系列优秀的Flash动画作品和动画创作者。

四、按功能性分类

1. 商业动画

商业动画就是以营利为目的的动画。商业动画也可以看作是具有艺术属性的特殊商品。商业动画往往体现出强烈的叙事性,通过不同风格的画面图像和曲折离奇的故事情节给观众以艺术的享受和哲理的思考。部分商业动画的剧本改编自文学作品如小说、神话、童话或民间故事等,其叙事结构与电影、戏剧基本相同,有明确的因果关系,一定模式的开头,情节的展开、起伏、高潮和结尾。叙事动画往往通过艺术语言描述细节,刻画角色属性并深入剖析其心理活动与内心状态,以及人物间的相互关系,具有很强的可观赏性,给人以动画艺术特有的视觉艺术感受。

2. 科教动画

科教动画具有科学性、教学性和艺术性的特点,以阐述科学原理、传播科学知识为目的。在科技领域中,从宏观到微观,大到浩瀚无垠的宇宙空间,小到肉眼看不见的原子、电子或微生物,甚至抽象的概念定义、逻辑思维、推理设想等,都可以通过动画夸张、拟人、象征和示意等手法,准确、形象和深入浅出地把事物的现象和本质展现出来。

3. 广告动画

广告动画是一种新的动画宣传方式。它风格独特、形式新颖,极具视觉冲击。而且,利用动画可以将枯燥乏味、毫无生气的广告产品内容以夸张、幽默的方式表达出来,让人们在欣赏动画的同时也能获得清晰的广告信息。

4. 演示动画

演示动画是通过动画技术将产品进行虚拟展示以达到演示目的的动画。通过演示动画,从简单的几何体模型(如一般产品展示、艺术品展示等),到复杂的人物模型;从静态、单个的模型展示,到动态、复杂的场景都能以直观逼真的动画形式进行呈现,如建筑漫游动画、产品展示动画、动态图形(MG)动画等。

5. 实验动画

在动画产生的早期,动画艺术缺乏完善的组织结构和相应的理论、技术支持,动画仅属于一小部分富有创造精神的先锋画家崇尚个人自由,不屑于遵循规章制度,凭借艺术创作热情创作的实验作品,即早期实验动画。当代的实验动画鼓励原创性,强调个人风格的自由发挥,往往具有丰富的哲理性、超现实表现、意境深远的特征。实验对象可以在动画创作的剧本、美术设计、镜头语言、音响效果等各个方面,通过各种风格与技巧的设计体现动画艺术的创新性、实验性与进步性。

第三节　动画的起源与发展

一、动画的起源

1.动画雏形时期

起初,人们通过研究视觉残留现象以及发明各种光学仪器,从而能够在投影屏幕上呈现出短暂且简单的运动影像。但这些影像往往只提供停留在原地的动画观感,而缺乏位置的移动。例如,在表现马的奔跑动作时,往往只有马匹四肢的运动变换,而没有马匹奔跑的前进感。这都是动画技术和艺术思维的局限性所造成的。我们可以将此时期的动画称为动画雏形时期,也可以称为视觉传播的有限运动期。

1645 年

阿塔纳斯·珂雪(Athanasius Kircher)发明了魔术幻灯(Phantasmagoria)。

1794 年

魔灯剧院在巴黎开业。"魔术幻灯"是个中空并搁有灯的铁箱,箱子的一边有一个覆盖着透镜的小洞。将一片绘有图案的玻璃放在透镜后,灯光通过玻璃和透镜,图案就会被投射在墙上。17 世纪末,约翰尼斯·赞(Johannes Zahn)在旋转盘上安装众多玻璃图片,在墙上展现出运动的图案。魔术幻灯可以看作是现代投影仪的前身,这些光学发明实现了图像的运动。

1824 年

伦敦大学的教授皮特·马克·罗杰特(Peter Mark Roget)做了一个物理实验,解释了视觉残留现象:将一组连续拍摄的相片以一定速度切换,使观众能从快速切换的相片中观察到运动效果。他出版了《关于移动物体的视觉残留现象》(*Persistence of Vision with Regard to Moving Objects*)一书,最早提出人眼有"视觉暂留"特点。

1832 年

比利时科学家约瑟夫·普拉托(Joseph Plateau)发明了一个叫作诡盘(Phenakistiscope)的光学装置。装置有一个枢轴和一块圆形木板,圆盘周围画有运动物体的分解图形,当旋转圆盘时,通过一个小缝隙就能看到运动的图形。

1861 年

美国人克尔曼·塞勒斯(Coleman Sellers)发明了电影镜(Motoscope),并申请了专利。电影镜将一系列静止图像投影到屏幕上。虽然机器比较简陋,但能使图片活动起来。

1877 年

爱德华·麦布里奇(Edward Muybridge)

图1-4　约瑟夫·普拉托的诡盘

将马跑的连续照片制成长条置于回转式画筒,并把它放到"幻透镜"上放映,使这套连续照片在幕布上"活"了起来。后来他又尝试改良埃米尔·雷诺(Emile Reynaud)的活动视镜,发明了变焦实用镜(Zoomprax-inoscope)。他还运用他所做的研究出版了《运动中的动物》和《运动中的人物》两套摄影集。他和他的助手们创造的捕捉与分解方法,为生物学与人体学研究以及动画运动规律学的探索提供了很好的研究依据,并一直沿用到今天,也为动画乃至电影艺术的产生发展,开辟了新的领域,使银幕艺术的发展向前迈进了一大步。

1885 年

汉尼拔·古德温(Hannibal Goodwin)发明了透明、柔韧性强的赛璐珞胶片,成功地把感光乳剂涂布在赛璐珞薄片上,制作出易于携带的胶片作为摄影底片,它可以成功纪录一段长时间的影像。

1888 年

埃米尔·雷诺修改了活动视镜并取名为光学影戏机(Opticaltheater)。

1892 年

埃米尔·雷诺和巴黎格雷万蜡像馆(Grevin Museum)签订合同,在这里放映世界上最早的动画。上演的第一部影片是名为《最佳啤酒》(*Unbonbock*)的无声动画片。放映节目由每卷能连续放映10~15分钟的一些画片构成。雷诺在这部影片中利用了近代动画的主要技术:活动形象与布景的分离、画在透明纸上的连环图画、特技摄影、循环运动等。因此,雷诺一般被认为是世界上最早放映动画的人,也是"动画之母"。

1894 年

法国的卢米埃尔兄弟(路易斯·卢米埃尔、奥古斯特·卢米埃尔)(Louis Jean Lumière、Auguste Lumière)发明了活动电影机(Cinématograph),它集拍摄、放映和洗印功能于一体,是第一台既能拍摄又能放映的机器。同时,托马斯·爱迪生制作了第一部可以循环重复表现的影片《爱迪生的喷嚏》(*Edison Kine to scopic Record of a Sneeze*),并在纽约建立了电影放映工作室。

1896 年

纽约世界晚报社派布莱克顿去访问爱迪生,并要他带回一张大发明家的炭笔速写。之后,爱迪生拍下布莱克顿画素描之时的短片送给他,名字是《布莱克顿,晚报漫画家》(*Blackton, The Evening World Cartoonist*)。

托马斯·阿玛特(Thomas Armat)发明了电影放映机,它对后来所有的投影机器都产生了重大影响。

乔治·梅里爱(George Melies)偶然地发明了从一个场景融到下一个场景的表现方法。

1897 年

塑像用黏土被发明了,它是从石油中提炼出来的,非常柔软,容易塑形。于是,黏土动画开始出现在历史舞台之上。黏土动画采用逐格拍摄方式,视觉感受十分立体且画面感强,让生活在三维空间的人们更觉真实。

1898 年

法国魔术师乔治·梅里爱制作了一部关于字母的动画,他被看作是第一个使物体运动的艺术家。

2. 动画的发展

加拿大电影导演诺曼·麦克拉伦(Norman Mclaren)说过:动画不是"会动的画"的艺术,而是"画出来的运动"的艺术。

动画就是利用短时间内播放连续动作序列的画面,由视觉暂留造成画面中角色动作的视觉假象。这点原理其实跟电影一样,只不过电影是由真人连续动作演出的。伴随着电影技术的发展和电影的普及,动画也迎来其发展的新时期。

1900 年

詹姆斯·斯图尔特·布莱克顿(J. Stuart Blackton)用粉笔画雪茄和瓶子素描,拍摄了被称为"把戏电影"(Trickfilm)的《神奇的图画》(*The Enchanted Drawing*),内容是画家本人表演速写的题材。短片中他的微笑和皱眉等人物面部表情和动作被替换技术运用在乔治·梅里爱的真人电影中。由于它不是逐格拍摄,所以被认为是动画的原型而不是动画。

1908 年

埃米尔·科尔(Émile Cohl)运用摄影机上的停格技术拍摄了世界上第一部动画系列影片《幻影集》(*Fantasmagorie*),并于当年的 8 月 17 日放映。在该影片中,运用了一种被称为"粉笔线风格(Chalk-line Style)"的技术,使屏幕上的画面不断变换。科尔在摄制动画片或摄制材料片(木偶片)的技巧上有其独到之处。此外,他创作的作品的数量多得惊人,一生中完成了两百多部作品。

西班牙人塞冈多·德·乔蒙(Segundo de Chomón)播放了他的电影《电气旅店》(*Electric Hotel*)。

1913 年

加拿大人拉乌·巴瑞(Raoul Barré)进入动画界。他从爱迪生工作室开始,在那里遇到了真人短片的制作人比尔·诺兰(Bill Nolan)。同年,拉乌·巴瑞和比尔·诺兰成立了自己的工作室——巴瑞-诺兰(Barré-Nolan),是历史上第一家动画工作室。

他们开创了动画定位系统(Peg Bar System),使动画图形在纸上保持完全相同的顺序和位置。拉乌·巴瑞还研发了"分割系统",将活动角色从背景剪下,再在拍摄每幅图像时将它们组合在一起。该系统一直使用到 20 世纪 30 年代,但最终被效率更高的赛璐珞动画系统所取代。诺兰还发现,如果在一张长纸上绘制的背景被传递到一个角色行走的图画下面,就会产生水平运动的错觉,这是动画电影中所有平移动作的基础。

1914 年

美国人埃尔·赫德(Earl Hurd)发明了透明的赛璐珞胶片,取代了以往的动画纸。画家不用每一格的背景都重画,将人物单独画在赛璐珞胶片上而把衬底背景垫在下面相叠拍摄,创造了动画片的基本拍摄方法,提出了活动形象与背景分离的制作方式,大大提高了动画制作的效率和表现力。

温瑟·麦凯(Zenas Winsor McCay)创作的《恐龙葛蒂》(*Gertie the Dinosaur*)上映。温瑟·麦凯与埃米尔·科尔、詹姆斯·斯图尔特·布莱克顿同为动画界的先驱人物,麦凯是最早提倡要用动画讲故事表达思想情感的动画艺术家,被称作是"主流动画的奠基者"。

1919 年

派特·苏利文(Pat Suliivan)公司的奥图·梅斯麦(Otto Messmer)创作了《猫的闹剧》(*Feline Follies*),菲力猫形象首次登台。菲力猫也是第一个具有商业属性的卡通角色,一套商业化的动画影片销售模式也因此建立。

1926 年

万氏兄弟(万籁鸣、万古蟾、万超尘、万涤寰)摄制了中国第一部动画《大闹画室》。

1928 年

华特·迪士尼(Walt Disney)创作了世界上第一部音画同步的有声动画《威利号汽船》(*Steam*

Boat Willie）。

1930 年

万氏兄弟摄制出品了《纸人捣乱记》。

1937 年

华特·迪士尼出品第一部长篇动画电影《白雪公主与七个小矮人》（*Snow White and the Seven Dwarfs*）。

从第一部动画作品问世到 1995 年，第一部利用纯电脑技术完成的 3D 动画长片《玩具总动员》（*Toy Story*）大银幕上映，动画发展的诸多重要史实说明，动画的视觉传播效果、流畅程度、受众范围、最终的银幕效果等都与科技与文化的发展密切相关。

二、各国动画概况

1. 美国动画

美国是一个商业动画大国，当初因为温瑟·麦凯的动画取得了不凡的经济效益，美国动画人以及可能从事动画事业的投资者们看到了动画喜人的商业前景。尾随的成功者有麦克斯·佛莱雪（Max Fleischer）和达夫·佛莱雪（Dave Fleischer）兄弟，他们于 1916—1929 年创作的《墨水瓶人》（*Out of the Inkwell*）、《小丑可可》（*Koko the Clown*）和《大力水手泼贝》（*Popeye the Sailor*）系列片，很快就行销全世界，中国动画的开创者万氏兄弟便是被这些影片引入了动画之门。然而直到华特·迪士尼的出现，动画才真正成为一种被大众广泛认可，并带来滚滚财源的娱乐艺术和产业。

2. 加拿大动画

加拿大国家电影局（National Film Board of Canada）是加拿大官方机构，成立于 1939 年。1943 年，诺曼·麦克莱伦（Norman McLaren）创立动画部。1949 年，诺曼·麦克莱伦尝试用长时间在胶片上画出连贯线条的方法制作了《色彩幻想》（*Begone DullCare*），看过该片后毕加索说："最终，一切都变了。"值得一提的是，他还曾代表联合国教科文组织来到中国四川为预防传染病的宣传干部讲授如何利用视觉工具开展宣传工作。这次中国之行激发他于 1952 年创作了《邻居》（*Neighbor*）。

同属于加拿大国家电影局的卡洛琳·莉芙（Caroline Leaf）开创了在玻璃上用沙子制作动画的先河。她在透明玻璃表面（玻璃下方有灯箱照明）用细沙勾勒出角色的轮廓，再逐格改变沙粒的形状。用这种独特的动画制作手法，她于 1974 年创作了《与鹅结婚的猫头鹰》（*The Owl Who Married A Goose*），并于 1977 年创作了《萨姆沙先生变形记》（*The Metamorphosis of Mr. Samsa*）。

3. 日本动画

日本动画主流动画角色的造型精致，题材多是超现实主义，具有丰富的人文主义色彩，背景追求完美，画面细腻，整体采用写实的风格，可以充分地利用电影语言，全方位地变换镜头角度以及强化的光影和音响效果，更增加了视觉和听觉的冲击力。

4. 法国动画

法国具有深厚的艺术底蕴和相对宽松的艺术空间，因此形成了法国动画的所表现出来的幽默、亲和的独特风格。法国动画大多情节荒诞，人物造型大多比较夸张——大鼻子、高颧骨、大眼睛、小细腿，充满浓重的艺术气息。虽然故事大多表现平凡英雄，但是能触及观众内心深处，很有艺术意义。这种独特的风格对欧洲动画及世界动画中有着不可或缺的影响,而深厚的艺术底蕴也确保了法国动画在世界动画中也能独树一帜并保持其特有的风格,使法国动画产业一直处于世界前沿。

5. 俄罗斯/苏联动画

俄罗斯动画在世界动画历史上占有重要地位。在20世纪60到80年代,苏联动画的影响力可以同美国抗衡,苏联政治生活的持续动荡,使其动画创作进程也呈现出阶段性的特点。

早期的苏联动画政治色彩十分鲜明,基本采取写实主义的表现形式。20世纪60年代以后,它的内容逐渐触及现实,随着创作题材范围的日益扩大,动画的表现手段也得到了更新,其形式上开始吸收欧洲自由多变的风格,一些采用象征主义、印象主义、表现主义风格的动画短片的创作色彩纷呈,同时保持苏联动画鲜明的绘画性和俄罗斯民族钟爱的华丽斑斓的色彩,人物造型不似美国、日本那样追求完美,而是突出个性化。

6. 克罗地亚动画

克罗地亚动画发端于1950年代,辉煌于1960年代,1980年代后渐渐淡出国际动画界。克罗地亚动画是在这个特定历史时期成长、成熟、步入辉煌的。克罗地亚动画作品素以内涵深刻且多元化而著称。在近30年的动画创作历程中,最常出现、最为集中的一个人物形象是以"受难的小人物"为指代符号所表达出的内涵。可以说,这一形象代表了为了保持自己的独立与完整,而不惜以"个体对抗全体"、踽踽独行的南斯拉夫人民的艰辛缩影。1959年的《孤独》(Samac)、1962年的《代用品》(Surogat)都是克罗地亚动画的代表作品。其代表人物是杜桑·乌克第奇(Dusan Vukotic),因为当时的赛璐珞胶片的缺乏和昂贵,逼迫动画家们不得不发明一个称为有限动画的方式,这种方式甚至让艺术家只用八张赛璐珞胶片就可以完成一个动画。此阶段的克罗地亚动画也被学界称作"萨格勒布学派"。

7. 中国动画

中国动画的绘画风格与传统中国绘画有着密切的联系,偏重把绘画语言作为动画美术表现的主要形式。角色动作设计追求中式节奏感和韵律感。表现出对民间艺术形式的不断追求、探索和借鉴。中国主流动画以万氏兄弟为代表。中国动画的特点首先表现在早期动画深受传统文化的影响,中国动画学派以独特的风姿引起广泛的关注和赞誉。由于中国有着悠久的绘画、雕塑、建筑、服饰、戏曲、民乐、剪纸、皮影等民间艺术历史,所以通过吸收借鉴,中国动画的类型可谓多种多样。故事结构受戏剧的影响形成了从发生、发展、高潮到结局环环相扣、完整饱满的构成方式。而表达方式上,则采用点线表现主体趣味,追求意象。

三、世界动画艺术家与制作公司

1. 国外动画与动画艺术家

(1) 温莎·麦凯(Winsor McCay)

1871年生于美国,是动画先驱者之一,温莎·麦凯不是发明动画的人,但他是第一个注意到动画艺术潜能的人。动画大师理查德·威廉姆斯认为:"温莎·麦凯是第一个把动画发展为独立艺术门类的人。"

1911年,温莎·麦凯利用"小尼摩"的形象制作了他的第一部动画片《小尼摩》(Little Nemo)。

片长十分钟,是真人与动画相结合的黑白默片。影片展示了他的工作过程和演示"小尼摩"活动的场景。全片采用那时的电影胶片,即每秒 16 格,按照"一拍一"的方式在一个月内完成手绘画稿 4000余张,并由自己逐张上色。在创作过程中创造性地使用了"摇片机"(Mutoscope),在实际拍摄之前把画好的画稿装在一个类似电影胶片转轴的装置上,用手柄摇动让画稿随之连续播放,以便预览影片效果,类似今天的"动检仪"。这对研究早期动画电影非常有价值。为了保证动作的逼真与连贯,他拿着秒表亲自测试每一个动作的实际时间。其代表作品有:《路西塔尼亚号的沉没》(*The Sinking of the Lusitania*)、《恐龙葛蒂》(*Gertie the Dinosaur*)等。

(2)弗莱舍尔兄弟(Fleischer Brothers)

弗莱舍尔兄弟指的是马克斯·弗莱舍尔、乔·弗莱舍尔、卢·弗莱舍尔、戴夫·弗莱舍尔。

弗莱舍尔兄弟的动画公司与早期的迪斯尼公司对抗了近 30 年,制作了近 700 部动画片。他们创造的《大力水手泼贝》(*Popeye the Sailor*)、《小丑可可》(*Koko the Clown*)、《宾宝狗》(*Bimbo*)以及《美女贝蒂》(*Betty Boop*)等动画。

马克斯·弗莱舍尔独辟蹊径,开创一条介乎于真人与动画之间的特殊技术之路。他于 1917 年发明了一套名为"转描机"(Rotoscope)的装置。它通过将投影仪播放的影像投射在工作台的毛玻璃上,使动画师直接在赛璐珞胶片上转描出相应的动作。马克斯·弗莱舍尔率先提出了引入"中间画师"(Inbetweener)以减轻主创人员工作负荷的方式。其代表作品有:《大力水手泼贝》(*Popeye the Sailor*)、《美女贝蒂》(*Betty Boop*)等。

(3)华特·迪士尼(Walt Disney)

1923 年夏天,华特·迪士尼和哥哥罗伊凑了 3200 美元重新创业,成立了迪士尼兄弟动画制作公司,这是今天迪士尼娱乐帝国的真正开始。1926 年,迪士尼将"迪士尼兄弟动画制作公司"的名称改为"华特·迪士尼制作公司"(Walt Disney Productions)。华特·迪士尼与乌布·伊沃克斯用了大约两周时间,绘制了 700 余幅画,制作了第一部米老鼠动画短片《疯狂的飞机》(*Plane Clazy*)。后来他又创作了动画电影史上第一部有声卡通片《威利号汽船》(*Steam boat Willie*)。

1937 年,华特·迪士尼推出美国电影史上第一部动画长片《白雪公主和七个小矮人》(*Snow White and the Seven Dwarfs*),把动画片的生产规模逐渐推向巅峰。此后迪士尼公司制作了 60 多部动画短片,并几乎囊括了那一时期所有奥斯卡最佳动画短片奖。其代表作品有:《威利号汽船》(*Steam boat Willie*)、《白雪公主和七个小矮人》(*Snow White and the Seven Dwarfs*)等。

(4)泰克斯·艾弗瑞(Tex Avery)

1937 年他独立创造的第一个动画角色"达菲鸭"(Daffy Duck)在《猪小弟猎鸭记》(*Porky Duck Hunt*)中首次登场。随后他又缔造了"鸡蛋头"(Egghead)、"兔八哥"(Bugs Bunny)。他的创作使美国动画行业意识到动画不仅可以像迪士尼那样拍给小孩子看,在成人市场也有动画的一席之地,进而影响了威廉·汉纳和约瑟夫·巴巴拉制作的《猫和老鼠》(*Tom and Jerry*)。其代表作品有:《闪电老狼》(*Blitz Wolf*)、《喷气机小强尼》(*Little Johnny Jet*)等。

(5)阿德曼动画公司(Aardman Animations)

1976 年,大卫·史波克斯顿(David Sproxton)与彼得·洛德(Peter Lord)创建了阿德曼动画公司。公司的名字来自他们同年创作的一部手绘动画短片主角的名字,在荷兰语中"aard"是"地球"的意思,然而"aardman"则经常被翻译为"精灵"。他们的第一部动画短片是在自家厨房桌子上完成的。1970 年两个少年把自己制作的 16 毫米动画作品寄到英国广播公司(BBC),没想到颇受欢迎,应邀于

《视觉呈现》(*Vision On*)中制作一部动画短片,塑造了阿德曼(Aardman)这个角色。在日后的创作中,因熟练掌握了动画对口型的技术而成为这一领域的专家。

1985年2月,尼克·帕克加入了影响他一生的阿德曼动画公司。1989年,他创作了获得1991年奥斯卡最佳动画短片奖、安纳西国际动画节评委会大奖、英国影视艺术学院奖最佳动画电影提名、欧洲卡通论坛大奖、渥太华国际动画节三等奖的《动物悟语》(*Creature Comforts*),及获得1990年英国影视艺术学院奖最佳动画电影奖、1991年奥斯卡最佳动画短片提名的《超级无敌掌门狗:奇异的假期》(*Wallace & Gromit: A Grand Day Out*),这部动画也成为未来阿德曼动画公司最知名的作品。其代表作品有:《超级无敌掌门狗:奇异的假期》(*Wallace & Gromit: A Grand Day Out*)、《小鸡快跑》(*Chicken Run*)等。

(6)理查德·威廉姆斯(Richard Williams)

1958年他独立制作并导演了动画短片《小岛》(*The Little Island*)。

1986年,史蒂文·斯皮尔伯格与罗伯特·泽米斯基(Robert Zemeckis)筹备拍摄《谁陷害了兔子罗杰》(*Who Framed Roger Rabbit*),理查德·威廉姆斯率领326名动画师(其中254名在伦敦由他直接管理,其余72人在美国工作)制作、处理全片82 080格动画片段,用真人加动画的拍摄模式重新吸引了日益远离动画电影的观众,开创了另一种类型影片。

理查德·威廉姆斯所著的《动画师生存手册》(*The Animator's Survival Kit*)于2002年由费伯·费伯出版社(Faber and Faber)出版。所有插图全部由理查德·威廉姆斯亲手绘制并配以文字说明。正像该书封面上所说,"这是一本集动画制作原理及实践于一身的实用手册,适用于制作传统动画、电脑动画、电子游戏以及网络动画的动画师。"其代表作品有:《小岛》(*The Little Island*)、《谁陷害了兔子罗杰》(*Who Framed Roger Rabbit*)等。

(7)宫崎骏(Hayao Miyazaki)

1963年,宫崎骏大学毕业后进入梦寐以求的东映动画工作。受训三个月后,他成为一名动画师,参与制作的第一部动画作品为《汪汪忠臣藏》(*Watchdog Bow Wow*)。1979年宫崎骏第一次执导影院长片——剧场版动画《鲁邦三世:古城寻宝》(*Lupin Ⅲ: Cagliostros Castle*),影片获得1980年日本每日电影评选大藤信郎奖。1997年的《幽灵公主》(*Princess Mononoke*)是宫崎骏走向世界的第一部作品,正是这部电影让全世界开始意识到在遥远的东方有一个动画巨匠。其代表作品有:《千与千寻》(*Spirited Away*)、《悬崖上的金鱼姬》(*Ponyo on the Cliff by the Sea*)等。

(8)高畑勋(Isao Takahata)

1959年,高畑勋进入东映动画,参与电视动画的导演助理工作。1964年高畑勋首次独立执导电视系列动画片《狼少年肯》(*Wolf Young Ken*)(担任其中11集的导演)。1968年高畑勋首次执导影院版动画长片,他与宫崎骏、大冢康生等当时东映动画的新锐成员合作的《太阳王子历险记》(*Prince of the Sun*)成为日本新动画里程碑式的作品。1988年,高畑勋执导了自己在吉卜力工作室的首部动画长片《萤火虫之墓》(*Grave of the Fire flies*),1994年,高畑勋导演了一部与自己之前作品迥然不同的剧场版动画《百变狸猫》(*Pom Poko*)。2010年,阔别影坛11年的高畑勋再次执导剧场版动画《竹取物语》(*The Tale of the Bamboo Cutter*)。其代表作品有:《太阳王子历险记》(*Prince of the Sun*)、《萤火虫之墓》(*Grave of the Fireflies*)等。

(9)押井守(Mamoru Oshii)

押井守从1977年至1980年在龙之子动画制作公司就职,先后参与了《科学小飞侠》

(Gatchaman)和《救难小英雄》(The Rescuers)等名作的制作。1980—1984 年间,押井守跳槽到由龙之子动画制作公司分立出来的小丑工作室工作,独立执导了《福星小子》(Urusei Yatsura)电视系列动画片的前半部分。1983 年他与老师鸟海永行合作执导了世界上第一部原创动画录影带(Original Video Animation,以下简称"OVA")《宇宙战争》(Dallos)。1985 年押井守与插画大师天野喜孝合作推出了 OVA——《天使之卵》(Angel's Egg)。这套 OVA 进一步拓宽了动画市场,为日本动画界和动画人开创了一种全新的制作与经营模式。押井守独立改编、导演了三部《攻壳机动队》(Ghost in the Shell)系列影院动画:1995 年的《攻壳机动队》、2004 年的《攻壳机动队 2:无罪》(Ghost in the Shell 2 : Innocence)与 2008 年的《攻壳机动队 2.0》(Ghost in the Shell 2.0)。其代表作品有:《攻壳机动队》(Ghost in the Shell)系列影院动画等。

(10)大友克洋(Katsuhiro Otomo)

1986 年,大友克洋得到第一次执导动画片的机会,与福岛敦子(Atsako Fukushima)、川尻善昭(Yoshiaki Kanajiri)联合制作概念性作品《迷宫物语》(Fall in Labyrinth)。而另一部作品《阿基拉》(Akira)在美国市场的大获成功标志着大友克洋正式投身于动画界而告别漫画领域。《阿基拉》开创了多项日本动画先河与纪录,开创了日本动画片第一次使用计算机动画技术的先例:总作画张数为15 万张,成本高达十亿日元。影片使用前期录音模式制作,这种迪士尼公司常用的模式在日本动画史上的运用却是第一次。其代表作品有:《阿基拉》(Akira)、《蒸汽男孩》(Steamboy)等。

2. 中国动画与动画艺术家

(1)万氏兄弟

中国美术片的开拓者,包括万古蟾、万籁鸣、万超尘、万涤寰 4 人。20 世纪 60 年代,万氏兄弟导演了动画巨片《大闹天宫》,成为中国动画里程碑式作品。其代表作品有:《民族痛史》《大闹天宫》等。

(2)特伟

中国著名动画艺术家、漫画家,"中国学派"的创始人。

特伟提出"探民族风格之路"的口号,在后续的创作中尝试将动画作品的角色造型脸谱化、动作设计糅入京剧元素、配乐采用中国传统器乐、艺术风格引入水墨画技法等诸多尝试,开创了水墨动画片这个新片种,大大拓宽了中国动画片的艺术类型。特伟坚持走民族化道路,掀起百花齐放的高潮,确立了"中国学派"在世界动画中的重要地位。中国水墨动画《山水情》风格运用恰到好处,它将中国传统文化的内容——古琴音乐,以中国传统文化的艺术手法——中国水墨画,表现了中国画水墨风貌的国产动画故事,是一部风格突出的优秀动画作品。其代表作品有:《小蝌蚪找妈妈》《牧笛》等。

(3)常光希

中国著名动画艺术家,1986 年加入国际动画协会(ASIFA),1987 年任上海美术制片厂副厂长,动画美术设计师、特效师、导演、编剧。他曾担任过 15 部动画的主要动画设计和 3 部动画的人物造型设计,后转为动画导演。其代表作品有:《蝴蝶泉》《宝莲灯》等。

(4)严定宪

中国著名动画艺术家,上海美术电影制片厂前厂长、国家一级导演、中国动画学会副会长、中国电影家协会理事、国际动画协会会员。1986—1997 年间,先后应邀担任南斯拉夫萨格勒布国际动画电影节评委、中国上海第二届国际动画电影节评委、保加利亚瓦尔纳国际动画电影节评委和韩国首尔国际动画电影节评委。严定宪曾出版了《美术动画技法》《动画制作和动画技法》《动画导演基础与创作》等专著,筹办过首届上海国际动画电影节,并担任国际评委,1985 年加入国际动画协会并连续两届被选为协会理事。其代表作品有:《哪吒闹海》《舒克和贝塔》等。

（5）曲建方

中国著名动画艺术家,国际动画协会会员、前中国电视艺术家协会卡通艺术委员会副主任、前中国动画学会常务理事。上海美术电影制片厂一级美术设计师兼导演,其间导演和设计美术片 30 余部,导演电视剧 8 部。

《阿凡提的故事之种金子》(1979)获得原文化部优秀影片奖、大众电影"百花奖",并入选美国奥斯卡电影节、中国少数民族电影节"腾龙奖"一等奖。其代表作品有:《阿凡提的故事》《大草原上的小老鼠》等。

（6）戴铁郎

中国著名动画艺术家和一级导演,国际动画协会会员、中国美术家协会会员、中国动画学会理事、中国美院美术设计院影视动画原系主任及中央电视台动画部艺术顾问。《黑猫警长》还出品了一些衍生产品,如图书、录音带等,可以说是动漫产业化的初步尝试。其代表作品有:《母鸡搬家》《黑猫警长》等。

第四节　动画影片的戏剧效果与故事模式

一、动画影片的戏剧效果

任何一部优秀的影视作品,无不以其引人入胜的剧情和生动的形象深深地打动着观众,动画影片作为影视艺术形式之一,当然亦不例外。

从动画影片诞生至今,近百年来,世界各国经典动画影片以它们特殊的艺术形式,夸张、幽默地演绎着天上、人间的悲喜剧;用它们无拘无束的视听语言讲述着一个又一个充满幻想的神话和美丽动人的童话故事,给人们以极大的审美艺术享受。作为一种特殊的视听艺术形式,动画夸张、幽默的艺术表现手法,更是为人们带来了无尽的乐趣。

二、动画影片中的悲喜剧

动画影片中的悲喜剧效果,常常以借助破坏有价值的事物,使观众产生难舍的强烈情绪或刻意引发观众愉悦情绪,使欣赏过程在哭笑声中度过,从而间接地表述并使观众领悟作品的思想内涵。在影片中,不论是什么样的故事,悲、喜剧元素相互穿插和效果的运用,既能调整剧情的气氛,又可通过对比加强剧作的表现力,使影片产生强烈的起伏感。

悲剧效果的创作特点是:创造对立关系,加强矛盾冲突,为故事发展做铺垫,使观众产生与之同感受、共命运的心情和"悲"元素的形成来实现影片的艺术效应。

总体而言,动画是一种充满幽默特点的艺术,因而在影片中,更适于表现和发挥喜剧的效果。喜剧效果则常采用错位、反差、变形、荒诞、误会和巧合等方法来实现:

1. 错位

即特意违反常理出现的程序或事件,使角色在观众意料之外所引发的喜剧效果。其中运用较多的手法有角色与事件的错位、时间与空间的错位等。

2. 反差

它是将两种或两种以上截然相反的人物或事件,设置在某种关系中,突出其不协调感,使之相互衬托,产生喜剧效果。常用的有情绪的反差、冲突对立的反差、画面与声音的反差、音乐与气氛的反差等。

3. 变形

它是对角色的塑造在性格、外形、语言、表情等方面予以夸张变形和对事件、环境设置的变形定位,以借此剖析生活中事物的本质内涵。

4. 荒诞

它是指从非常规的视觉角度表现角色和事件,使观众产生"非现实"感受。荒诞常与变形结合,令影片产生奇异的喜剧效果。

5. 误会

剧情中的误会易产生悬念,事件中的人物出现误会,可以是单方的也可以是双方的,这种手法具有很强的喜剧效果。

6. 巧合

它是指角色之间发生阴差阳错的偶然事件。动画影片中精心设计的巧合,是烘托剧情和取得喜剧效果的常用手法。

三、动画影片的故事模式

动画影片的故事模式丰富多彩,对其故事模式进行分类,便于了解动画影视作品的编写套路和不同的故事编写模式展现出迥然不同的艺术魅力。

1. 幻想故事

幻想故事包含的范围广泛,以这类故事为题材的影片一般可分为科幻影片和纯幻想影片。

科幻影片是以"客观"为依据的幻想型,往往与科技相关。这类幻想影片,首先营造出一个特定的"客观"时空,然后角色以虚拟真实的状态,在这个假定的世界中展开虚构的故事。它所带给观众的是一种类似真实生活的情节感受,人物对白也十分生活化,常常是用来表现一些以冒险或探索为内容的影片,多带有神秘的色彩。

纯幻想影片多以幽默见长,是以"主观"意识的形象、情绪和情节及采用与现实生活大相径庭而纯属虚构和夸张的手法,使角色随着情节的变化,发生出人意料的戏剧性转变,在短时间内就能满足观众的愉悦心理。

2. 爱情与亲情故事

这类故事模式虽然在许多青少年影片中也有,但所针对的观众群年龄较大。它多以"情"的理念贯穿整个故事,使观众在欣赏过程中,走入角色的内心世界。

情感戏往往很容易使观众走入角色,甚至对角色产生痴迷心理。这一特点对该类模式来说,是不难做到的。观众一进入状态,就会全情投入角色内心,去品味其情感的起伏。观众在欣赏故事情节时,思绪也会随着角色情绪的牵引产生心理变化,产生想看下去、还想看下去的愿望。

3. 复仇故事

这类模式的影片,多是讲述过去的故事或传说,常带有较强的神话色彩,使观众一开始就从某个特殊的视点上进入故事。目前,一些科幻影片也开始采用该类模式。这类科幻影片通篇采用不太友善的模式营造故事环境气氛,其效果也十分独特。

复仇模式中的角色,常因为其自身或亲人受到冤屈和痛苦,等待机会在某种特定条件下进行复仇。

4. 挑战与求生故事

挑战与求生类的故事模式主要突出角色求生的意图。在剧情中,通过表现角色如何耗尽心智和外力(环境、对手)斗争,并用一切可能的方法化险为夷。此类影片中常常会添加一些关于能量、燃料、时间或氧气等人类生存必需品逐渐减少的情节,加强剧情的紧张气氛,使观众在欣赏过程中也似乎感受到求生过程的紧迫感,使整个故事显得惊心动魄。

挑战与求生类影片,还常以合二为一的形式出现,故事的主题必须是一个生死攸关的内容,剧情围绕着这一中心展开。在这类模式中,角色常被设计成需面对几种客观或主观的危险状态,然后才使挑战和求生有了充分发挥的场所和条件。例如三维动画与真人结合的《侏罗纪公园》,就是一部典型的危难求生片。通过几个孩子如何挑战突如其来的灾难,再加上音乐、镜头角度的配合,影片将求生这一主题表现得淋漓尽致,扣人心弦。影片《恐龙世纪》中的故事也是类似的形式。

5. 社会与家庭故事

这类故事模式,一度成为热门的电视剧形式。它常以一个或几个家庭为元素,展开故事源头,不断地讲述生活中的有趣故事。这些故事常常编排得十分逗趣贴切,似乎和每个人都有一定关联,总能在他们身上或多或少找到自己的影子,如日本动画片《樱桃小丸子》《蜡笔小新》等。这类影片以家庭为主体,虽然辐射范围不大,仅仅是学校或邻里,但故事却很生动,塑造的人物都比较人性化。在这些影片中,家长也常常犯错,孩子的本质大体是好的,也时而犯一些幼稚滑稽的错误,这一点使影片抓住了孩子和大人的心,故事内容被表现得有血有肉,幽默风趣。

社会团体型动画影片,以学校、社会团体为模式的影片,如《灌篮高手》。影片故事中特定的环境,将角色紧密联系起来,从而表现他们的相互关系。通过描述朋友之间、同学之间的交流与互动,营造一些矛盾和冲突,使故事既贴近生活,又与生活有一定距离,让观众对生活中的一些渴求心理得到满足,因为这种满足感而产生想不断看下去的感觉,甚至在日常生活中会不时地寻觅模仿其中的内心体验,以至于在一段时间中,各个校园里的青少年掀起打篮球热,这足以表明影片的影响力和号召力。

6. 探险故事

探险类故事模式往往突出主要角色,主角配角关系十分明确。影片通过描述角色寻找某种东西或一个失去音信的人,或是一个宝藏等内容展开故事。在寻觅过程中,作者可以设置许多危险和困难,使故事显得更为饱满。这类影片模式最主要的线索是,以一个中心人物克服万难探寻一个重要的事物或人,其间可以穿插爱情或复仇的故事背景,但不喧宾夺主。例如《阿拉丁》《大力士》《幽灵公主》《森林王子》《风中奇缘》等就是这类故事影片。在探险型动画影片的表述中,常常会渗入一些神话色彩,使影片变得更为神秘离奇,但多是以一个主角的经历来叙述故事,例如《森林王子》。该片讲述的是一个手无寸铁的小男孩在原始森林中的奇特生活经历：他与熊为伴，在森林中游历，当他遇到危难时勇敢坚毅，一次次巧妙地化险为夷。在这个影片中，创作者充分描述了人物内心和对生活的热爱。整个影片的气氛既紧张而又轻松，有趣生动的银幕效果更是俯拾皆是。

7. 人性与伦理

这类故事需借助其他故事模式来间接影射某种深层内涵，其寓意较为深邃，有较强的哲理性和教育性，观后常令观众沉思。这类影片模式，主题往往较为庞大，不便于操作和运用。在设计中，若不够周密，就会留下明显的造作痕迹。但当创作者需表达某种特定思想或理念时，这一模式定位就会十分准确。实际上这类影片模式的使用，在许多影片中都或多或少地存在着，只是若隐若现。

影片《幽灵公主》就是一部典型的人性教育片。它借助探险模式展开故事，引发出连环套似的人性与自然之间的哲理分析。透过美丽的场景、色彩、人物和神奇的情节以及插曲，观众会十分真切地感受到一个严肃的话题：文明与自然的矛盾。故事用立体构架的方式，建造起一个虚幻的动物思维世界，在这个虚幻世界的镜子里，人类的文明友善和智慧被照射得无比苍白渺小。影片假借对人类文明的自我反思，来敲响爱护自然、保护生态的警钟。这个主题十分沉重，但通过故事模式、色彩、剧情等的包装，其绽放得如此绚丽。

8. 成功与胜利

这类故事模式常与其他模式并存，也可独立成片。影片的设计需要借用各种外力作为诱因，使角色对成功产生几近疯狂的渴求，成为故事发展的强大动力。这类影片模式也是突出主角的表现形式，主角可以是一个人也可以是一个团体。剧中的主角为了达到目标，可以设计出不惜一切的发展线索。这些线索可以是围绕金钱、爱情、正义、自由等等。总之，要使主角为了这个目的成功而全力以赴地努力。影片《怪物史莱克》《风中奇缘》《美女与野兽》等都是属于这一模式。在《怪物史莱克》中，怪物史莱克为了回到他的沼泽地，不得不答应国王去抓公主回来，最终的结果却是他不仅成功地收回了他的沼泽地，还打死了可恶的国王，并娶了公主为妻。这类故事通常是一个圆满的结局，观众的观后感也会基于主角成功的基础之上，属于喜剧型动画影片。

9. 怪诞故事

许多的幻想故事都有较强的怪诞效果，而这里所指的怪诞故事，主要是寓言故事。动画中的寓言故事常会添加一些幽默剧情，以使寓意深刻的寓言故事显得生动有趣。有许多寓言故事，常以动物式角色来寓人寓事，其艺术象征力较强。在我国，这类借助抽象的假定故事表现真实寓意，教育性强的动画影片较多。

故事模式的选择，直接影响到影片的制作质量和收视率，但故事模式并非单一存在，而是可以随着故事设计的需要进行综合，但要主次分明，这样才有利于把握剧情的主体发展。

第五节 动画影片的前期创作

一、动画影片的选题与创意

动画影片创作是一个以幻想为前提而存在的创意性工作。动画影片的创作过程与其他形式的戏剧、影视作品有许多共同之处,但在前期创意构思的时候,应充分考虑到动画特有的表现手法并使其尽可能地得到发挥。动画影片的具体创意思维工作,必须在创作者的思路逐渐清晰,进而确定创作选题,并在此基础上进行剧情创意分析,编织情节主要线索,以及时代背景、人物关系、描述角度、艺术风格和表现手法等一系列准备之后,才适宜开展。动画的创作与编写,可以是原创、改编或移植。

原创,是从生活中来,把自己的感受直接表现出来;改编,是把已有的故事或原著重新编写,基本情节和结构大致不变;移植,是把已有的故事情节运用到其他艺术形式中去,使其具有新意。

1. 确立动画影片的主题思想

动画影片主题思想的确立和创作灵感的产生往往是创作者因受到生活中某些事或人的经历启发,留下深刻记忆,或产生兴奋不已的情绪,从而激发起以此为原型创作动画影片的欲望。

进而,作为动画工作者要明确创作的"价值"问题,这个价值包括选题价值取向及商业价值的可能性。作品的核心价值取向是否正确且有意义;作品的表现角度是否具有典型性;是否具有能够满足特定观众群体的需求等。这是一连串繁杂的编排构思过程,需要在动画影片制作的前期整理出清晰的条理。

2. 加强动画影片的"趣味性"

（1）设计冲突与悬念

为动画影片设计适当的冲突与悬念,作为推动动画情节发展的关键内在推动力,是动画剧情节奏感的集中体现。冲突一般包含人与人、人与事件和人物内在自我冲突三方面。适当的悬念能够增加观者与动画作品的"黏度",在设计悬念时应当注意几点:

线索的铺垫与安排要注重线索的相关性,应多采用暗示或影射。

制造环环相扣、疑云迭出的气氛,一波未平一波又起,在不经意间,将剧情推向高潮,逐步使观众步入创作者事先设计好的故事路线中。

要避免只求新奇而故弄玄虚,造成与故事主题脱节,应使剧情合理而新颖。

（2）设计细节

细节在影片中起到修饰和画龙点睛的作用。动画创意中对细节的考量有助于烘托人物个性,增加动画作品的可信度,让观众更好地了解角色与剧情。设计动画中的细节的点很广泛,优秀的动画作品往往在剧情、角色造型、场景设计、道具设计、动作设计、色彩光线设计、音响设计等方方面面都很独到。这就需要动画工作者善于观察、分析生活细节注重积累。

二、动画影片稿本编写

1. 动画影片稿本编写准则

几乎所有伟大的影视作品,都十分注重前期的创意和剧本的策划,而且越成功的作品,越重视剧本的前期创作。剧本在内容和形式上有着区别于其他文学作品的特点,而动画影片稿本与一般的影视剧本有一定的区别。除去具有影视剧本的一般特点外,更强调剧本创作与动画这种特殊形式的完美结合。

动画影片的文字稿本是以一种文学格式的语法,即用抽象的文字来描述故事,而动画编剧就是写这个故事的人。动画文字稿本最重要的特点就是必须使用画面性的语言,为日后的动画制作做准备、打基础。那么在文字稿本的创作中,就不仅要把故事讲好,把人物塑造好,还有一个很重要的要求:动画影片文字稿本是否具有视听表现力。

(1)充分构思

在编写动画影片文字稿本之前,创作者首先应有清晰的创作思路,对选题定位、创意特点要充分思考、规划和准备。

(2)强化视听表现力

创作者应在脑海中建立起镜头画面。把角色对白、动作表演和场景以形象、准确的文字传递给动画师,使其能准确表达剧情,同时也给动画师留出艺术创作空间。

(3)注意行文规范

动画影片文字稿本需要满足一般剧本的格式规范。动画影片文字稿本的阅读者并非大众,而是具备剧本阅读能力的动画创作者及相关从业人员。因此,无须添加过多氛围的渲染,而是要用描述性的语言让阅读者直观了解到动画情节发展的节奏、画面的内容、景别、角色动作、台词、音响效果等实用性的指示即可。

(4)以"场"为单位

动画影片文稿是以"应用"为主要目的的独特的文学样式,形式上用"场"作组成单元,强调内容的视听表现力。而对于动画影片剧本,则要求与动画自身的形式感完美地结合。

"场"的变化是镜头随着时空的变化而发生变化的,时、空在动画影片文稿的撰写中一定要具体化。多场剧本组合起来就是一整集的剧本了。一般 10 分钟的剧本可分为八九场的内容,这不是硬性规定,只是大概的比例;字数则在 4500 字左右,平均每分钟大概 450 个字。

2. 动画影片稿本基本结构

(1)开端(激发情节)

开端(激发情节),是在故事一开始时,确定角色进入剧情的切入点。它是故事发展的诱因,吸引观众想在下面的内容中寻求答案。开端中应编织复杂因素,也就是指将情节中相互牵涉的关系链逐渐暴露出来,角色因各种客观因素在相互之间形成矛盾和障碍,使故事内容进入复杂迷乱状况,并在剧情中暂时出现假定答案,但这类答案往往与观众期望相反,令观众欲罢不能,禁不住开始"仔细研究",进入角色世界中。

(2)发展(矛盾冲突)

发展(矛盾冲突),是因进入故事需要而设置的强大的驱动力,实现某种目标的阶段。冲突是吸引观众的不二法门。这包括故事角色和角色之间的冲突,角色和他自身价值观的冲突等。全剧必须围绕着一个贯穿冲突展开情节。情节发展的过程中矛盾冲突的设计要充足且层次分明,在一个核心冲突的前、后设计较弱的冲突。整部动画影片稿本的结构应节奏清晰,而每一次矛盾冲突都独立成为动画发展中的一个情节段落,而每一个段落的内部又有着各自的启、承、转、合。在剧本的创作中为了达到影片的吸引力,就需要制造环环相扣、引人入胜的矛盾冲突。

(3)结局(最终状态)

故事中的矛盾和危机出乎意料地得到化解,使观众心中有了一个答案,这个答案不论是遗憾的还是悬念的,或是圆满的,其背后,隐含的常是创作者想表达的思想或留给观众的思考。所有的影片都需要一个结局场景以表示对观众的尊重,进一步渲染气氛,或者对之前的情节首尾呼应,对一些细节进行补充。

3. 动画影片文稿的类型

在编写动画影片文字稿时,还需分清故事脚本、故事提纲和分镜头脚本几种稿本编写的类型。

(1) 故事脚本

故事脚本一般也可称为文学剧本,是按照电影文学写作模式创作的文字剧本。它虽然是以抽象的文字呈现,但使用的是视觉语法的文字,运用"视觉语言"对剧本文字进行改造和规范,把文学语言转化为视觉语言,即文字视觉化。

(2) 故事提纲

是以提纲形式简明扼要地概括故事内容,讲明故事主干与主要枝节的文字,如同一张故事发生、发展的清单。故事中的关键情节以"点"的形式罗列出来。这种以戏剧节拍形式简述故事中各个重要环节的提纲,篇幅一般不超过几页。

(3) 分镜头脚本

分镜头脚本(Storyboard),也被称为"动画分镜头脚本"或者"故事板"。它是动画影片前期创作过程中的重要环节。分镜头脚本是以文字与画面相结合的方式表述的。它既可以在故事脚本或故事提纲的基础上进行,也可以直接进行写作。分镜头脚本包括场景设置、人物安排、剧情节奏、摄影要求、角色对白、时间和故事背景等,便于动画制作,文字部分要力求简练、表述清楚。

三、动画影片台本画面设计

画面设计部分,是导演或分镜头脚本绘制者根据剧本,以画面形式展现的视觉概念设计。从静止的漫画到每秒 24 帧的动画,如何运用分镜,决定了成片质量的好坏,也影响着观众的观看体验。

这部分工作不是简单地为剧本做图解,而是在动画视觉语言上对脚本的再创造,让接触到分镜头脚本的动画工作人员能够一目了然地理解各个画面中的角色运动、背景变化、景别大小、镜头调度、光影效果等。它使一切形态、事件具有明确的形象特征、可视性和时空性。台本画面设计如同是未来影片的预览,是导演用来与全体创作人员进行沟通、达成共识和进行动画影片绘制的蓝图,是导演或台本绘制者根据分镜头剧本,集中地表现出故事的起、承、转、合的发展过程。

四、动画影片中的色彩

色彩是动画影片中重要的设计元素之一,如同形状对于角色形体特征方面的固定一样,色彩却在另一种性格特征方面发挥着增强的作用。自 1937 年迪士尼第一部彩色动画长片《白雪公主和七个小矮人》问世以来,色彩也成为动画影片中重要的表现手段之一。

对动画影片中的角色进行科学的整体设计可以使角色的性格更加鲜明、丰富,缔造独有的艺术审美效果。在整个的动画影片制作过程中,恰当地运用色彩不只是选择一种漂亮的色彩应用在角色上,而是要纵观全局,从作品的整体来进行角色塑造,并且在运用色彩时也应该根据剧情的设计与故事情节的发展来确定。对于单个角色而言,要考虑角色肤色、发色、服饰色彩等,及是否能够凸显角色性格、气质特征、身份,乃至于暗示角色行为倾向及动画的结局。而对于包含多个角色出现的动画影片,色彩设计就还应包含角色色彩的和谐性,因为在这样的动画中多个角色会出现在一个镜头或分别出现在几个连续镜头中,作为角色色彩的设计者就应该考量多个角色并存情况下色彩的和谐程度。

动画影片中的场景是舞台艺术创作在数字媒体时代的集中展现。动画影片中的场景设计不仅要根据情节交代环境信息,更要为剧情、角色的特定需要来选择运用与其合适的色彩,以艺术手法强化与渲染,使镜头画面的表现力更强,穿透力更大,传达出的信息更为贴近情感需要,以便能更好完成作品所要通过色彩表达的象征性寓意以及刺激情感的视觉传递效果。

从真实的角度分析,色彩在动画影片中所呈现的客观运用并非真正的客观因素,只是一种主观意志的客观应用,所以色彩方面还是一种主观色调,从观赏中明显可看出其带有夸张性、假定性。主观色调的运用主要起到了突出人物个性的作用。

同时,在动画影片色彩的设计中一定要重视传统文化的影响。譬如,如果要设计一个部非洲主题的动画,设计者就可以先进行考察。由于非洲气候炎热,当地人也热情、直率,对比较鲜艳的色彩非常喜爱。他们在日常生活起居的服饰和环境色彩运用上,通常选择大红、明黄、纯蓝等纯色,这些色彩与非洲人特有的棕黑色皮肤形成鲜明对比,形成了色彩的地域差异化特征。从中国动画影片来看,其注重造型与色彩的统一性,而且注重运用中国传统绘画中的艺术元素,如对感受自然力的写意手法,以色彩抒情,进行意境表达等,尤其是在表达民族整体性格方面比较重视色彩的运用。因此,在动画影片色彩设计时应就文化方面多加研究,切勿闭门造车。

第一节　二维动画创作工序

一、明确目标

无论是采用二维、三维还是定格的方式去创作动画，必须先了解故事走向、角色情感、行为动机，从而确定整个影片的镜头逻辑。在确定剧本的前提下，这些创作目的和实现方案或被导演提出（在大规模的制作中），或由动画师自己提出（个人创作为主）。总之，无论影片的长短和类型，作为动画创作者，在创作之初一定要明确动画影片的整体逻辑，以及建立在此逻辑基础上的镜头和场景。

二、关键姿势设计

为了帮助动画师完成想象的运动过程，需要先完成一系列关于角色活动关键姿势位置的缩略图，以此来表述他们心中角色运动关键姿势的类型。

这一阶段不需要完美的手绘，动画师可以使用简单抽象的形体表达清楚他的各种想法即可。在制作这些关键姿势草图时，不能仅仅停留在最初的想法或画法上，而是需要逐步地推进校正，反复推敲直至整个方案趋于成熟和完美。

图 2-1　角色设计稿

三、视频参考

视频参考是动画师制作动画时的必要辅助工具。可以利用已有的影视视频素材，或者可以从各个角度去拍摄一系列需要完成的动作来作为参考。写生带给动画师的经验是无价的，观察并记录真实生活比靠记忆和想象或者是推断要更胜一筹。

所以,在任何可能的情况之下,参考真实的生活或者视频素材会将更棒的洞察力注入动画师创作的关键动作姿态以及要表达的运动元素中去。

四、关键帧草图

根据视频参考和动画师的想象和创作绘制关键帧草图。粗略的姿态缩略图出来之后,可以将它们在非编软件中串联起来形成"动态分镜头"。虽然有一些在时间上缺乏连贯性或者在画纸上的比例不一致,但它至少会带来总体的镜头感觉,展现出动画场景形成的过程和所使用角色关键帧的有效性。

如果发现有不足,那就要反复地进行必要的调整,直到粗略姿态动画达到想要的效果。

五、关键帧清稿

如果对以上关键帧草图所表现出来的形式效果感觉满意,同时那一连贯的轮廓图基本上都工作正常的话,就可以开始在动画纸或者电脑上创作关键帧了。此时动作被分析和表达,姿态也按照预期的形式被实现。但无论对之前的草图有多满意,请牢记现在的阶段才是实质有效的。

因而如果有需要的话定要去调整、延展甚至做改变。要知道精美的动画作品靠的是卓越和精致的关键帧,而不仅仅是好的中间画。花在校正关键帧上的时间和精力越多,后期的效果就越明显。

即便在清稿阶段也要经常性地翻动预览一下关键帧画面,这样有助于感受动作的流畅性。

六、关键帧动画

将创作好的关键帧素材拍摄成动画代替先前粗略姿态的动画。此时,要将更多注意力放在关键帧的位置和角色表演节奏的处理上。即便此时还未想锁定最后确切的时间点,但还是要去做大胆的尝试。

将关键帧素材进行多帧拍摄,直到帧的数量能够确保前后关键帧画面能够衔接起来,整个场景都要这么去做。

七、小 原 画

动作小原画图是不精确的中间画。多数情况下它们没有被很精心地放在中间点,而恰恰这些中间点是确定动画的时间、重点及弧线运动轨迹所要求的点,这就意味着在两个相连关键帧之间的动作小原画是没有必要那么精准的。因而,关注动作小原画的目的在于控制动作从某个关键帧展开到下一个关键帧的方式。

八、试 拍 动 检

在中间画的初稿最终定位后,动画师将所有的画稿拍摄下来做第一次铅笔稿(线稿)检查。大部分传统的动画师倾向于做一拍二(一幅图拍两帧),这至少能看到最初的动作动画。然而,一旦这些被核准,就可以加入一拍一的模式,这种方式通常用在复杂的、快速运动的或者是占银幕面积比较大的图像中。

九、清 稿

清稿阶段就是小心地、整洁地、准确地清除所有之前的草稿和反复的涂描,从而可以将最初的人物设计精确表现出来。

在大规模的制作中,这项任务通常都会交给专门的清稿部门。无论是专门的部门还是动画师自己来做清稿,都要处理关键帧小原画,这是首位的。在这一阶段,建议将这些要清理好的画稿拍摄下来做姿态的测试。任何的错误和动作的不连续都有可能在这个测试中被发现。如果测试没有问题,剩下的中间画就可以相应地被清除掉了。

第二节　动画中的时间和空间的关系规律

一、时 间

所谓"时间",是指影片中物体在完成某一动作时所需的时间长度,这一动作所占胶片的长度(帧数的多少)。这一动作所需的时间长,其所占片格的数量就多;动作所需的时间短,其所占的片格数量就少。

由于动画中的动作节奏比较快,镜头比较短(一部放映十分钟的动画分切为100—200个镜头),因此在计算一个镜头或一个动作的时间(长度)时,要求更精确一些,除了以秒为单位外,往外还要以"格"为单位(1秒=24格,1尺=16格)。

动画计算时间使用的工具是秒表。做好动作设计后,对于有些自己不太熟悉的动作,也可以采取拍摄动作参考片的办法,把动作记录下来,然后计算这一动作在胶片上所占的长度(尺数、格数),确定所需的时间。动画师可以亲自做动作的同时,用秒表测表演时间。对于有些无法做出的动作,如一个角色在空中翻转腾挪、雪花飞舞飘落、狮子在草原上狂奔等,可以用手势动作来模拟,同时用秒表测时间,或根据动画师的经验,在大脑中默算的办法确定这类动作所需的时间。

在实践中发现,完成同样的动作,动画所占胶片的长度比真人实拍的故事片、纪录片要略短一些。例如,用胶片拍摄真人以正常速度走路,如果每步是14格,那么动画往往只要拍12格一拍三,就可以造成真人每步用14格的速度走路的效果;如果动画也用14格,在银幕上就会感到比真人每步用14格走路的速度要略慢一点。这是动画的单线平涂的造型比较简单的缘故。因此,确定动画中某一动作所需的时间时,常常要用秒表根据真人表演测得的时间或纪录片上所摄的长度,稍稍压缩一些表演时间,才能取得理想的效果。

二、空 间

所谓"空间",可以理解为动画中角色在画面上的位置和表演范围,更代表角色完成一个动作的幅度(即一个动作从开始到终止之间的距离),以及活动形象在每一张画面之间的距离。动画设计人员在设计动作时,往往会把动作的幅度处理得比真人动作的幅度更大、更夸张一些,以取得更鲜明更强烈的效果。

此外,动画中的活动形象做纵深运动时,可以与背景画面上通过透视表现出来的纵深距离不一致。例如:表现一个人从画面纵深处迎面跑来,由小到大,如果按照画面透视及背景与人物的比例,应该跑十步,那么在动画中只要跑五、六步就可以了,特别是在地平线比较低的情况下,更是如此。

三、速　度

所谓"速度",是指物体在运动过程中的快慢。按物理学的解释,是指路程与通过这段路程所用时间的比值。通过相同的距离,运动越快的物体所用的时间越短,运动越慢的物体所用的时间就越长。在动画中,物体运动的速度越快,所拍摄的格数就越少;物体运动的速度越慢,所拍摄的格数就越多。

四、匀速、加速和减速

按照物理学的解释,如果在任何相等的时间内,物体所通过的路程都是相等的,那么,物体的运动就是匀速运动;如果在任何相等的时间内,物体所通过的路程不是都相等的,那么,物体的运动就是非匀速运动。(在物理学的分析研究中,为了简化起见,通常用一个点来代替一个物体,这个用来代替一个物体的点,称为质点。)

非匀速运动又分为加速运动和减速运动。速度由慢到快的运动称加速运动;速度由快到慢的运动称减速运动。

在动画中,在一个动作从始至终的过程中,如果运动物体在每一张画面之间的距离完全相等,称为"平均速度"(即匀速运动);如果运动物体在每一张画面之间的距离是由小到大,那么拍出来在银幕上放映的效果将是由慢到快,称为"加速度"(即加速运动);如果运动物体在每一张画面之间的距离是由大到小,那么拍出来在银幕上放映的效果将是由快到慢,称为"减速度"(即减速运动)。上面讲到的是物体本身的"加速"或"减速",实际上,物体在运动过程中,除了主动力的变化外,还会受到各种外力的影响,如地心引力、空气和水的阻力以及地面的摩擦力等,这些因素都会造成物体在运动过程中速度的变化。

五、时间、距离、张数、速度之间的关系

前面讲了时间、距离、张数、速度的基本概念,对一段动作(不是一组动作)来说,所谓"时间",是指甲原画动态逐步运动到乙原画动态所需的秒数(尺数、格数)长度;所谓"距离",是指两张原画之间中间画数量的多少;所谓"速度",是指甲原画动态到乙原画动态的快慢。

现在,我们分析一下时间、距离、张数三个因素与速度的关系。关于这个问题,初学者往往容易产生一个错觉:时间越长,距离越远,张数越多,速度就越慢;时间越短,距离越近,张数越少,速度就越快。但是有时并非如此,例如:

甲组:动画 24 张,每张拍一格,共 24 格=1 秒,距离是乙组的二倍。

乙组:动画 12 张,每张拍一格,共 12 格=0.5 秒,距离是甲组的一半。

虽然甲组的时间和张数都比乙组多一倍,但由于甲组的距离也比乙组加长了一倍,如果把甲组截去一半,就会发现与乙组的时间、距离和张数是完全相等的,所以运动速度并没有快慢之别。由此可见,当影响速度的三种因素都相应地增加或减少时,运动速度不变。只有将这三种因素中的一种因素或两种因素向相反的方向处理时,运动速度才会发生变化,例如:

甲组:动画 12 张,每张拍一格,共 12 格=0.5 秒,距离是乙组的二倍。

乙组：动画 12 张，每张拍一格，共 12 格＝0.5 秒，距离是甲组的一半。

甲组的距离是乙组的二倍，其速度也就相应地快一倍。由此可见：在时间和张数相同的情况下，距离越大，速度越快；距离越小，速度越慢。

六、节　奏

一般说来，动画的节奏比其他类型影片的节奏要快一些，角色动作的节奏也要求比生活中动作的节奏要夸张一些。造成节奏感的主要因素是速度的变化，即"快速""慢速"以及"停顿"的交替使用，不同的速度变化会产生不同的节奏感。

由于动画片动作的速度是由时间、距离及张数三种因素造成的，而这三种因素中，距离（即动作幅度）又是最关键的，因此，关键动作的动态和动作的幅度往往构成动作节奏的基础。如果关键动作的动态和动作幅度安排得不好，即使通过时间和张数的适当处理，对动作的节奏起了一些调节作用，其结果也还是不理想的，往往需要比较大的修改。

第三节　曲线运动规律

真实世界中存在着大量的曲线运动，曲线运动是由于物体在运动中受到与它的速度方向呈一定角度的力的作用，从而改变了运动方向而形成的运动轨迹。动画中曲线运动的概念与物理学中所描述的曲线运动虽不完全相同，但物理学中阐述的相关原理，是动画中曲线运动设计的重要依据。动画中的曲线运动大致可归纳为弧形曲线运动、波形曲线运动、S 形曲线运动三种类型。

一、弧形曲线运动的表达方式

凡物体的运动路线呈弧线的，称为弧形曲线运动。例如：投出的篮球、标枪以及火炮发射出的炮弹等。由于物体受到重力及空气阻力的作用，被迫不断改变其运动方向，它们不是沿一条直线，而是沿一条弧线向前运动的。

表现弧形曲线运动的方法很简单，只要注意抛物线弧度大小的前后变化，并掌握好运动过程中的加减速度即可。

弹性运动往往伴随弧形曲线运动出现，主要指物体受到力的作用产生形变，随着运动的衰减相应消失。比如：篮球掉落地面弹起并再次掉落的过程。由于物体的质地不同，受到作用力的大小不同，所发生的形变大小也不同，产生的弹力大小也不一样。所以说，弹力的大小取决于弹性形变的大小，形变越大弹力越大。

二、波形曲线运动的表达方式

在物理学中，把振动的传播过程称为波。动画中比较柔软的物体在受到力的作用时，其运动路线设计呈现波形，这类运动被称为波形曲线运动。

例如，将一根具有一定弹性的绳索固定一端。用手拿着另一端向上抖动一下，就会看到一个凸起的波形沿着绳索传播过去，这就是最简单的波。当不断地将绳索一端上下振动时，就会看到一个接一个凸起凹下的波形沿绳索传播过去,这就是一般的波动过程。又如旗杆上的彩旗或束在身上的绸带等,在受到风力的作用时,就会呈现波形曲线运动,海浪和麦浪也是波形曲线运动。

在表现波形曲线运动时,必须注意顺着力的方向,一波接一波地持续推进,不可中途改变。同时还应注意速度的变化,使动作顺畅圆滑,造成有节奏的韵律感,波形的大小也应有所变化,才不致显得呆板。

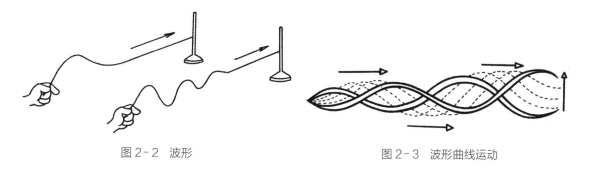

图2-2 波形   图2-3 波形曲线运动

三、S形曲线运动的表达方式

S形曲线运动是指物体本身运动轨迹呈S形,或者软性物体的一端质点的运动轨迹呈S形。它常被用来表现柔软而又有韧性的物体,比如:角色的长发尾端(马尾辫、披风尾部),飘带的尾端或牛、猫、狗的尾部等。其运动的主动力在一个点上,依靠自身或外部主动力的作用,使力量从一端到另一端,它所产生的运动线和运动形态就是S形曲线运动。物体S形曲线运动的轨迹都在S形范围内。动物的尾巴甩动时形成的S轨迹有时会形成两个S形,从而形成一个"8"字轨迹。

由于物体的材质韧性和所受力大小的不同,S形曲线运动的幅度也有所不同。在画S形曲线运动的关键帧和中间帧时,要先分析物体的运动方向。例如:轻烟、火焰等都是由下向上运动的;被风吹动的红旗,是从旗杆到旗面的方向运动的;水流是自上而下运动的,水纹是由内向外扩散运动的。所以在S形轨迹动画绘制时,要始终保持方向的一致性。一般情况下,中间不能随意改变方向或逆转方向运动。

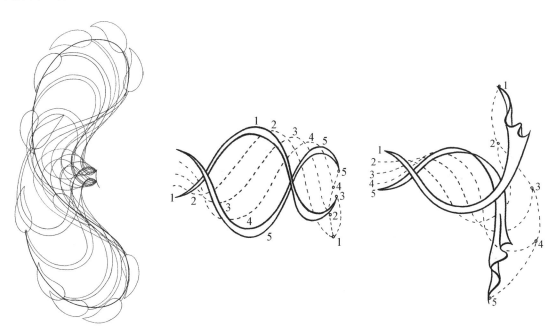

图2-4 尾巴S形运动   图2-5 飘带S形运动

第四节　二维动画中的线条

一、线条的绘制技法

在二维动画中,常用各种形态的线条来表现出物体外轮廓,每种线条的特质都会让人产生强烈的心理效果。

直线:单纯、明确、稳定、直接,具有刚强品质;

粗直线:强有力而又迟钝,粗气;

细直线:敏感、尖锐,有紧张感;

粗糙、断续的直线:显得焦虑不安;

曲线:有优雅柔美的品质,有规则的曲线给人速度感、弹力感,具有明快,柔软的特质;

自由曲线:线更舒展、自由,也更圆润、有弹性。

在动画的绘制过程中,线条的运用需遵循每种线条的特性,在保证"准、稳、挺、活"的基础上创造性地发挥线条的最大作用。无论作品呈现出怎样的艺术效果,作为动画师在创作时都需要时时考量当下所绘制镜头的线条是否能够与作品整体和谐统一,是否具有美感和生命力。作为一种艺术造型语言,线条在动画艺术中的作用不容小觑,只有掌握了各种线条的形态特性,才能在动画造型中更好地对线条进行准确应用,从而塑造出鲜明个性的艺术形象。

二、线条对于画面的作用

动画中的线条是作品形式美的基本要求,情感传递的基本要求及动画创作者意图的外化。在二维动画中逐帧绘制技法是核心基础技术之一,而线条的绘制正是这个技术的直接体现。动画项目中线条的绘制能否达到要求,决定了角色定型及动作的准确表现。同时,由于动画的基本原理是"视觉暂留",因此如果某帧动画的线条出现与整段动作中其他帧线条不相协调的情况,如:线形抖动、粗细差异、断点等,在动画连贯播放时就会造成不必要的抖动、失真。

在以线造型和场景设计时,要保持两者风格的一致性。正因为角色活动过程中会与所处场景发生关系,所以要考虑场景设计与角色动作之间的相互配合,保证角色与场景在透视、比例、光线、色彩等方面的一致性。在动画场景中,有一种线是非直观的,它就只是体现在立形体的转折处、两个面的相交处以及色彩交接处,线并不作为明确语言符号存在于画面,但它依旧会给我们视觉上带来明确的引导性,也就是我们所说的线性场景构图。在动画场景的构图设计中,线性构图也是主要的构图法,不同的线形具有不同的引导视觉走向的作用。线性构图的体现手法有:水平线构图、垂直线构图、斜线构图、曲线构图、S形构图、辐射线构图、黄金螺旋线构图等几种表现方式。比如,辐射线构图可以应用于表现在破旧而昏暗的小房子中,有一簇光从女孩头顶破败的屋顶上照射下来,形成顶光的效果,光束运用直线表现既增强了空间的层次,更营造出一种明朗、欢快的节奏感。

第五节　计算机辅助二维动画制作

一、计算机图形图像软件

1. 计算机图像的发展

数字图像处理技术，是指针对数字化图形图像，借助计算机为代表的辅助工具，进行数字编辑创作的过程。计算机在图形方面的应用，比起计算机在数学计算方面的应用要晚得多，由于图形设计要求有较高的色彩还原度，真彩色的显示方式，高质量、方便而廉价的输出设备，因此，对计算机的要求相对较高。真正满足数字图像处理应用的环境，至今不过才几年时间。所以，计算机在图像方面的应用普及时间并不长，我们可以将计算机在图形方面的应用分为四个阶段：

（1）20 世纪 80 年代中期

阶段特点：计算机图形运用开始推广，图形以线和点为主，而色彩等参数常常被忽略。

应用场景：工程制图和数学线性图。

操作人员：工程计算机专业人员。

（2）20 世纪 80 年代中后期

阶段特点：微型机上市、普及，学习用和游戏用软件开始不断丰富。图形主要是矢量图形，由程序控制。

应用场景：游戏画面、教学画面绘制。

操作人员：掌握一定的 C、BASIC、汇编等程序语言知识。

（3）20 世纪 80 年代末

阶段特点：光笔、鼠标、彩色显示器、视窗类软件、质量的输出设备逐步出现。良好的人机交互界面开始形成。

应用场景：基于第一批图形软件 CorelDRAW、Freehand、Photoshop 等的平面设计。

操作人员：掌握图形软件的设计师。

（4）20 世纪 90 年代初至今

阶段特点：计算机价格不断下降，配置不断提高。

应用场景：平面设计、三维图像设计。

操作人员：掌握相应软件技能的一般使用者。

2. 计算机图像的分类

（1）矢量图

矢量图（Vector graphics），在数学上定义为一系列由点连接的线。矢量文件中的图形元素称为对象。每个对象都是一个自成一体的实体，它具有颜色、形状、轮廓、大小和屏幕位置等属性。

矢量图是根据几何特性来绘制的图形，矢量可以是一个点或一条线，矢量图只能靠软件生成，文件占用内存空间较小，因为这种类型的图像文件包含独立的分离图像，可以自由无限制地重新组合。它的特点是放大后图像不会失真，和分辨率无关，适用于图形设计、文字设计和一些标志设计、版式设计等。

（2）位图

位图（Bitmap），亦称为点阵图像或栅格图像，是由称作像素（图片元素）的单个点组成的。

位图的原理和在色觉检测时用到的图片很像,用于检测的图像都是由一个个的点组成的,每一个点都单独染色的,但是通过画面主体物与背景之间的色彩差别就可以获知画面所要表现的内容。位图则是通过像素点进行不同的排列和染色以构成图样。当放大位图时,可以看见赖以构成整个图像的无数单个色块。

图像分辨率:指图像中存储的信息量,是每英寸所包含的像素数目,这个数值代表图像中存储的信息量,单位:像素每英寸(pixels per inch,简写为 ppi)。

打印分辨率:是一个量度单位,用于点阵数码影像,指每一英寸长度中,取样、可显示或输出点的数目。单位:点每英寸(dots per inch,简写为 dpi)。

3. 颜色编码

由于不同电脑屏幕的显色情况往往存在差异,因此,为每个可能会出现在数字图像中的颜色进行编码,对于设计而言是十分便捷的。常用的颜色编码有 RGB 和 CMYK 两种模式。

(1) RGB 模式

RGB 色彩模式是改变红(R)、绿(G)、蓝(B)三个颜色通道以及它们相互之间的叠加来得到各式各样的颜色。红、绿、蓝也被称为色光三原色。RGB 模式正是用这三种颜色的光学强度配比,来调配出几乎人类视力所能感知的每一种颜色。这是最常见的位图编码方法,可以直接用于屏幕显示。RGB 模式是运用最广的颜色系统之一。

(2) CMYK 模式

CMYK 模式的四种标准颜色是:青色(Cyan)、洋红(Magenta)、黄色(Yellow)、黑色(Black),当将 CMYK 模式的图像转换为多通道模式时,产生的通道名称对应的就是:青色、洋红、黄色、黑色。CMYK 模式也被称作"印刷四色模式",是彩色印刷时采用的一种套色模式,利用色料的三原色混色原理,加上黑色油墨,共计四种颜色混合叠加,形成所谓"全彩印刷"。CMYK 模式是减色模式,相对应的,RGB 模式是加色模式。

色彩深度也叫图像深度,是指描述图像中每个像素的数据所占的位数。

4. 位图格式

(1) BMP 格式

最典型的应用 BMP 格式的程序就是视窗系统(Windows)的默认绘图工具软件。这一格式的文件不压缩,占用磁盘空间较大,它的颜色存储格式有 1 位、4 位、8 位及 24 位。

(2) GIF 格式

该图形格式在网络传播中广泛地应用,原因主要是其颜色存储格式为 256 位,已经较能满足主页图形需要,而且文件较小,适合网络环境传输和使用。

(3) JPEG 格式

它是一种带压缩的图像文件格式,其压缩率是目前各种图像格式中最高的,可以用不同的压缩比例对这种文件进行压缩,因此可以用最少的磁盘空间得到较好的图像质量。但该格式存在一定程度的失真,在制作印刷品时一般不选择此格式。

(4) PNG 格式

PNG 是一种新兴的网络图形格式,结合了 GIF 和 JPEG 的优点,具有存储形式丰富的特点。PNG 最大色深为 48bit,采用无损压缩方案存储。

二、常见计算机二维图像处理软件类型

1. Adobe Photoshop

Adobe Photoshop 简称"PS",是由 Adobe Systems 开发和发行的图像处理软件。

在动画制作中,Photoshop 主要起到处理图像的作用。使用其众多的编修与绘图工具,可以有效地进行图片编辑和创造工作。同时,该软件中的时间轴功能可以进行二维无纸动画的逐帧绘制,比较适合初学者使用。

2. Adobe Animate

Adobe Animate 简称"An",由原 Adobe Flash Professional·CC 更名得来。An 可用于设计矢量图形和动画,并发布到电视节目,视频,网站,网络应用程序,大型互联网应用程序和电子游戏中。该程序还支持位图形,丰富文本,音频和视频嵌入以及 ActionScript 脚本。更名为 Animate 后,在支持 Flash SWF 文件的基础上,加入了对 HTML 5 的支持。

3. Adobe After Effects

Adobe After Effects 简称"AE",是一款图形视频处理软件,适用于从事设计和视频特技的机构,包括电视台、动画制作公司、个人后期制作工作室以及多媒体工作室。属于层类型后期软件。

Adobe After Effects 软件能高效且精确地创建动态图形和视觉效果,利用与其他 Adobe 软件紧密集成以完成高度灵活的 2D 和 3D 合成,以及数百种预设的效果和动画,为电影、视频、DVD 和 Macromedia Flash 作品增添特效。

4. Retas Studio

Retas Studio 简称"Retas",是日本 Celsys 株式会社开发的一套应用于普通电脑和苹果电脑的专业二维动画制作软件。软件共分为四个模块:Stylos、TraceMan、PaintMan、CoreREATS,各有各的分工,对应日本商业动画的常见作业流程。

（1）Stylos 模块

Stylos 模块为无纸动画原动画模块,可用来进行构图、原画、中间动画等的无纸作画。

（2）TraceMan 模块

TraceMan 模块为扫描模块,类比作画时使用扫描可对传统有纸动画画稿进行批量颜色处理及线条优化,形成可用于进一步上色的高质量线稿。

（3）PaintMan 模块

PaintMan 模块为上色模块,上色时会自动去掉分色线。

（4）CoreREATS 模块

CoreREATS 模块为合成模块,可以完成摄影表的编辑、输出及简单的特效等工作。

5. TVPaint Animation

TVPaint Animation 简称"TVP",于 1991 年由位于法国梅兹的 TVPaint Développement 公司开发。软件主要为二维手绘无纸动画提供位图解决方案。

由于其能够满足二维无纸动画故事板到 VFX 的全流程,而被众多动画工作室、自由职业者以及动画学校和学生所喜爱。软件中内置的众多预配置笔刷和各种绘画纸张类型,可以对多种传统手绘效果进行模拟绘制,也可以随意添加扫描图像、照片用作绘画纸张,或是创建自定义笔刷以及其他自

定义工具。

6. Toon Boom Harmony

Toon Boom Harmony 简称"TBH",是加拿大无纸动画制作系统开发公司 Toon Boom Animation 开发的二维无纸动画制作软件。该软件包含骨骼绑定系统和丰富的矢量笔刷工具,能够满足从绘图到最终生产渲染全流程。

该公司还开发有分镜软件 Toon Boom Storyboard Pro 和制片管理软件 Toon Boom Producer。

三、Photoshop 软件功能简析

1. 画布

画布是图像处理和绘画的介质。在 PhotoShop(以下简称"PS")默认状态下,画布以"窗口模式"显示。使用者可以点击画布右上角的最大化或者最小化图标,平铺或者隐藏画布;也可以通过拖曳让多张图片并列在一个窗口中。

2. 工具栏

工具栏区域包含移动、选区、画笔、文字、油漆桶、路径、放大镜等工具。一些功能相近的系列工具会叠加在一个图标上,左键长按图标就能弹出所有工具。鼠标指针悬停在图标上等待一定时间,会出现功能演示动画和快捷键。工具栏中最下面三个圆点形状图标为编辑工具栏入口,在这里可以设置隐藏或者显示工具栏面板中的工具。点击工具栏最上方的双箭头可以"双排"显示工具,拖曳边框可以让工具栏以"活动窗口"的形式摆放在界面中的任意位置。

3. 工具选项

在工具选项区域中,可以设置工具栏中各种工具的属性和参数。在画板中用圆角矩形工具绘制出一个形状。在工具选项面板中就出现了该形状相关的所有参数,如图形填充颜色、描边形态和描边粗细、矩形圆角的长宽和度数等。在工具中选择功能,在工具选项中设置具体功能和参数,是 PS 使用者需要掌握的基本操作。

4. 菜单栏

菜单栏区域由一系列折叠工具栏组成。点击菜单栏上的文字图标可以打开相应的菜单工具栏,包括文件、编辑、图像、图层等工具面板。菜单栏中主要包含三类功能面板:

操作类:包括打开、保存文件、还原上一步操作、拷贝和粘贴等命令。

工具类:在工具栏面板中包含的只是常用基本工具,还有其他一些比如调整大小、调整色彩、滤镜特效等非常用工具,都包含在菜单栏的面板中。

系统设置类:包括 PS 的界面窗口设置、快捷键设置、PS 性能相关的内存历史记录设置等功能。

菜单栏中的图标都以文字按钮的形式罗列。文字后的字母为菜单栏快捷键。区别于工具栏快捷键,菜单栏快捷键为 Alt 加字母组合。比如按下 Alt+F,就可以打开文件栏;按下 Alt+W 就可以打开窗口栏。

5. 属性

属性面板是对工具选项面板的进一步补充。有一些工具的属性参数设置比较复杂,仅在工具栏选项面板中不能完全体现,这就需要在属性面板中进一步展现。

在工具选项面板中只能设置文字工具中文字的字体、字号、文字色彩等少量参数。而在属性面板中，可以完成文字的位置、角度、字间距、特殊文字显示等几乎所有功能的设置。

6. 图层和通道

图层和通道面板中图层就如同堆叠在一起的透明纸，可以使用图层来执行多种任务，如复合多个图像、向图像添加文本或添加矢量图形形状；也可以应用图层样式来添加特殊效果，如投影或发光。图层是在PS的图像处理、制作过程当中十分重要的工具。在图层面板中，可以浏览、选择、添加特殊图层效果，也可以创建、删除、复制、命名、打组图层。

第一节 人体结构常识

一、骨骼与比例

　　人体的骨骼和连接骨骼的肌肉和韧带是人进行劳动、行走与维持姿势等各项活动的结构基础。不同性别和年龄的骨骼及各部分比例会呈现一定规律性的趋势。同一角色的骨骼，从婴幼儿时期至成年，需随着年龄的增长而逐渐提高胯部的底部，同时，角色的上身和下身也会逐步增长。而中年之后，角色的身体的各部分骨骼关节的软组织也开始硬化，角色整体体态较中青年时代而言呈现更为收缩的状态。人物的头部在身体中占的比例越大就越年轻。

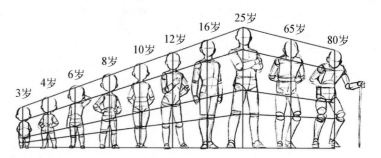

图 3-1　不同年龄人体姿态

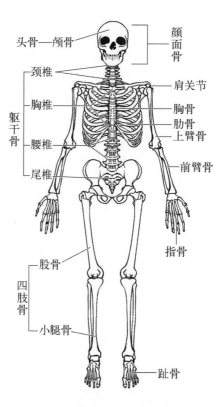

图 3-2　人体骨骼

　　人体中共有 206 块骨骼，它们之间通过关节相互连接构成人体的骨架，根据部位不同，大致分为头骨、躯干骨和四肢骨 3 个部分。

　　如图 3-3，从整体身形来看，男性骨骼比女性骨骼粗大、长、粗糙、凹凸多、骨质重。成年男性与成年女性骨骼构造上的差异主要体现在骨盆、颅骨等处，其中又以盆骨的性别差异最为明显。椎骨、胸骨、四肢骨等特征也存在一定差异，但在动画创作中

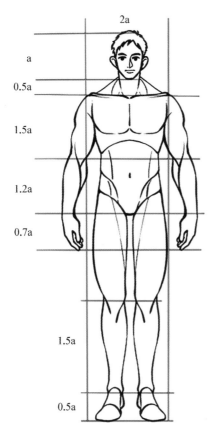

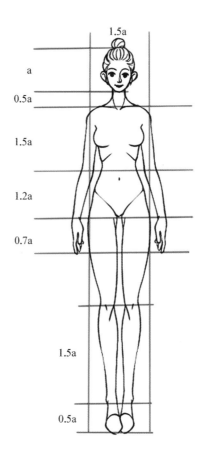

图 3-3　成年人体与头部比例

（a＝1 个头长）

差异体现往往并不明显。通常以人物的人头为单位衡量身体各个部分的比例值。

如图 3-4，男性与女性的身形相比明显的区别就是肩和胯的比例。男性的肩宽、胯窄；女性的肩窄、胯宽。理想情况下，男女人体肩胯宽度有一定差别，女性肩宽为 2 个头长，男性肩宽为 $2\frac{1}{3}$ 个头长。

男性上半身呈倒梯形，胯部在角色绘制过程中可以概括为长方形，整个躯干呈倒三角；女性上半身轮廓较男性圆润，胯部可概括为梯形，整个躯干呈沙漏形。女性的腰部位最细处于肋骨曲线下面，男性腰部最细处位于肚脐或稍低的位置。从侧面看，男性的胸腔大于女性。在

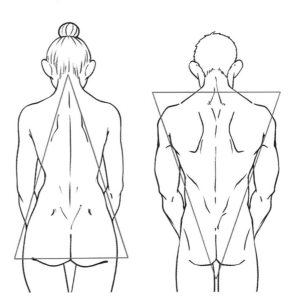

图 3-4　背部结构

角色三视图的绘制中，在几个关键位置进行着重、夸张能够帮助动画师更快绘制出符合角色性别的设计图。

二、人体肌肉结构

肌肉的质量能够占到人体总质量的40%,起到维持人体活动、连接骨骼关节和保护人体组织等功能。在动画创作过程中必须考虑肌肉形态的绘制及肌肉运动的绘制。通常,肌肉分为头颈部位肌肉、躯干部位肌肉、上肢部位肌肉和下肢部位肌肉。

1. 头颈部位肌肉

头颈部位肌肉包含头部肌肉和颈部肌肉。

（1）头部肌肉

头部肌肉按照功能可以分为表情肌肉群和咀嚼肌肉群,分别控制角色的表情变化和咀嚼运动。

（2）颈部肌肉

颈部肌肉分为浅、中、深三个肌肉群,颈浅肌群中的胸锁乳突肌在颈部体积感的表现方面尤为重要。

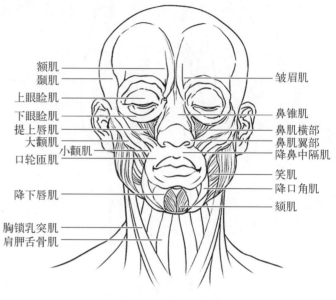

图3-5 头颈部位肌肉

2. 躯干部位肌肉

躯干部位肌肉包括背部肌肉、胸部肌肉、腹部肌肉。躯干肌肉对于动画角色而言能够起到体积支撑的作用,但也是人体脂肪最容易囤积的部位。不管包裹在肌肉外面的是脂肪层还是厚厚的棉衣,肌肉组织都能够不同程度透过这些附属物体现出来,从而支撑它们的形态。

（1）腹部肌肉

腹部肌肉群由腹横肌、腹直肌、腹内斜肌、腹外斜肌等肌肉组成。腹横肌在腹内斜肌深层,肌纤维横向分布,主要用于维持腹部压力。在动画角色的绘制中,关注腹横肌能够帮助动画师更好地理解肋骨与盆骨间的空间关系。

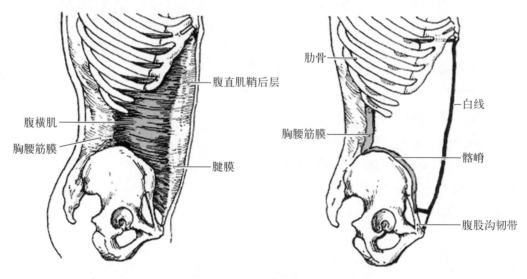

图3-6 腹部肌肉骨骼（侧）

腹直肌位于腹前壁正中线两侧，自下而上，由耻骨上缘向胸骨剑突及第5—7肋软骨延伸。上固定时，两侧收缩，使骨盆后倾；下固定时，一侧收缩，使脊柱向同侧屈。

腹内斜肌位于腹外斜肌深层，肌纤维由后外下向前内上斜行。腹外斜肌位于腹前外侧壁浅层，肌纤维由外上向前内下斜行。

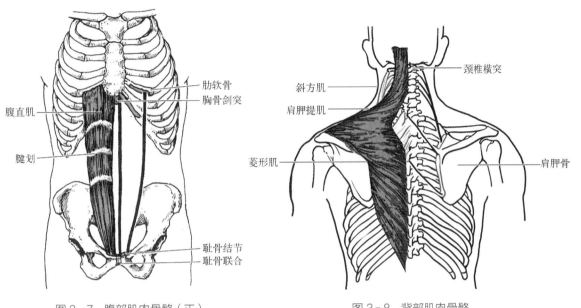

图3-7 腹部肌肉骨骼（正）　　　　　　图3-8 背部肌肉骨骼

（2）背部肌肉

背部肌肉分为浅、深两层。背深层肌包括脊柱两侧由棘肌、最长肌和髂肋肌三部分组成的肌肉群。背浅层肌包括斜方肌、背阔肌、肩胛提肌和菱形肌等。

菱形肌位于斜方肌深层，靠近脊柱的部分固定时，能够使肩胛骨上提、后缩和下回旋。远离脊柱的部分固定时，两侧收缩，使脊柱胸段伸。

（3）胸部肌肉

胸部肌肉分为胸上肢肌和胸固有肌。胸上肢肌包括胸大肌、胸小肌、前锯肌等。胸固有肌包括肋间外肌、肋间内肌和胸横肌等。这些肌肉细琐且和肋骨关联紧密，因此更需要概括理解。

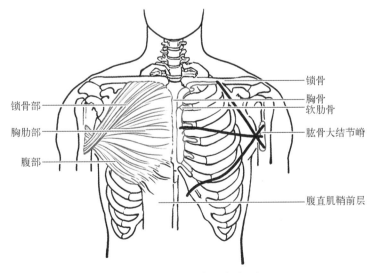

图3-9 胸部肌肉骨骼（正）

3. 上肢肌肉

上肢肌肉可以概括为肩部肌肉、上臂肌肉、前臂肌肉和手部肌肉（手部肌肉群为肢端小肌群，不作展开叙述）四个主要肌肉群。

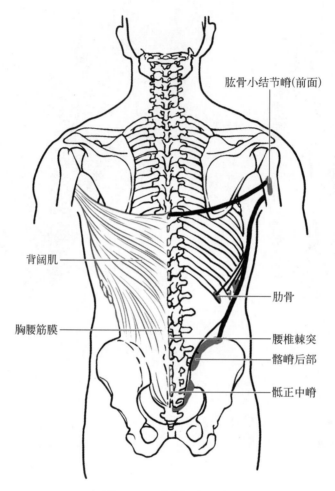

肱骨小结节嵴(前面)

背阔肌

胸腰筋膜

肋骨

腰椎棘突

髂嵴后部

骶正中嵴

图 3-10　背部肌肉骨骼

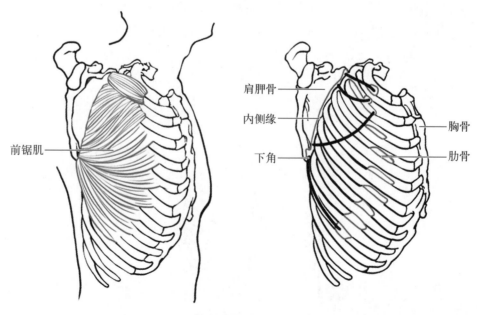

前锯肌

肩胛骨

内侧缘

下角

胸骨

肋骨

图 3-11　胸部肌肉骨骼（侧）

（1）肩部肌肉

肩部皮下有整体呈倒三角形的三角肌、冈下肌、小圆肌和大圆肌。这部分肌肉纤维收缩能够使肩关节弯曲和旋转；中部的纤维收缩使肩关节展开；后部纤维收缩使肩关节屈伸、水平伸和外旋；整体收缩，可使肩关节外展。

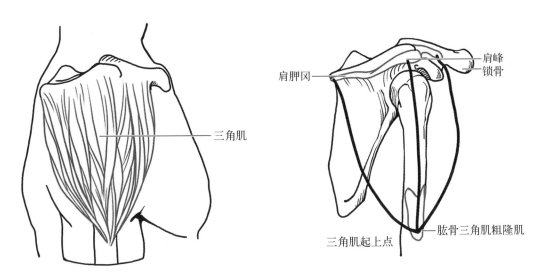

图 3-12　肩部三角肌

肩带肌始于锁骨和肩胛骨，止于肱骨。包括三角肌、冈上肌、冈下肌、小圆肌、肩胛下肌和大圆肌在内的肌肉群共同构成一种叫作"肩袖"的结构，有加固和保护肩关节的作用，同时能够使肩关节外展、外旋、内收。大圆肌能够使肩关节内旋、内收和伸展。

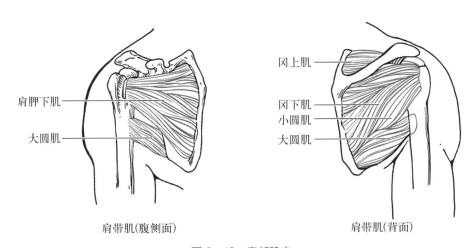

肩带肌（腹侧面）　　　　　　　肩带肌（背面）

图 3-13　肩部肌肉

（2）上臂肌肉

上臂肌肉包绕肱骨周围，分前、后两群。前群（屈肌群）包括肱二头肌、喙肱肌、肱肌。后群（伸肌群）包括肱三头肌和肘肌。手臂肌肉的分化程度较高，多为具有长腱的长肌，分为前后两群，每群又分为浅深两层。前群肌位于前臂前面及内侧，后群肌位于前臂后面及外侧。

（3）前臂肌肉

前臂肌肉位于尺骨与桡骨的周围，分为屈肌群和伸肌群。这部分肌肉主要的作用就是使腕关节和手指产生运动。根据前后的方位以及深浅不同进行区块划分。

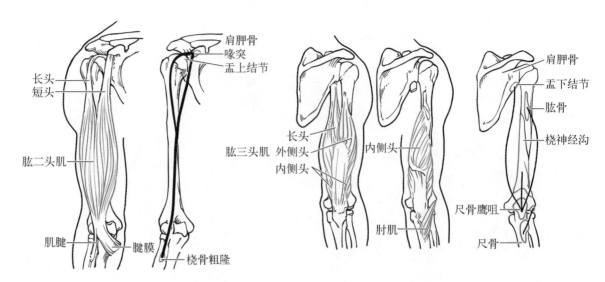

图 3-14　上臂肌肉

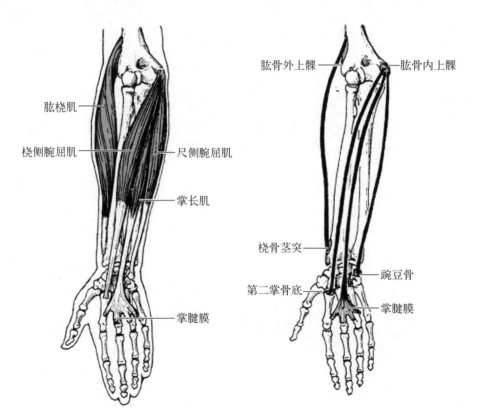

图 3-15　前臂前群浅层肌及其起止点

4. 下肢肌肉

下肢肌肉包括盆带肌肉、大腿肌肉、小腿肌肉和足部肌肉。

（1）盆带肌肉

盆带肌肉大多位于盆骨周边，分前后两群，主要用于完成躯干与下肢的各种屈伸、扭转运动。前群起自骨盆内面，后群起自骨盆外面。前群（内侧群）有髂腰肌、梨状肌。后群（外侧群）有臀大肌、臀中肌和臀小肌。

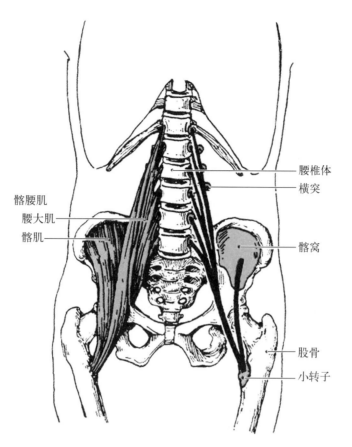

图 3-16　盆带肌肉

臀大肌、臀中肌、臀小肌是支撑起角色臀部造型的关键。臀中肌和臀小肌止于股骨大转子。

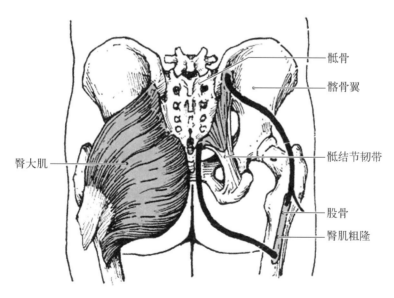

图 3-17　臀大肌

（2）腿部肌肉

大腿肌肉可分为前外侧群、后群和内侧群。前外侧群有股四头肌、缝匠肌、阔筋膜张肌。后群有股二头肌、半腱肌、半膜肌。股二头肌、半腱肌和半膜肌三块肌合在一起称为腘绳肌或股后肌群。内侧群有耻骨肌、长收肌、短收肌、大收肌、股薄肌。

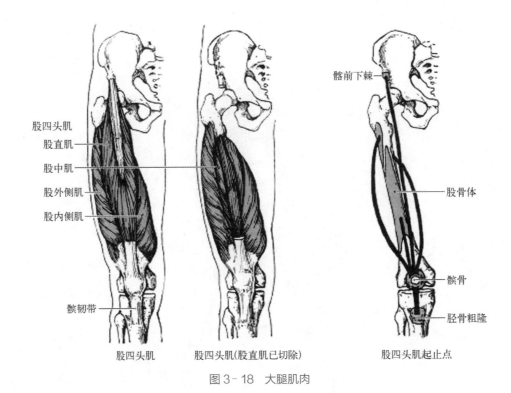

图 3- 18 大腿肌肉

小腿肌肉分前群、后群和外侧群。前群有胫骨前肌、趾长伸肌。后群有小腿三头肌、趾长屈肌、趾长屈肌、胫骨后肌。外侧群有腓骨长肌和腓骨短肌。

小腿三头肌在小腿后部,包括浅层的腓肠肌和深层的比目鱼肌。近固定时,使踝关节屈(跖屈),腓肠肌还可使膝关节屈。远固定时,可使小腿在踝关节处屈,协助膝关节伸,维持人体直立。

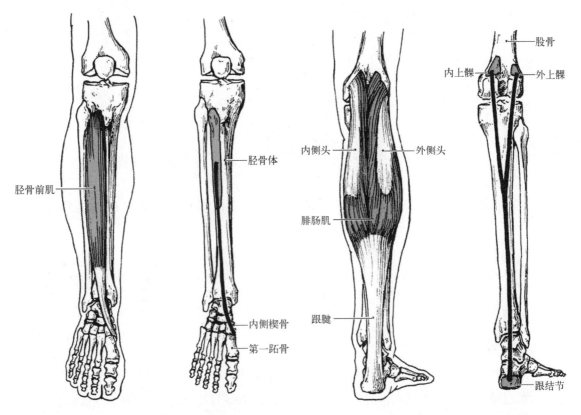

图 3- 19　胫骨前肌及其起止点　　　　　图 3- 20　腓肠肌及其起止点

第二节 人体行走动作的基本规律与动作设计

一、人体行走动作的基本规律

行走是人或拟人角色常用的行为动作,行走动画也是常见的运动形态。角色在站立静止状态中,为了保持其稳定的姿态,其重心一般垂直于地面。而当角色在走路时,其上身的走向是向前倾斜的,其重心位置也须前移。行走的基本规律就是身体重心前移,左右脚交替向前,带动身体向前运动。

在行走过程中为了保持身体的平衡,角色的双臂也会同步交替前后摆动。上肢摆动与跨出的腿脚相反方向交叉运动。即左脚向前迈出时,左手向后甩动;右脚向后摆动时,右手向前甩动。上肢手臂摆动的幅度也会随着腿部步幅的大小变化而变化,即步幅大,手臂的摆动幅度也会大,步幅小则反之。行走速度的快慢也对行走中的双臂摆动速度有一定的影响,行走速度越快,摆动速度也会加快。

人在行走的过程中,为了保持身体的重心稳定,会有一条腿始终支撑地面,以便另一条腿平稳地跨出去。两条腿分开的幅度最大时,人的头顶离地面的距离是最小的,这也可以简单地理解成:人在两条腿都倾斜的状态下,身子是比较矮的。而在交叉换腿或者两腿并拢平行的时候,人的高度达到最高。如此反复的过程中,头顶的空间中自然会形成上下起伏波浪形曲线的运动轨迹。在动画的设计中,为了更生动地表现出角色的柔美及协调性,一般正面的视角

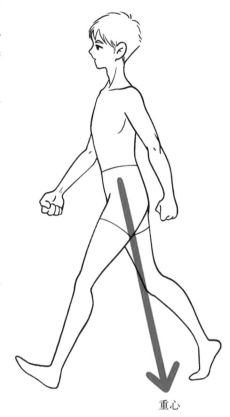

重心

图 3-21 走路时人物重心

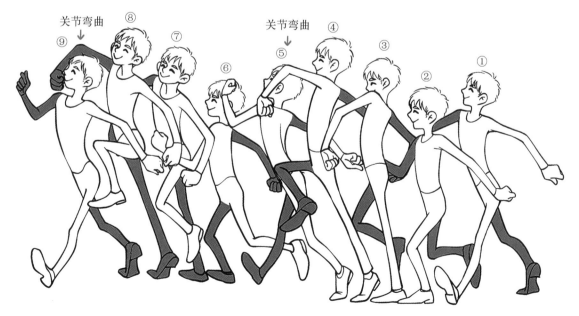

图 3-22 走路时重心变化

下,肩部及盆骨对称的两点间会呈现出规律性的上下运动轨迹。这样就体现了行走过程中的重力对角色的影响。

在行走动画过程中,不仅包含了角色行走中的动画规律。还蕴含了丰富的角色性格及其运动审美内涵。不同的角色在不同的动画设计师创作下,都会呈现出形形色色的行走姿态。

二、人体行走的节奏设定

前文讲道,行走的基本动作是身体重心前移、利用髋关节抬腿,膝关节和踝关节随之弯曲,驱使两腿交替前行,从而产生身体的不断向前运动。人在走路时头的高低形成的是波浪线运动,在走路的关键帧中,存在一个最高位一个最低位。而这些动作的发生的时间速率则构成了人物走路的节奏。

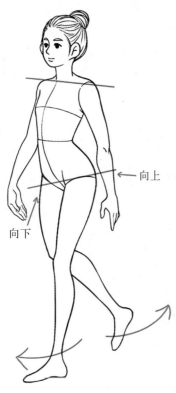

向上

向下

图3-23　走路时髋部与腿部关系

人在行走时人体行走时的主要发力点是下肢。速度越慢,身体越平稳;越快,身体越跳跃和急促。一般情况下走路也叫作"行军式",是匀速运动,一个标准的完整步需要12帧画面。根据行走的速度不同也可以采用16帧或8帧的节奏。16帧即每步$\frac{2}{3}$秒;8帧即每秒3步。卡通式行走往往采用8帧一步的节奏,常常通过增加帧的方式,夸张脚提起和落下动作。这可以使角色的行走更为踏实、有分量,具体情况则需按每个不同的动作、不同的节奏增减帧。

4帧：每秒六步,飞跑;

6帧：每秒四步,跑或快跑;

8帧：每秒三步,慢跑或动漫式行走;

12帧：每秒两步,自然地正常行走;

16帧：$\frac{2}{3}$秒一步,恬静地漫步;

20帧：接近一秒一步,老者或疲惫的人行走;

24帧：一秒一步,非常缓慢地走;

32帧：挪步。

为表现男性角色的身体结构特征,在其行走动画的设计时应将角色的两腿叉开踏步前进,双脚足迹分开距离较大,每走一步头部和身体都有很大的上下浮动。相反,女性走路时通常双脚足迹趋于并拢,头部和身体没有很大的上下移动的幅度。

三、人体行走的动作设计

行走运动规律是人物在动画运动中的基础,在此基础上通过动画角色姿态和运动节奏的个性设计,来表现角色的性格、情绪、体型、年龄,是对动画设计师的更高要求。不同的性别,不同的年龄身份和体型不同的人,在走路的形态变化和运动节奏上具有不同的特征,而这些特征在附属动作上的体现也尤为重要。

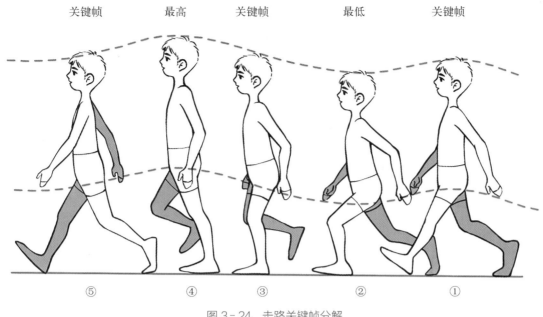

关键帧	最高	关键帧	最低	关键帧
⑤	④	③	②	①

图 3-24　走路关键帧分解

走路动作过程中,脚踝与地面呈现的弧形运动线高低幅度与神态和情绪有密切的关系。比如,走路步伐迟缓,脚步上下波动缩小,表现出在该情境中人物内心是沉重的。

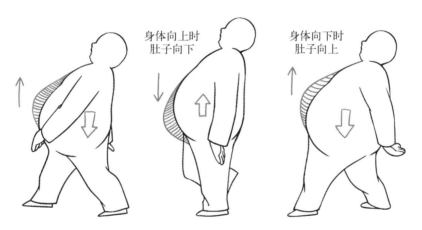

图 3-25　大体重角色行走

如表现较大体重的角色行走时,为了表现动作的迟缓,所需的时长和帧数也更多。比如使用 40 帧左右表现行走动画更能体现出肥胖体型的沉重感。腹部脂肪也可以随着身体重心的起伏相对上下运动,运动方向与重心方向相反。腹部脂肪越厚其运动的滞后时间越长。

第三节　人体奔跑和跳跃运动的基本规律与动作设计

一、人体跑步动作的基本规律

跑步与走路的姿态有所不同。角色奔跑的基本规则为身体重心前倾,双腿和脚的跨步动作幅度较大,抬膝和脚后摆的幅度比走路大许多,迈步的速度比走路更快。同时手肘呈屈曲状,两手自然握拳。一个完整的跑步循环要比走路循环在时间上短三分之一到一半左右。角色跑步时,双脚几乎没有同时落地的姿态。在大步奔跑时,双脚会有一个较长的同时离地的过程。

图 3-26　奔跑的正侧背视图

图 3-27　奔跑的侧视图

在绘制角色奔跑的动作时,需要扩大手的前后摆动幅度。跑动速度越快,摆动频率也越快。跑动时,头与身体高低起伏的波浪形运动轨迹幅度也比正常走路时大。

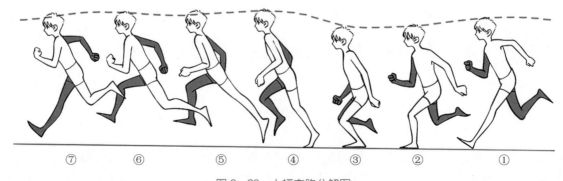

图 3-28　大幅奔跑分解图

二、人体跑步的节奏设定

一般来说,人的跑步动作在0.5秒内完成一个完整迈步循环。制作时用"一拍一"方式,即每张画面只出现一次。如果制作1秒钟的跑步动作,只需要绘制0.5秒的完整迈步循环,另外的0.5秒画面重复前面的画面即可。在绘制急速奔跑的动画时,可以使用1—2帧画面来表现双脚离地面的动作,以增加速度感。

跑步动作中重要的关键动作主要有:着地的瞬间、踢出后脚的瞬间、重心失去稳定的瞬间。这几个瞬间动作变化较大,可以有较为明显的动作停顿。变化较小的姿态为:在空中的瞬间。制作这些关键动作的原画时要着重注意膝盖、腰、肩膀、肘部这四个点的姿态设计和运动轨迹。

图3-29 小幅奔跑分解图

着地的瞬间是指跑步过程中前脚到达地面的瞬间,如图3-29、图3-30,着地瞬间的腿仍处于分开状态,两腿的膝盖位置大致相同,正面能够看到前脚脚掌,背面能够看到后脚脚掌。对角线上的手臂和脚朝同一方向移动,身体稍微倾斜,腰部呈扭的形状。

图3-30 奔跑时下肢与躯干角度

踢出后脚的瞬间是指角色身体前倾,后腿发力蹬出脚的瞬间,如图3-32,膝盖的高度,两只腿大不相同,两脚都能看到脚背。

下位　　　　　　　　　　　　　　　　　上位　　　　　　　　　下位

腾空

⑦　　　脚部反转　　　　⑤　　　④　　　③ 脚部反转　　②　　　①
　　　　⑥

图 3-31　奔跑时的腿部变化

重心失去稳定的瞬间，身体很大角度倾斜，从单帧看这个瞬间仿佛即将倾倒。如图 3-32，图 3-33 这个动作的腿部踢出的幅度不大，两腿膝盖的位置存在不大的高低差。重心失去稳定的瞬间，一般而言前腿是侧弯的。

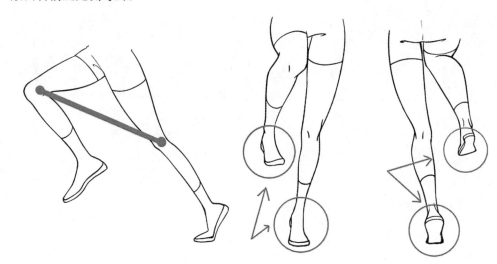

图 3-32　奔跑时的脚部姿态

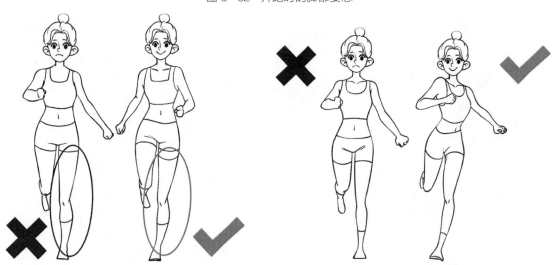

图 3-33　奔跑时腿部倾斜角度　　　　　　图 3-34　奔跑时躯干倾斜角度

除了正常跑姿，根据角色的不同的年龄、剧情需要的不同场合及不同的情节，也会有不同的跑步姿态。常见的有快跑、跑跳步、落荒而逃等。

三、人体跳跃运动的基本规律

在角色的跳跃动作中,力的方向和运动的方向是决定角色姿态的两个重要因素。同时,充分考虑角色重量的存在能够帮助动画师更好地理解跳跃中的形变。

通常情况下,动画中的角色动作设计都要遵循"动者恒动"的原则。因此,在绘制跳跃动作时不能割裂地只考虑"跳"这一动作,助跑、腾空、落地的缓冲在整个动作中都需要进行精心的设计。

常规的跳跃往往包含:助跑、起跳、腾空、落地这四个关键动作,跨栏跑也可以视为一种跑跳,动作可以分为:助跑、够栏、伸展、着地、助跑。

⑨　　⑧　　⑦　　⑥　　⑤　　④　　③　　②　　①

图 3-35　跳跃分解

1. 助跑

在一个跑跳的动作中,人先开始助跑,在跑的过程中做好跳的准备。跳跃助跑时的步幅略大于常规跑步,且步频要更高,身体重心迅速而平衡地前倾,为起跳创造条件。

2. 起跳

起跳的动作借助助跑的冲击力,在重心稍低后腾跃而起。标准的立定跳远动作为:两脚左右开立大约与肩同宽,上体稍前倾。用前脚掌和脚趾抓紧地面,两臂自然前后预摆,同时两腿随着手臂摆动有适当屈伸,弯曲时重心下移。当两臂从后向身体的斜上方做有力摆动时,两脚迅速蹬地,充分蹬伸髋、膝、踝关节向前,带动身体跳起。跳起时,身体尽量绷直,身体前倾。

在奔跑的过程中跳高或跳远时,起跳必须用单脚。无论单脚起跳还是双脚起跳,在这一阶段都需要利用腿部、臀部、腰部的力量充分伸展髋、膝、踝三关节,从而获得最高的跳跃高度,也是跳跃运动最关键的部分。

3. 腾空

腾空阶段由于惯性还会持续向前跃起,身体尽可能伸展各个身体的关节和肌肉,做到最大拉伸。在跳远时,有向前摆臂、向前绷直飞出、腿部向前弯曲、准备着陆几个阶段。

跳高时的腾空主要用于过杆,这部分的姿势有跨越式、剪式、俯卧式、背越式,越障碍物时需要停留足够长的时间。

4. 落地

落地发生在腾空伸展到最高点后。角色身体落地时,先用前脚掌或脚跟落地。落地瞬间立即过渡到全脚掌着地,后接迅速屈腿、弯腰、收腹,做半蹲姿势身体向下蜷缩然后抬起以缓解落地的冲击力。

通常女生跳跃动作较之男性更柔美、俏皮,在跳跃动作时会有大幅度的跟随动作,在腾空到最高位置时女生的头发最低。

　　跳跃运动是动用到全身肌肉的一种运动,如果一个人腾空跳跃,我们要在整个动作中加入更多的小动作。让整个跳跃动作中双臂保持运动,或者双脚保持运动。这样避免了动作显得游移不定,而且增加了重量感。

图 3-36　落地动作分解

第一节　四足动物的结构和运动规律

四足的兽类动物用四条腿行走和奔跑。为了适应不同的生存环境,兽类的四肢也向着各种类型演化,可以分为蹄行动物、趾行动物和跖行动物。

一、蹄　行　动　物

所谓蹄行,就是利用趾甲来行动。这类动物随着对环境的适应,四肢的指甲和趾甲不断扩大,逐渐退化成坚硬的"蹄"。蹄行的兽类分为"奇蹄类"动物和"偶蹄类"动物。奇蹄类动物即有奇数脚趾的动物。常见的有马、驴、斑马、犀牛等,马、驴和斑马用一根主力脚趾作为着地点,犀牛则有三根脚趾。偶蹄类的脚趾数量一般为两根或四根,常见有牛、羊、猪、骆驼、河马等。牛、羊、猪、骆驼主要用每条腿两根的脚趾作为主着地点支撑身体。河马则有四根脚趾。

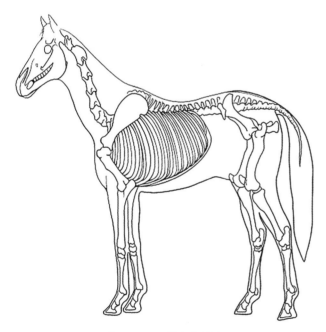

图 4-1　马的身体结构

奇蹄类动物的结构特征(以马为例):马的足部很长,所以迈出的步伐很大。有很粗的大腿,可称四头肌。当马抬起后脚时,踝关节将足向上抬,同时足趾向下弯曲。

偶蹄类动物的结构特征(以鹿为例):鹿的身体纤细,体态优美,腿部骨骼构造突出,腱和足骨之间很薄。鹿的足后跟,很明显是足的后上方延伸出来的骨骼,就像绑了一根细长的木头。

以马的行走为例,马一般行走的方式是对角线换步法,即左前足和右后足向前的同时,右前足和左后足向后。紧接右前足和左后足跟着向前,左前足和右后足向后,继续循环下去,就形成一个完整的马行走动画。

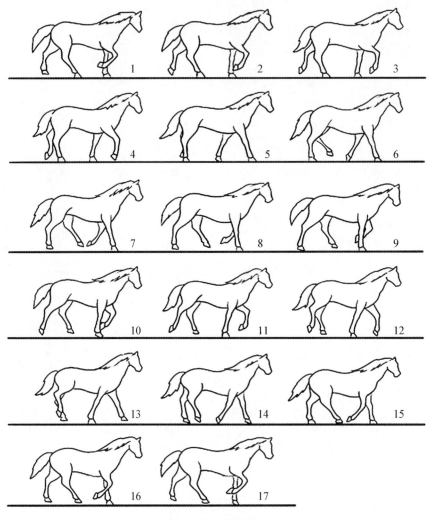

图4-2 马的行走

二、趾行动物

趾行动物都是利用趾部支撑身体站立和行走的。趾行动物走路时,只有脚趾着地。前肢的掌部和腕部,后肢的跗部和跟部永远是离地的,只有在趴下或者蹲坐时跗部和跟部才接触地面。所以这些兽类都以擅跑出名,利用力量和速度追击猎物。奔跑速度较快的兽类一般都是趾行动物,有些趾行动物的脚趾会进化为锋利的爪子,它们一般都是肉食性或者杂食性动物。常见的趾行动物有狮、虎、豹、猫、狗等兽类哺乳动物。

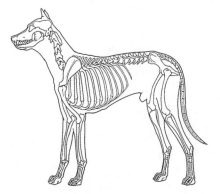

图4-3 狗的身体结构

趾行动物利用指部和趾部来行走,因此趾行动物动作灵活敏捷,能跑善跳,矫健有力,弹力强,步法轻,速度快。趾行动物和蹄类动物行走时有一个明显不同的外部特点,趾行动物的前肢关节向前弯曲,而蹄行动物向后弯曲。

狗属于趾行动物,利用指部和趾部来行走。狗的走路特点为:四条腿同侧的两分、两合,左右交替完成一个动作。比如图4-5中,黑色的左前腿和左后腿分开时,右前腿和右后腿交叉,依次交替完成走路循环。在走路时,关节弯曲,身体会有起伏变化。也由于身体的起伏,头会略动,在前足落地时,头会向下点动。

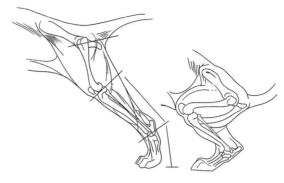

图4-4 趾行动物后腿

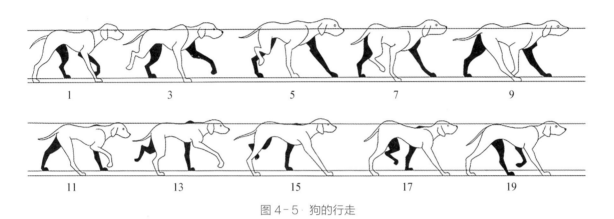

图4-5 狗的行走

狗奔跑与走路不同,两条前腿向前迈进的时候,两条后腿同时向后蹬出;两条前腿向后抓地时,两条后腿向前迈出,交替完成跑步循环。跑步时,头部胸部上下起伏较大。前足向前迈出时头部抬起,前足落地时头部落下。同时注意尾部随着身体起伏上下摆动保持平衡。

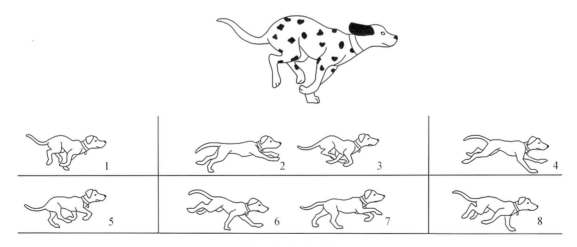

图4-6 狗的奔跑

大体型的趾行动物,如各种肉食性的兽类,其皮毛较为松软,肌肉和脂肪相对丰富,所以运动关节的轮廓相对柔和。它们较蹄行动物关节运动就比较明显,轮廓更显硬朗一些。兽类行走的运动过程中,应注意脚趾落地、离地时所产生的高低弧度。它们还有另外一种走路方式,即四条腿两分、两合左右交替成一个完整的步子,行走时基本上都由后腿之一先跨步,接着跨同一侧的前腿。

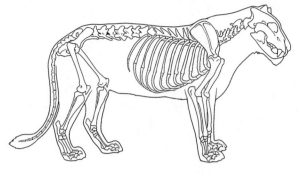

图4-7 豹子的身体结构

趾行动物和蹄行动物行走动作相比,蹄行动物的前肢关节是向后弯曲的,而趾行动物是向前弯曲的,因为前者是腕部关节弯曲,后者是肘部关节弯曲。蹄行动物走动时四肢着地响而重,而趾行动物走动时四肢着地轻而飘。相对而言趾行动物的四肢都比较短,跨出的步子相对来说也比较小,不像马这样的蹄行动物有修长的四肢,步子较大。

趾行动物的奔跑可以分解为四条腿两分、两合,左右略微交替形成一个奔跑动作循环(俗称后脚踢前脚)。即两前腿向前时,两后腿向后;两前腿向后时,两后腿向前。左右前腿,在向前和向后的过程中略微分开(如图4-9),后腿同理。前腿抬起时,腕关节向后弯曲;后腿抬起时,踝关节朝前弯曲。走步时由于腿关节的屈伸运动,身体稍有高低起伏,为了配合腿部的运动,保持身体重心的平衡,头部会上下略有点动,一般是在跨出的前脚即将落地时,头开始朝下点动。

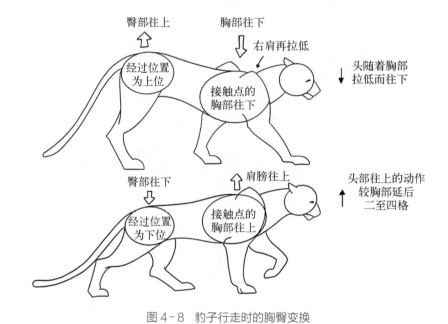

图4-8 豹子行走时的胸臀变换

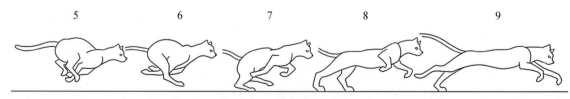

图4-9 豹子的奔跑

三、跖行动物

在哺乳动物中，凡用前肢的腕、掌、指或后肢的跗、跖、趾全部着地方式行走的动物，称为跖行动物。

如灵长目中的猴子，熊目的熊猫、棕熊，有袋目的袋鼠等，这些动物都是跖行动物。这类动物的脚从趾头到后跟的部位上都长有厚肉的脚板，走路时脚跟先接触地面，然后脚掌和脚趾踩到地面上。一般情况下，跖行动物贴地行走，脚部和腿部缺少弹力，所以奔跑速度较趾行类动物较慢一些。跖行的优点是可以使身体在行走和奔跑时更加稳定，也更加耐重。

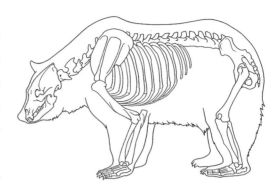

图 4-10　熊的身体结构

熊的腿脚部拍打地面非常有力。北极熊足上有巨大的掌垫，这让它们能够在冰面上舒适地行走，也能让它们很好地在水中划水游泳。熊掌上锋利的爪，能让它们抓牢地面和猎物。

人类也属于跖行动物，所以跑不过一般兽类。短跑运动员 100 米冲刺跑时几乎全用脚趾奔跑，跖部和跟部离地，尽最大限度减少接触地面，以便增加弹力，使跑步速度增快。

大象介于跖行和趾行之间，称为半跖行。一头象大约需要 1 秒或 1 秒半完成一个完整的走步。蹄行动物一般脊椎骨较硬，奔跑时背部基本上保持平直，缺少弹力。

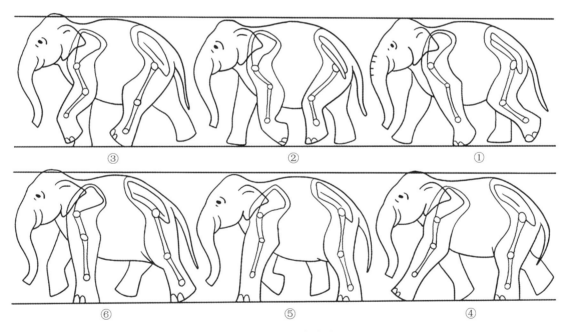

图 4-11　大象走路

第二节　禽类的结构与运动规律

鸟类（禽类）根据体形大小可以分为阔翼类和雀类。阔翼类体型较大，翅膀较大。雀类体形较小翅膀短小。

一、阔翼类动物

常见的阔翼类动物包括大雁、天鹅、鹰类、海鸥、鹤等。它们在飞行时,翅膀上下扇动变化较多,动作柔和优美。在飞行时,其宽大的翅膀、丰富的羽毛可以产生较大的升力和推力,托起身体上升和前进。阔翼类扇翅动作频率较雀类低。翅膀扇下时,充分舒展,动作有力;抬起时有收翅动作,动作柔和。在扇动翅膀的过程中,有伴随性弯曲动作。用力扇动几下翅膀,飞行到一定的高度后,可以利用上升气流,舒展开翅膀滑翔。阔翼类鸟的动作都是偏缓慢,走路动作与家禽相似。其中在水边生活的鹤类、鹳类等涉禽类鸟,腿脚细长,常涉水步行觅食,能飞善走;在走路过程中,提脚,跨步等屈伸动作幅度大而明显。

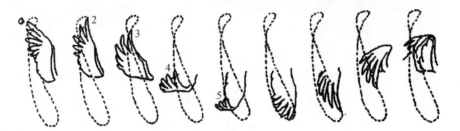

图4-12 阔翼类鸟翅膀扇动

羽毛是由禽类的表皮细胞进化而成的一种角质化产物。禽类羽毛覆盖其全身,是影响飞行的重要因素。羽毛的质量轻,韧性强,可以保持体温、防水并起到一定的保护作用。禽类在飞行过程中,通过扇动翅膀带动羽毛,可以获得升力托起身体。一根羽毛往往由主轴和主轴两旁斜长着两排平行的羽枝组成。羽枝的两旁又长着许多长纤毛,纤毛的两旁又有许多微细的小钩相互勾连,这样就使得羽枝可分可合,成为能够调节气流的特殊材料。

禽类翅膀上的肌肉、骨骼和羽毛构成了羽翼的基本结构。羽翼的剖面是流线型的,前缘较厚,后缘较薄。翼面圆滑,翼底微凹,其质地坚韧、光滑、柔软。禽类在飞行时,将翼略微倾斜,造成迎角,切入空气,就可以增加升力。当鸟翼用力向下扇动时,所有的主要羽翼都重叠起来,羽毛压迫空气,产生推力;向上回收时,则把主要羽翼松散开来,使空气易于流过,不断地循环扇扑,就可以不断地获得推力。翼的运动为鸟飞行制造了动力——升力和举力,这是鸟类飞行的基本原理。

骨骼是构成鸟类飞行的另一个内在的重要因素。鸟类适应于飞翔生活,其骨骼轻而坚固,骨片薄,长骨内中空,有气囊穿入。脊柱可分为颈椎、胸椎、腰椎、脊椎和尾椎五部分。

如图4-13,以大雁飞行为例。在阔翼类鸟两翼向下扇动时,因翼面用力扇下过程中与空气相抗,翼尖会向上弯曲。扇下时,主羽毛汇聚产生推力和升力,同时身体重心向上抬起。在完成下扇动作后,向上抬起翅膀时,翼尖向下弯曲,主羽散开让空气易于滑过,翅膀抬起到最高点后,翼尖上扬,此时身体重心向下微沉。完成抬起翅膀动作后,准备再次向下扇动开始一个新的扇翅循环。

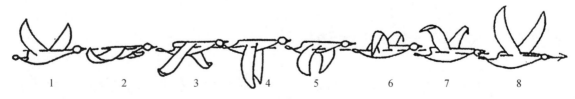

图4-13 大雁的飞行分解(侧)

図 4 - 14 大雁的飞行分解（背）

海鸥翅膀向下扇动时,翼平压空气,翼尖稍向上弯,翼肘向下扇到 240 度左右,同时收肘部后提成 V 字形,进入新的循环。

图 4 - 15 海鸥的飞行分解

鸽子体形在阔翼类和雀类之间,身体呈流线型,有发达的胸大肌和胸骨,以减少阻力而利于飞行。其扇动翅膀的频率比常见的阔翼类快,比雀类慢。鸽子的骨骼中空,可以减轻身体的重量,从而减轻飞行重量。

飞行高度、飞行速度取决于鸽子的翼型、翼面,也决定了它扑翼的频率和幅度。有时鸽子的翅膀会不完全伸展,只是短促地扇动一下,随后保持基本收拢的状态片刻(这个片刻可能会有 1—2 秒钟)。

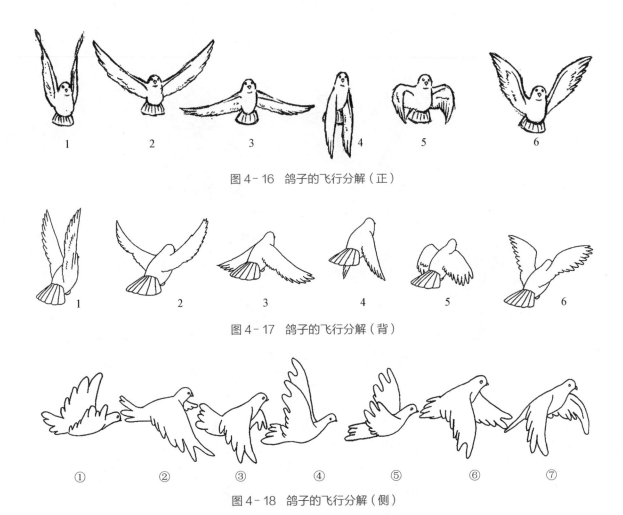

图 4-16 鸽子的飞行分解（正）

图 4-17 鸽子的飞行分解（背）

图 4-18 鸽子的飞行分解（侧）

二、雀类动物

　　雀类动物是体小翼小的鸟类,每秒钟可拍动翅膀十余次。它们的翅膀短小,不适合长时间飞行。表现它们的扇翼时,只画上下两个扇扑动作及加上速度线即可。麻雀能蹿飞,短程滑翔,并且常爱做跳步动作。麻雀在地面活动时,常依靠双脚跳跃前进。

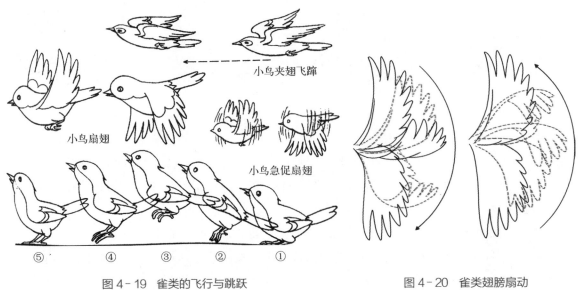

小鸟夹翅飞蹿

小鸟扇翅

小鸟急促扇翅

图 4-19 雀类的飞行与跳跃

图 4-20 雀类翅膀扇动

雀类动物的动作特点：

（1）雀类动物的飞行速度快，扇动翅膀的频率较快，而身体发生的形变较小。一般用速度线来模拟扇翅的快速动作产生的残影。

（2）雀类动物的动作短促迅捷，动作之间常伴有短暂的停顿。动作具有随机不稳定性，比如突然地转头、转弯、跳跃、抖动身体等。

（3）相对阔翼鸟类展翅滑翔，雀类体形小、重量轻，在不挥动翅膀的时候，雀类动物往往夹紧翅膀在空中蹿行。有时还会快速扇动翅膀，让身体较为直立地悬停在空中。

（4）在地面时，常常用双脚同时向前跳跃前进，而不会双脚交替迈步前进。

第三节 鱼类和昆虫类的结构与运动规律

一、鱼类动物

鱼类动物一般由头部、躯干、尾部三个部分组成。身体和头部之间有一对腮盖，用于吸收过滤水中的氧气。鳍是鱼类动物的运动器官，可分为胸鳍、腹鳍、背鳍、臀鳍和尾鳍。大部分鱼类动物身表面都覆盖有鳞片和侧线器官。鱼类动物在水中游动时，鳍之间相互配合保持身体的平衡，也起到前进、停止或转弯的作用。

鱼类动物的游动主要由以下三种方式配合完成。

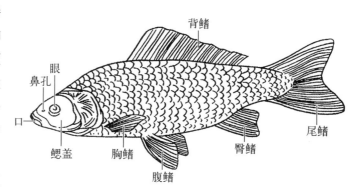

图 4-21 鱼的身体结构

1. 全身肌肉运动

鱼类动物游动主要是借助全身肌肉的运动来实现的。鱼类动物利用躯干和尾部肌肉的伸展和收缩，使身体左右（或者上下）扭动来推动水流，鱼借助击水所产生的反作用力将身体推向前进（如图4-22）。

2. 鳍的运动

鳍是鱼类动物特有的运动器官，在胸鳍、腹鳍、背鳍、臀鳍和尾鳍中，尾鳍对鱼运动的作用较大。它不仅可结合肌肉的活动使身体保持平衡，而且还能像舵一样控制着鱼游动的方向。胸鳍、腹鳍和背鳍则主要起着保持平衡和转体的作用。

3. 鳃孔排水

鱼类动物在呼吸时水由口部吸入，由鳃盖挤压后从鳃孔喷出，喷出的水流也能产生一定的推力。所以可以观察到，鱼在悬停静止时，胸鳍不停地反向划动，其作用就是用来抵消由鳃孔排水而产生的推力。

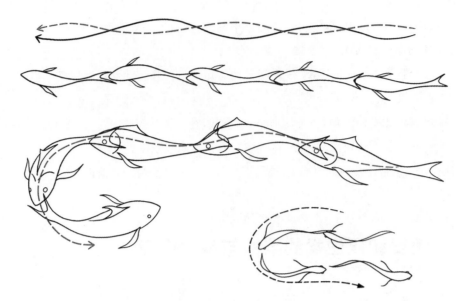

图 4-22　鱼的游动分解

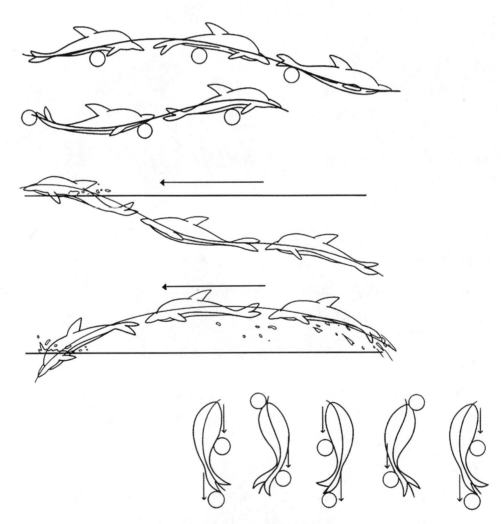

图 4-23　海豚的游动分解

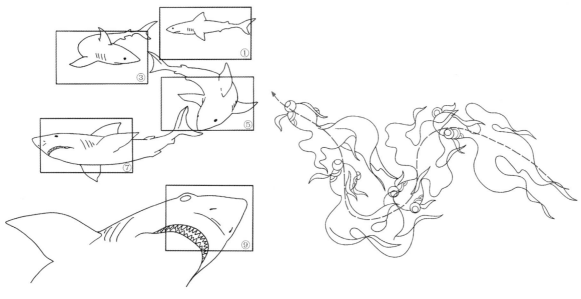

图 4-24　鲨鱼的游动分解　　　　　　　　　　图 4-25　金鱼的游动

　　全身肌肉运动是鱼类动物最主要的游动方式。鱼类动物由身体肌肉的收缩运动,引起躯干和尾部的摆动,力越往后传,尾部摆动幅度越大。同时胸鳍配合动作,在转身变向时要有力地划动,增加转向或者前进的动力。鱼在游动时,全身肌肉收缩往往会使其身体形成 S 形曲线。

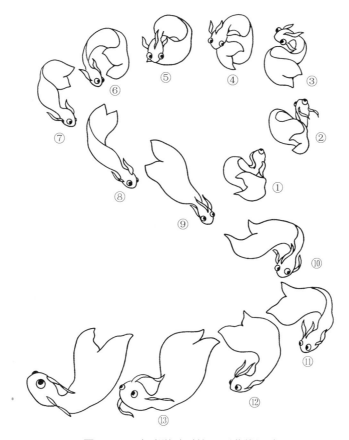

图 4-26　鱼类游动时的 S 形曲线运动

二、飞虫类动物

在自然环境中,常见的飞虫有蝴蝶、蜜蜂、蜻蜓等,它们生有两片翅膀,属于膜翅目。

蝴蝶翅膀上长有五彩斑斓的斑纹,色泽鲜艳,图纹醒目。其头部长有一对棒状或锤状触角。蝴蝶翅膀大,身体轻。在飞行时会受到风的影响,改变飞行路径。蝴蝶在飞舞时快速上下扇动双翅;同时身体重心在翅膀下扇时上升,上抬时下降,停歇时翅竖立于背上。飞行时,其运动路径一般呈曲线。

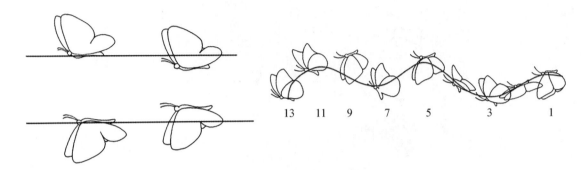

图 4-27 蝴蝶的飞行分解

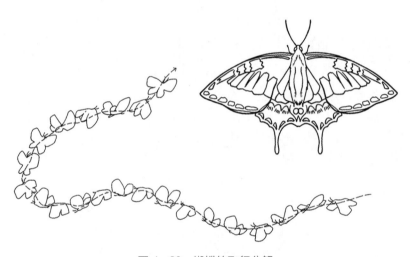

图 4-28 蝴蝶的飞行分解

设计蜜蜂的飞行动作时,要设计好飞行时弧形的运动路线。一般在运动路径的转折点处画关键帧原画,在弧线过程中绘制中间画。绘制翅膀扇动时为了表现蜜蜂扇动翅膀速度快,可以将向上抬起和向下扇动同时画在一张画面中,利用翅膀的虚实变化来区分前后关键帧。如图4-29,前一张原画的翅膀向上画实,翅膀向下画虚;后一张原画的翅膀与之相反,即向上画虚,向下画实。在上下翅之间,可以加上几根速度线,表示扇翅的快速。飞行一段距离后还可以让身体在空中稍作停顿,此时只要画出翅膀上下扇动即可。

蜻蜓一般体型较大,翅长而窄,膜质,网状翅脉极为清晰,飞行能力很强,飞行速度快;在飞行中既可突然转向,也可以瞬间爬升,甚至还能完成悬停和倒飞。在画飞行动作时,可在一张原画上同时画出两对翅膀的虚影。飞行时要注意细长尾部的姿态,不宜画得过分僵硬。

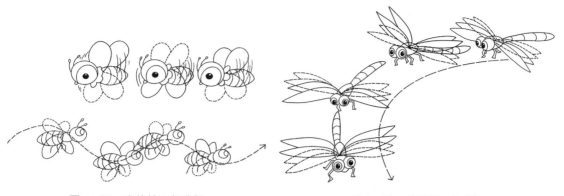

图 4-29　蜜蜂的飞行分解　　　　　　　　图 4-30　蜻蜓的飞行分解

图 4-31　蜻蜓飞行降落分解

三、爬虫类

　　爬行为主的昆虫有小甲虫、瓢虫等。其特点为身体背负着圆形硬壳,靠身体下面的六条腿交替向前爬行,速度不快。绘制甲虫腿部动作时可以将前足和后面两对足分开处理。如图4-32,左前足向前时,右前足向后,左后两足与右后两足分别对向运动即可。

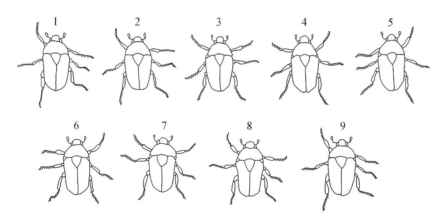

图 4-32　甲虫的爬行分解（顶）

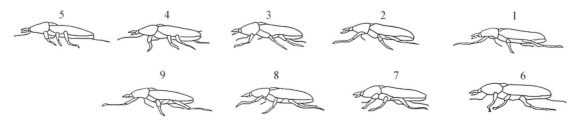

图 4-33　甲虫的爬行分解（侧）

以跳为主的昆虫有蚂蚱、蟋蟀、蚱蜢等。这类昆虫头上长有两根触须。此类昆虫运动基本以弹跳为主,后腿粗壮有力,形状像镰刀,边缘有许多锯齿。如图4-34,绘制弹跳时主要注意后足蹬地跳起动作即可,先后腿折叠蹬地,然后后腿瞬间绷身体直跳起,跳起轨迹为弧线,后腿落地时再次折叠。一共使用4帧完成整个弹跳动画循环。第2帧的位移较远,能表现出弹跳瞬间的速度,前两对足起到缓冲作用。绘制蚂蚱时,也可以在第3帧加入展翅滑翔的动作,展翅时飞行距离更远,可以适当加帧(如图4-35)。滑翔运动轨迹更为平直一些。

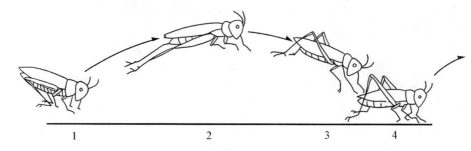

图4-34　蟋蟀的跳跃分解

图4-35　蚂蚱的跳跃飞行

第一节 风的运动规律和表现方式

一、风的流线表现法

在自然界中风是看不见的,一般可以用被风吹动的物体来表现空气流动。对于速度较快或风力较强的狂风、旋风、龙卷风,仅仅用被吹动物体的间接运动来表现是不够的,还可以用流动的线条组来直接表现气流的运动。

图 5-1 用线条和被吹动物体的间接运动表现风

运用笔触线条按照气流的运动方向和速度,把代表风的动势流线一帧帧表现出来。制作时,先设计气流的运动轨迹,再把气流的外轮廓范围通过关键帧确定下来。可以将气流假定为一股运动的毛发来绘制。设定好运动轨迹和气流轮廓后,进一步用弧形线段详细绘制出流动的线条。逐帧绘制时,注意线段沿着运动方向的位移。根据场景和环境的设定,还可以在流线中加入出被气流卷起的落叶、沙石、雪花、角色的头发和软质布料,甚至建筑物残片等等,以加强风的表现力。一般来说,使用运动线表现的气流流动速度都比较快,气流的方向变化多甚至可以产生漩涡;被吹动的物体,如长草、树枝也要与气流的运动方向和速度保持一致。

图 5-2　风与被吹动的草保持方向一致

二、风的曲线表现法

　　风吹一端固定在某位置上的轻薄物体时（如广场旗杆上的旗帜，角色身上的飘带、裙摆和长发，敞开窗子上的窗帘），都会产生布料顺风飘扬的动作。这些动作往往以曲线运动的形式展现，轻薄物体的曲线运动姿态和变化速率可以间接表现风速和方向。

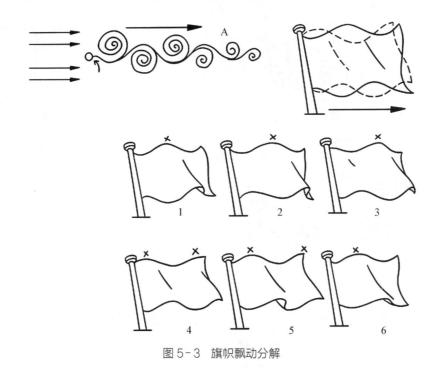

图 5-3　旗帜飘动分解

　　以飘动的窗帘为例，在制作过程中首先要计算出整体动作的时长，再画出飘动的关键帧原画。如图 5-4，在绘制关键帧时，可以将风假想为隐形的球体，球体沿着风的运动方向撞击布料下端，产

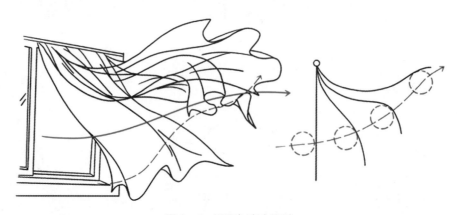

图 5-4　风团与窗帘飘动

生形变。根据延迟原则，布料下端的形变分别传递给布料的上端和末端。然后按照加减速的变化确定每张原画之间使用多少张插入帧。布料飘动的表现难度较大，在绘制插入帧时，要反复与前后关键帧比照、修正形态和动画节奏。确定原画后进一步完成修线、上色。

三、风的轨迹线表现法

运动轨迹是通过表现风吹动的物体运动来表现风，往往不直接表现风本身的气流形态。当风吹质量较轻的物体如纸片、布料、落叶、雪花时，就可以用物体在场景中的位移轨迹来表现气流的流动。

图5-5　用树叶飘落表现风　　　　　　　　　图5-6　树叶飘落分解

设计这些物体的运动过程和轨迹时，要充分考虑气流方向和速度的变化。还要考虑物体本身旋转角度变化。当物体被风吹动上升时，其迎风角应该上扬；被吹动下降时，迎风角度朝下。物体下降的速度也与其与地面之间的角度有关，比如一片树叶，当其与地面平行时下降速度较慢；当其与地面垂直时下降速度变快。物体在飘荡时的动作、姿态、运动方向以及速度都会因为风力、风向、自身角度和形态的影响而不断变化。

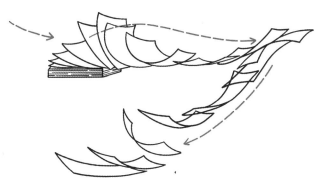

图5-7　纸张飘落分解

四、风的拟人化表现法

根据动画的艺术风格和剧情需要,有时会用拟人化形象来表现风团。在设计和制作时,既要考虑到气流的本身运动规律以及其流动对场景中物体造成的影响,又要考虑到拟人化形象的情绪表情和姿态。充分借鉴拟人对象的形态和情感特征,与风力、风速和剧情、场景等多种因素相结合。

图 5-8 风精灵

第二节 火的运动规律和表现方式

一、火的基本形态和表现方式

可燃物达到燃点后,发出光和焰即为燃烧现象,它也是动画作品中经常要表现的一种现象。火的运动往往是不规则运动,在燃烧过程中受到气流强弱的影响出现变化多端的运动形态。火焰和伴随的烟雾运动常包含波形和 S 形曲线运动、膨胀、收缩等多种运动方式。火焰在燃烧过程中的发生、发展、熄灭除了受可燃物体的种类和数量影响外,还受气流强弱变化的影响。

一般情况下,火焰的形态可以分为扩张、收缩、摇晃、上升、下收、分离、熄灭 7 种。这 7 种形态交错组合,形成火焰的基本运动规律。无论是小火苗还是熊熊烈焰都可以包含在这 7 种运动形态当中。如图 5-9 和图 5-10,火焰的扩张、上升、摇晃、熄灭时产生的烟往往呈 S 形运动。小火苗和火星的飘散往往呈现弧线运动轨迹。

从整体形态上来区分,可以把火焰分为小火、中火、大火。小火包括灯火、烛火;中火包括篝火、炉火、柴火;大火包括各种灾难性的建筑物失火、森林草原火灾,或者各种大型车辆船只飞行器产生的火焰。

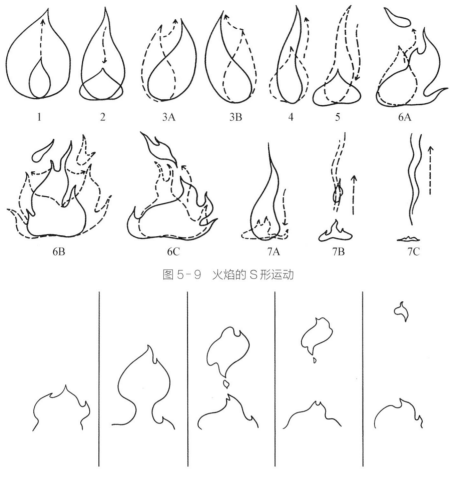

图 5-9　火焰的 S 形运动

图 5-10　火焰的分离

二、火的燃烧运动规律

以组成火焰的小火苗为例：可以将上升和下收的动画帧和表现摇晃的动画帧反复循环几次播放，再随机穿插其他形态的动画帧。这样火苗的运动就会产生跳跃、摇曳不定的感觉。后期制作时根据实际需要，还可以抽离一部分动画帧，这样可以使小火苗的运动更为灵活和快捷。如图 5-11，在表现小火苗运动时，可以直接逐帧绘制，不加中间画或少加中间画，一般以 10—15 张画面作循环动画，以增加小火的多变性。

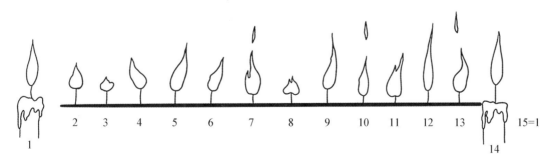

图 5-11　烛火循环动画分解

一些稍微大的中火，可以看作由几组小火苗组合而成。其运动规律与小火苗基本一致，但是由于面积较大，其动作比小火苗更加稳定一些，燃烧速度和变化速度也可以慢一些。每张关键帧原画之间可以插入 1—3 张中间画。一般来说制作 10 张左右的关键帧原画即可。后期制作时也可以抽取部分动画帧改变速度,并穿插一些不规则的循环使动作产生变化。

1—2　　　　3　　　　5—7　　　　9—11　　　　13—15　　　　17—19

图 5-12　中火关键帧分解

　　大火是由许多小火苗组成的,大火的面积大、火苗多、结构复杂、变化多,既有整体的运动趋势,又有许多小火苗互相碰撞交织动作。但其基本运动规律与小火是相同的,还会呈现出变化多端、眼花缭乱的视觉观感。可以从分形结构的角度来去设计大火。许多小火苗组成一团中火,一团中火的整体形态又类似一团小火苗;而大火团又是由许多中型火团组成,一个大火的形态也类似一团小火苗。在表现大火运动时要注意以下四点:

1. 火焰的整体与局部

　　绘制大面积火焰时,要处理好火焰整体与局部的关系。整体上来看,大火的运动速度较为缓慢,使用的帧数较多;而组成大火的局部小火苗的运动速度略快,使用的帧数较少。根据分形的方法,使用小火苗组成中火团,中火团组成大火。大火产生的烟尘也可以适应此原则,在后面章节中会继续深入说明烟的运动。

2. 火焰的密度与时间

　　由于火焰覆盖面积大,往往不同阶段火势的强弱也有所不同。比如建筑物着火一开始的时候可能是底部较强顶部较弱,而燃烧到高潮阶段往往是顶部火焰最为强烈。需要根据燃烧阶段和可燃物的高低位置来设计火焰密度和着火范围。

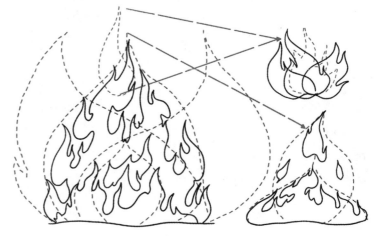

图 5-13　火焰的整体与局部关系

3. 火焰的基本运动规律和表现方式

　　如图 5-14,火焰运动要始终符合曲线运动规律。小到一个小火苗,大到一整团火焰的形态。保证火焰的生长、膨胀、上升得流畅、顺滑。同时还要注重多种变化的处理,切忌同一运动形态多次重复循环使用,避免呆板单调。为了体现火焰的层次,可以采用 2—3 种颜色进行上色。靠近可燃物体的"内焰"部分可用较亮的黄色或者橙色,中间部分可以用橙色和红色,"外焰"部分可用深红色。

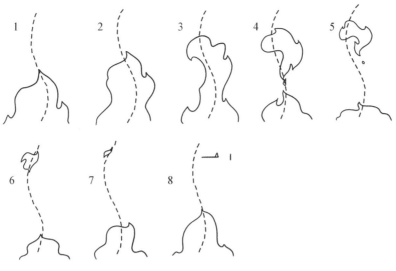

图 5-14 火焰的运动规律

4. 火焰熄灭的运动规律和表现方式

火苗在熄灭时,可以将其拆分为两个部分。一部分向上分离的火焰收缩、消失,另一部分火焰向下收缩、消失、接冒烟的动作。如果火焰是被风吹灭的,如图5-15,吹灭一支燃烧的蜡烛。火焰还需要根据气流的方向先做曲线运动,再做分离、上升消失和收缩的动作。

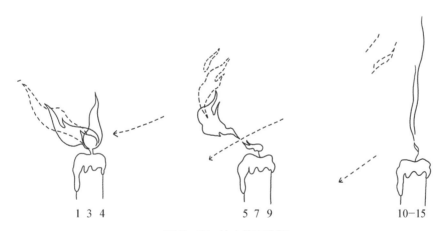

图 5-15 烛火熄灭分解

第三节 水的运动规律和表现方式

一、水的基本形态和表现方式

以水为代表的液体,受重力影响遵循从高向低处流动的规则。水的运动也会受场景和水流量的影响产生多种变换。动画中可以把水总结为聚合、分离、推进、S形变化、曲线变化、扩散形变化、波浪形变化7种形态。水的边缘应该圆润、流畅、光滑、自然,避免太过规则而造成的机械感。

液体有表面张力,少量的水在自由落体运动时会积聚为水滴形态掉落下来,下落时呈头大尾细的流线型。如图 5-16,水滴在下落过程中拉长,落到地面上迅速压扁并分裂,向四面飞散。再如图 5-17,落在水中的水滴的运动规律为积聚、分离、回缩,常用于表现下雨。

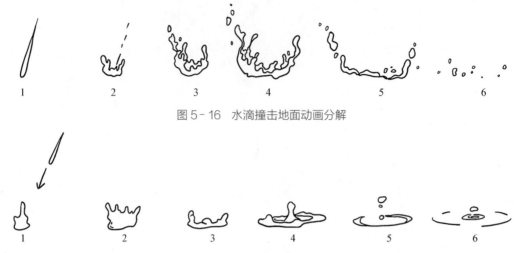

图 5-16　水滴撞击地面动画分解

图 5-17　水滴撞击水面动画分解

二、圆形波纹的运动规律和表现方式

当物体落入水中时,会在水面形成向外扩散的同心圆波纹。圆形波纹由水流扰动点或者物体中心向外扩散开,随着时间推移越来越大。在扩散的同时,水波逐渐减弱消失。如下组图,滴落水面产生的圆形波纹运动较为缓慢。一个水圈从形成到消失大约需要 60 帧,动画师可以先绘制 8 张关键帧原画,每两帧之间插入 7 张中间帧。

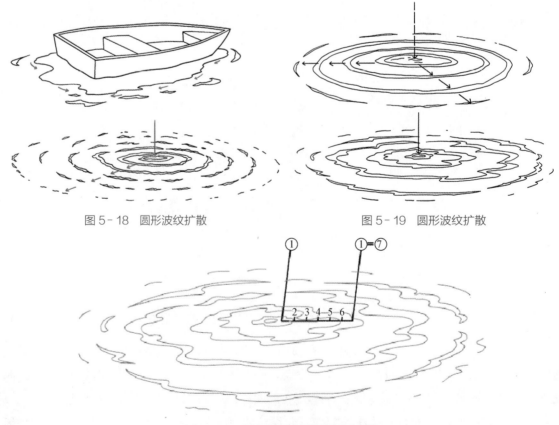

图 5-18　圆形波纹扩散　　　　　　　　图 5-19　圆形波纹扩散

图 5-20　水波动画的关键帧与插入帧

三、人字波纹的运动规律和表现方式

　　物体在水中行进时,在物体的后方水面形成人字形波纹。如船只行驶、禽类在水面上游动、鱼在贴近水面处游动形成的波纹都是人字形波纹。人字形波纹由物体的两侧向外扩散,在运动过程中逐渐扩散、伸长、减淡、分离、消失。人字形波纹的运动扩散速度相对缓慢,可以在每两张关键帧之间插入 5—7 张中间帧。物体运动速度较快时,如快艇行驶时其后面形成多组波纹,且水波纹的持续范围较大时间较长。

图 5-21　人字形波纹

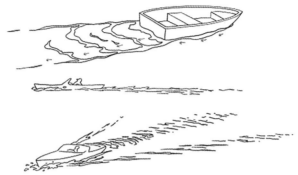

图 5-22　船尾的人字形波纹

四、涟漪波纹的运动规律和表现方式

　　涟漪一般是由微风吹过水面形成的,涟漪也是用来表现水面的常用手法。几条运动的波浪线就能表现涟漪。每两张关键帧原画之间按照曲线运动规律,加入 5—7 张中间帧。按照一拍一格或者两格,形成一段循环动画。

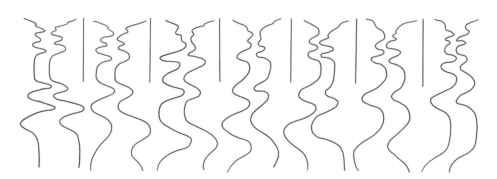

图 5-23　倒影涟漪

图 5-24　水波

五、水流的运动规律和表现方式

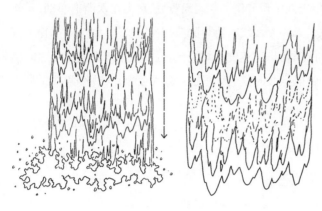

图 5-25　大股水流

水流的运动主要用来表现河流、溪水、瀑布等这类从一处向另一处持续流动的水。如图 5-25，可以使用一股股从高处往低处运动的，与水流方向垂直的不规则曲线型水波来表现水的急速流动。在第一组和第二组曲线形波纹之间，需要找准水纹的位置和形态的变换。为了表现流速，可在每一组平行波纹线的后端，加一些平行于流动方向的短线条和溅起的小水珠。水流一般以匀速表现，避免忽快忽慢。

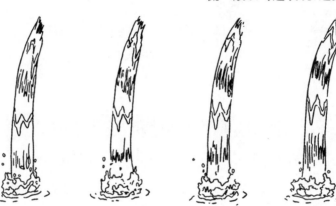

图 5-26　小股水流

六、浪的运动规律和表现方式

水在流动时遇到阻力就会形成浪。根据水的运动速度与阻力大小不同，可分为大浪、中浪和小浪。波浪是由一排一排连续不断、变化不定的水波组成的。如图 5-27，在风速和风向比较稳定的情

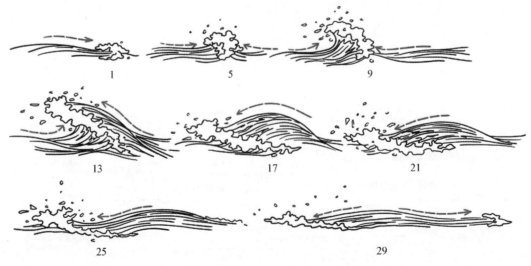

图 5-27　波浪关键帧

况下,就会形成一排排波浪。波浪的细节变化多,但是其每次的生长、推进和消失都有较强的规律性,且水体越大规律性越强。在波浪之间会形成波峰和波谷,在波峰处会形成浪花。巨大的海浪像绵延不断前进的起伏山脉。受风速和风向的影响,波浪之间有时会汇聚合并,有时会分离消失。

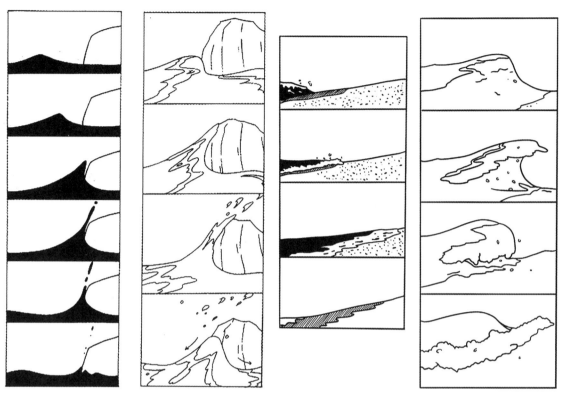

图5-28 波浪拍击岸边关键帧　　　　图5-29 海浪涌上沙滩关键帧

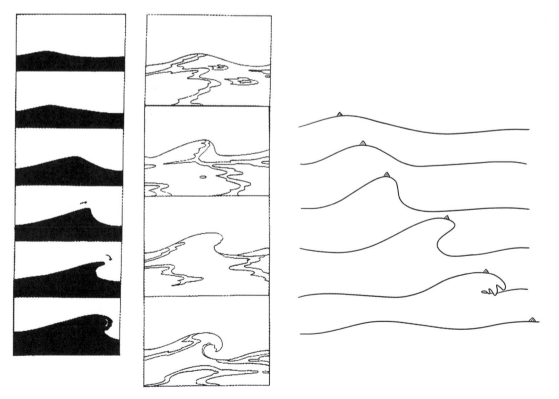

图5-30 大浪关键帧　　　　图5-31 浪头位置

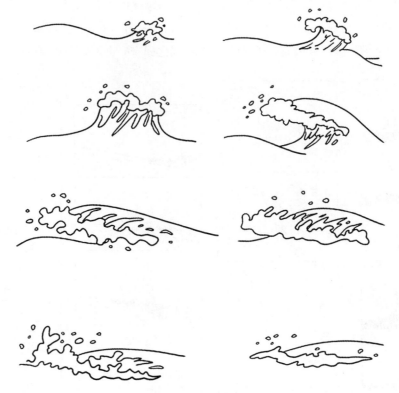

图 5-32　浪花关键帧

七、漩涡的运动规律和表现方式

漩涡是水流流经低洼处，形成的螺旋形水涡。比如，打开排水阀的浴缸、洗手盆，湖面中有坑洞都有漩涡现象出现。另外由于地球旋转产生的地转偏向力，随着纬度的变化水流的方向也会有所变化。北半球的漩涡为逆时针旋转、南半球为顺时针旋转。如图 5-33，一般用循环动画表现漩涡，可以进行多次循环拍摄。在绘制时，重点表现螺旋形水波纹的旋转，同时注意水纹之间的形态大小变化。另外，漩涡的体积越大其旋转速度就越慢，需要在关键帧之间加插入的中间帧就越多。在水流线中夹杂时而溅起的水花也可以让漩涡动画更加生动、自然。影片中的漩涡经常用来表现危险和形势紧张。

图 5-33　漩涡关键帧

八、倒影的运动规律和表现方式

　　倒影表现的是物体映在较平静水面或者镜面上的翻转影像,在较为汹涌的水面上,是看不见清晰倒影的。物体矗立在水中时常常用倒影涟漪来表现。涟漪从物体底部向水面下方扩散、分离并逐渐消失。在物体本身镜像的基础上,整体形态呈 S 形态扭曲。如果物体静止则倒影涟漪可以以循环动画的形式呈现。

图 5-34　倒影

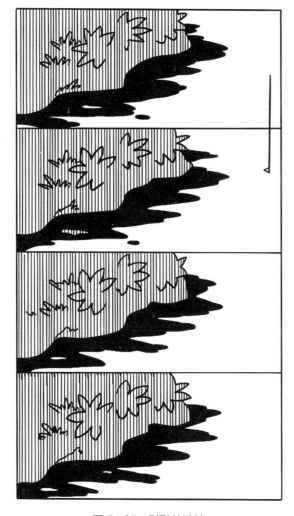

图 5-35　倒影关键帧

第四节　雨、雪、闪电的运动规律和表现方式

一、雨的运动规律和表现方式

　　云中的水汽密度达到一定值后,水汽凝聚成水滴,坠落形成降雨。雨滴的质量小,下落的速度快,降落的雨滴往往表现为因视觉残留现象而形成的一条条细长的半透明线段。只有在特写镜头中表现较大雨滴滴落时,才能看清雨滴的水滴形态。雨滴从空中落下时,往往因为受风的作用,呈倾斜姿态。

　　在动画中,下雨往往发生在室外比较宽阔的场景中。为了表现透视的纵深感,可以将雨分为前景层、中景层和远景层这三个层次来表现。第一层前景层雨滴线段较大,常用粗而短的直线段来表现,线段密度较小;第二层中景层雨滴可以用粗细适中的较长直线段来表现,密度较大;第三层远景层雨滴线段最小,可以用成组的细而密的直线段来表现,线段密度最大。前景雨滴运动速度最快,一般用12—16张来完成一个循环,中景较慢,用16—20张完成一个循环,远景下落速度最慢,用24—32张来完成一个循环。前景、中景、远景雨滴倾斜度可以有少许变化避免单调。

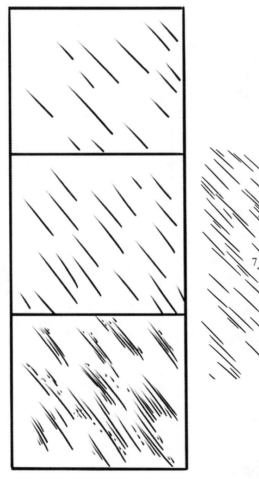

图 5-36　小雨、中雨和大雨

图 5-37　雨滴下落帧速

　　下雨在影片中往往可以起到反衬人物内心的作用,连绵不断的小雨可以表现角色情绪低落,而暴雨则可以表现角色情绪的跌宕起伏。在剧情发展中,也可以用下雨来预示某些坏事即将发生,雨

过天晴表示剧情向好的方向转变。

二、雪花的运动规律和表现方式

当气温低于零度时,云中的水凝结成白色不透明晶状体后成团飘落,从而形成降雪。雪花质量轻,但是体积较大,所以下落速度较慢。在飘落过程中受到气流影响,会随风四散飘落。根据风力大小和降雪量的不同,可以分为雪花轻轻落下、雪花在微风中四散飘舞、暴风雪等。

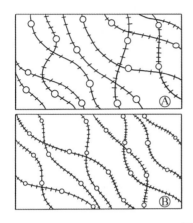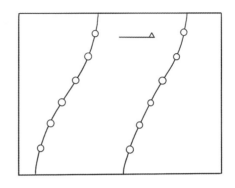

图 5-38 雪花飘落

可以参考表现下雨的方式来表现落雪。为了表现远近透视的纵深感,可以分为前景层、中景层、远景层三个层次来画。第一层前景层画大雪花,第二层中景层画中雪花,第三层远景层画小雪花,最后合成拍摄。雪花往往以不规则的S形运动轨迹飘落,没有固定方向,飘落过程中甚至还有可能有上扬动作。

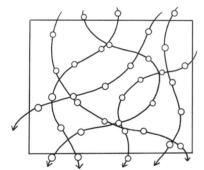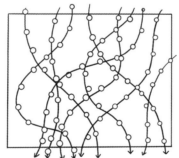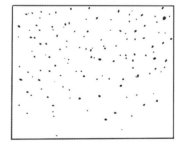

图 5-39 雪花飘落的前景层、中景层和远景层

前景层大雪每张之间运动距离较大,运动速度较快;中景层次之;远景层雪花最小,甚至可以用圆形和圆点来表现。远景层雪花的密度最大,雪花之间距离小,运动速度较慢。总体来讲,相对于下雨雪花飘落的速度都相对缓慢一些,下落路径一般符合曲线运动规律。绘制雪花下落时,应先设计好雪花的S形下落运动路径,使每朵雪花都按照指定路线运动,再确定每朵雪花的关键帧位置以及关键帧之间的插入帧张数。近景能看清雪花形态时,要注意每朵雪花在下落过程中的翻滚旋转。

三、闪电的运动规律和表现方式

在雷雨季节,由于空气的强烈对流摩擦放电而产生雷电。云层之间或者云层与地面之间的正负电荷吸引产生火花放电,火花放电产生的强烈闪光为闪电。火花放电时温度很高,使空气突然膨胀,水滴汽化,发出巨大的响声,为打雷。

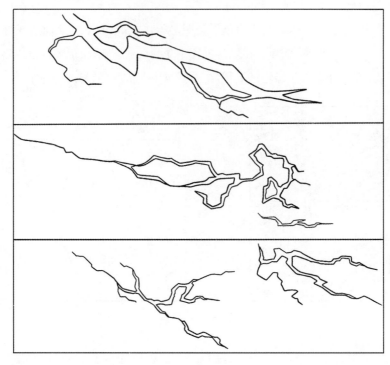

图5-40 闪电

闪电的速度很快,先由一个"先导闪击"开始,紧跟"主闪击",伴随一系列的放电。猛烈的放电现象有时甚至可以持续十余次。由于整个放电过程只有半秒左右,所以肉眼无法区分,只能感受到一系列明显的闪烁。而雷声持续的时间要长很多,甚至可以到数十秒。

在影片中,打雷闪电主要用来渲染剧情,烘托某种紧张气氛。在表现闪电时,除了直接描绘闪电时空中出现的放电光带以外,还要表现高强度的闪电强光照亮景物或者角色。发生闪电时空中云层密度高,往往光线较暗,当闪电出现时,对环境和景物有瞬间照亮的效果,可以用较重的暗部颜色和较亮的受光面来突出这种瞬间照亮效果。

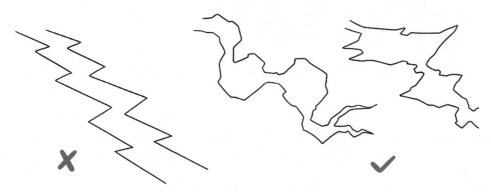

图5-41 错误和正确的闪电形态

如图5-42和5-43,在动画中闪电光带一般有两种形态:一种是树枝形闪光带,其更接近于真实的闪电姿态。另一种是更为卡通化的图案形闪光带。在闪电发生时这两种闪光带都从天空中自上而下通过7格左右到达地面。在第4、5格时带状闪电体积最大,形态最为完整。在绘制时,可以先设计第4格的完整闪电,然后分别绘制之前和之后的闪电形态。树枝型闪电效果可以画3张原画反复、交替使用,而不需要添加插入帧。

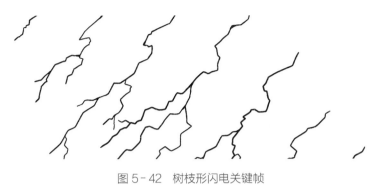

图 5-42　树枝形闪电关键帧

图 5-43　卡通闪电关键帧

表现闪电照亮环境和角色,可以使用以下步骤:正常颜色(固有色)—亮(甚至亮部可以纯白色)—暗(甚至暗部可以纯黑色)—正常颜色(固有色)。一般在十几格的闪电照亮过程中,重复以上闪烁两三次即可。所以在表现闪电照亮景物和角色时,需要三张同样构图造型、不同颜色的图片。一般在固有色场景角色基础上,通过加亮和加深处理即可获得。

在固有色、暗色和亮色图片基础上,还可以加入一张纯白和一张纯黑图片增强闪电的表现力。在拍摄时,按照一定顺序交替出现,每张拍1格或2格。如果是白天,其拍摄顺序如图5-44所示,为:暗—亮—白—亮—黑—暗—固有色。如果是夜晚,其顺序可以调整为:"暗—亮—暗—亮—黑—暗"。

图 5-44　白天闪电照亮颜色变化

第五节　烟、爆炸的运动规律和表现方式

一、烟雾的运动规律和表现方式

烟是物体燃烧时冒出的细小固体颗粒,受燃烧产生热气和风力影响向上飘扬而生的团状物。由

于燃烧物的成分和数量不同,产生的烟也有轻重、浓淡和颜色的差别。物理意义上的烟是固体颗粒,在动画中也可以是气体产生的烟雾,如蒸汽烟雾。

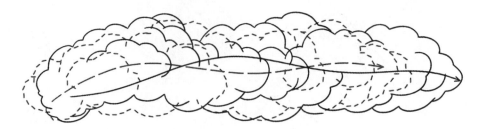

图 5-45 烟尘

图 5-46 浓烟

动画表现的烟,大体上可分为浓烟和轻烟两类。浓烟一般指剧烈燃烧产生的烟,包括烟囱冒出浓烟,火车车头里冒出的黑烟或者蒸汽,或者房屋燃烧时的滚滚浓烟等,其造型多取团絮状,用色较深。

浓烟的密度较大,形态变化较小,呈团状冲向空中,也可逐渐延长轨迹,尾部从整体分裂出多个碎块,逐渐消失。运动速度根据不同情况可快可慢。浓烟除了表现烟的整体外轮廓的运动和变化以外,有时还要表现烟雾内部的上下翻滚运动,如图 5-47,其内部的烟团有些逐渐扩大,有些逐渐缩小;有的相互合并,有的分离。绘制时可以将整体的烟拆分成一个个圆形烟团,圆形烟团之间有部分交融汇聚、成组。同表现大火一样,整个烟体外轮廓的运动速度可以偏慢一些,烟体内部的部分烟团运动速度可以相对快一些,这样可以形成浓烟滚滚的气势,避免机械呆板。燃烧产生的浓烟可以用深灰色和黑色来表现,蒸汽产生的浓烟可以用白色或者浅灰色来表现,为了表现烟的质量轻可以淡化其边缘描线。

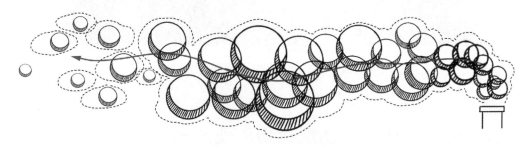

图 5-47 浓烟分解为烟团

轻烟一般指香炉、蚊香、香烟、烟斗、熄灭的蜡烛等发出的缕缕烟雾。多用线状和带状来表现轻烟的造型,颜色上使用比较浅的灰色或者半透明色。轻烟密度小,体态轻盈,随着空气的流动形态变化多,容易消失。在气流比较稳定的环境下,轻烟徐徐上升、动作柔和缓慢,基本采用曲线运动的方式,常有拉长、扭曲、回荡、分离、消失等动作。

如图5-48,在绘制轻烟时可以先设计轻烟的运动轨迹形态,然后画出关键帧原画,再加动画中间帧。也可以按照动作设计稿的大致位置,顺着烟的动势一张张顺序完成绘制。给轻烟上色时可以用半透明色与场景同时拍摄,一次曝光完成。轻烟涂不透明色时,用两次曝光方法拍摄,效果较好。轻烟的运动速度较为缓慢,冉冉上升;中间画绘制较多,写实、细腻、轻盈,造型婀娜多姿、婉转妖娆,呈现出曲线的运动过程。

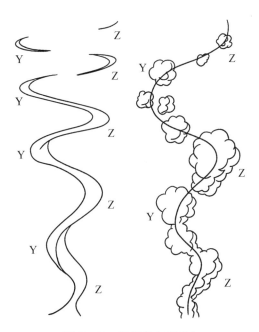

图5-48 轻烟的上升形态

二、爆炸的运动规律和表现方式

爆炸是突发性的,动作强烈,速度快。动画中的爆炸一般通过闪光、爆炸物和烟雾三个方面表现。

爆炸的闪光有三种表现方式。

第一种方式:不用直接绘制爆炸形态,而是用色彩明度和色相对比很大的一组纯色画面的突变来表现强烈的闪光效果,常使用亮黄色、红色、白色等。该方式与雷电照亮环境时使用的方法类似,所以也叫闪电型。

第二种方式:如图5-49,绘制放射形状的闪光爆炸发生后从中心迸裂、扩散烟尘的形态,即撕裂型。先绘制星形爆炸闪光的扩散,随后绘制团状烟尘的扩散。大烟团扩散成烟环,烟环分裂成四散的小烟团消失,常用作表现在空中发生的爆炸。

第三种方式:使用扇形扩散的方式来表现爆炸闪光,可分成浓淡不同的几个层次,闪光的颜色有白色、黄色、蓝紫色等。如图5-50,第一帧扇形强光闪亮的过程极快,随后向上腾起蘑菇云状烟团。如图5-50中第3、4幅中的箭头标记,注意各个部分烟团结构的生长趋势。扇形扩散常用作表现在地面发生的较大型爆炸。

爆炸时的烟雾运动从开始到逐渐扩大,约需要20张动画帧,每张可以拍两格。由于爆炸物属性的不同,爆炸产生的浓烟颜色也有所区别,有白色、黄色、青灰色、黑色等。烟雾是在翻滚中逐渐扩

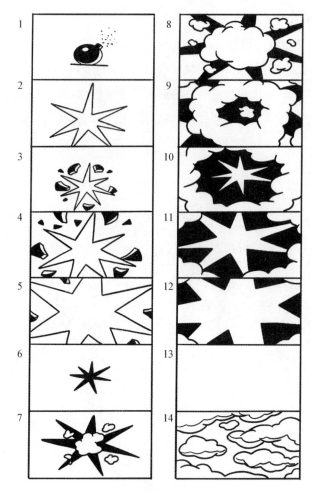

图 5-49　放射形爆炸关键帧

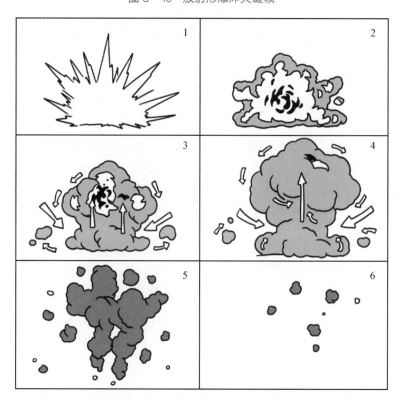

图 5-50　扇形扩散爆炸关键帧

散、消失的,速度相对缓慢。

除了绘制爆炸本身产生的闪光和烟尘,还常常通过爆炸时被抛射出去的各种碎片的飞溅表现爆炸影响。这些爆炸碎片可以在爆炸闪光几格后出现,向四周飞射出去。碎片初始速度极快,被抛射到空中最高点时速度放缓,坠落时因为重力影响又逐渐加速。根据爆炸碎片的体积质量,其抛射的速度、距离和运动轨迹也有所区别。越重的物体抛射距离越近、速度越慢,越轻越小的碎片抛射速度越快、距离越远,同时其抛射轨迹也越趋近于直线。为了增加纵深感和冲击力,往往还会加入由爆炸点向镜头方向抛射的爆炸碎片。这些碎片由远及近,冲向观众,可以带来较为震撼的观感。绘制时先设计好破碎体拆分结构,再根据破碎物结构大小和其与爆炸点之间的位置关系,设计其抛射轨迹和被抛射的先后时间。

第一节　场景设计的基本原理

一、空间构成基础

动画中的场景是三维空间在二维屏幕上的再现与发展。抽象的点、线、面排布对于平面设计而言就如同数学公式,具有广泛意义和概念价值,可以体现原理和研究规律。具象的点线面如同代替数学公式里字母的具体数字,是物象直观具体的呈现。在一定规则下对点、线、面进行排列和组合,可以展现画面丰富无穷的生动性,也是表现画面形式美的基本方法。

1. 点

点是动画场景中最基本的构成单位,抽象的点更多是代表一种力量的汇集,具象的点可以是空间中的某个物体,表明一个位置。点是力的中心,具有构成重点的作用,并以场的形式控制其周围的空间。空间中的两点可以确定一条轴线垂直于引道。

2. 线

线可以被理解为点的运动轨道,是细长的形状,有方向性和联系性,精致而轻盈。线条在动画的画面组织中起到体现方向感、平衡感、重力感、稳定感、运动和张力感的作用。

在造型中实线能够体现"量感",给人一种较为踏实的感觉;虚线或是物体连续排布所形成的线条,则能够体现出一定的"空间感"。线填能够起到限定空间、创建空间形态的作用,也有建立秩序、分割比例、改变尺度、装饰构件的用途。

3. 面

面是线移动的轨迹或围合体的截面。有直面、曲面两种,是构成空间的基本要素。相对于点和线,面能够给观者带来更多的延伸感、力度感,而曲面与曲线相似,能够给画面带来动感。面可以限定空间,在围合中有封闭和开放的感觉。

实面主要指二维或三维空间中实际存在的面;虚面指平面构成的"底"经过图底反转可视为虚面。线化的面指当面的长宽比较大时,面就转化成线化的面,这时的面与粗线之间区别不大,也能够起到类似于线的作用。由各种面围合或排列就能形成体,在空间中通过不同的组成方式形成垂直、水平等多个方向上的综合限定。

4. 体

体是由面的位移或旋转而成,动画中的角色、场景造型本质上都是体,具有充实的体量感和重量感,可分为块体、面体和线体。几何体能够传递出简洁、纯粹、雄壮的美感,具有肯定的力量。体量感是体表达的根本特征,体量是实体存在的标志。同时,体表面的质地、色彩对体量的表达也有一定的影响,不同的质地和色彩会引起不同的量感联想。由于体的长、宽、高的比例不同给我们带来的感受不同,因此产生了各种形态的体。

实体,指完全充实的,有一定长、宽、高三维体积的物体。当实体的长、宽、高比例接近,并且在视野中距离较远、与周围的环境相比较小时,可以将体视为点。当体的长宽比例较大时可将实体视为线化体,大量的线体,比如高大的建筑物在动画场景中往往以束、柱的方式呈现,这样的处理就体现出了体的线性特征。而当体的厚度较薄,形状较扁平,且面积较大时,可以将其视为面元素在美术设计中进行运用。

5. 空间

单纯的空间指虚无之处,但在动画中的空间则是指角色活动的区域。因此,需要动画场景设计师依照角色所处环境、情绪、身份等因素,进行精心设计。

空间是由面围合成的,设计时需将空间的内部与外部结合进行设计。单体空间关系指单个空间或多个空间通过不同的组接方式形成的空间集合体。空间集合体的组接方式往往有:包容组合、穿插式组合、邻接组合。

群体空间关系则更为复杂,群体空间可以用线性排列、辐射状排列、网格状排列等有一定规律的组合方式,这种规律可以形成重复、渐变、对比等构成方式。空间也可以作为另一种形式的体,利用构成规律形成聚集、分割、旋转排列、移位等组合方式。大体上空间的组合可以遵循以下三种方式:

(1)并列:并列的各个单元空间,在功能和视觉体量上可以相当或略有差异,各个单元空间没有主次关系。

(2)序列:一般利用线性组合的方式,将空间单元以先后次序的方式串联起来,形成序列空间。

(3)主从:根据空间的功能和体量不同,通过串并联形成明显的主从关系。

二、场景构成要素

1. 物质要素

在场景中,一切能被人眼观察到的物质实体都可以成为场景的物质要素,包括场景所在的自然地貌和人工环境、植被、建筑物、生产和生活设施等。这些客观的物质实体反映场景所在世界的自然、人文,甚至情绪特征和气质,是表现影片剧情设定的重要手段。物质要素在设定上有景观、建筑、道具、人物、装饰等,可以多运用名词性设定,如唐代西域古城、第一次工业革命时期的欧洲城市、西游记中的海底龙宫等。

2. 效果要素

场景要素的造型、颜色、光影、纹理等视觉特征都可以称为场景的效果要素。在设定效果要素时,可以更加偏重利用形容词进行设定,如写实的造型风格、复古怀旧的色调、极简的光影渲染效果等。在进行场景效果设计时要掌握以下几点:

(1)场景各个要素的造型风格应与整体艺术风格相统一。

(2)场景的整体色调要在单体固有色的基础上充分体现环境色彩、主观色彩、特效色彩。

(3)光影的渲染、细节要考虑自然光、人造光、主观光的视觉效果区别。

3. 文字符号要素

单纯的场景的结构和构成往往容易使人感到单调乏味,在观看时也容易缺少视觉重点,而在场景要素中加入标识和文字符号使场景立即产生关注点,同时也大大增强场景的指示和导向作用。文字符号也可以提高场景的地域识别度、表现建筑的功能性,使观众能够迅速理解剧情。

场景标识和文字符号是构成场景(尤其是人工环境)的重要组成部分,也是体现环境氛围感、烘托剧情的重要美术设计手段。

第二节　场景设计的方法

一、场景设计的造型原则

单纯从视觉角度来说,动画场景造型设计主要关注两点:统一和节奏。统一是指场景在视觉上,首先要遵循统一规律法则。在要素选取和效果表现上进行统一,包括相对统一化的造型语言要素(造型母题来源)、统一对待造型要素的处理手法(抽象概念化、具象写实化)、统一的材质纹理密度和细节表现程度、统一的光影渲染、统一的用色规范,使场景各个要素在造型上形成呼应和联系,做到风格的统一,避免产生杂乱无章、模糊不清、粗糙简陋的视觉感受。

节奏指一种秩序,从设计的角度来说就是构成规律。造型的节奏取决于构成规律的方式,造型要素组织的规律越单纯,给人的视觉感受就越严整;规律越复杂,表现出的视觉效果也越活泼。节奏的变化本质上就是利用造型和空间组合规律,使场景各个要素有机结合在一起,让观众在视觉上产生舒适感,并能理解场景体现出的设定和功能作用,在观众和作品之间迅速产生情绪共鸣。用构成的方法去组织和处理视觉要素,从点、线、面、体、色彩和空间诸方面考虑场景要素的组合,使镜头中的场景构成符合形式美法则,这些法则包括:对比调和、对称均衡、比例、节奏、韵律、多样、统一等视觉效果。

需要注意的是:在设计上,动画的场景还要与角色人物一同考虑,需要给角色和表演留出表现的空间,避免场景、角色、表演割裂开设计,合成在一起后互相产生干扰的错误。

二、场景设计的常用手法

在构成塑造的基础上,可以结合剧情需要,围绕物理空间的塑造和心理空间的塑造进行设计。通过物理空间的塑造,让观众产生心理空间的反馈。如在影片《冰河世纪》中,因气候变暖两座冰山倾斜倒塌的场景,使人产生一种紧迫又惊险的感觉。常用到远近景的遮挡掩映、光源引导与隐没、空间之间的融合、镜头的组接等手段,来创造塑造物理空间。

利用遮挡(前景的应用):当镜头在运动时,前景、中景和远景的相对位移,使观众更容易判断镜头中各个景别元素的前后关系,加强场景的空间开阔感。这种方法在动画镜头中的应用非常普遍。在《爱、死亡和机器人》第一季里的《鱼之夜》一集中,开场的一个镜头,用前景的道具与中景角色的掩映变换,来转移视点交代故事。这种动态的遮挡和掩映可以起到开阔镜头空间,交代故事发生背景,从而增加镜头叙事性的作用。荒芜的戈壁、远处坏掉的汽车和渺小的主角,都能给观众相应的心理反馈。

利用光影：阴影可以塑造场景的距离和深度，是构成场景空间立体感的重要手段。场景中的明暗、光亮或阴影的分布是产生空间感的一个重要因素。例如塑造一个山洞隧道的空间，如果洞口处理得明亮，里面处理得黑暗，就会让人产生一种在封闭、拥堵、压抑中看到光明和希望的心理变化。从黑暗转移到光明让人产生希望，而从光明转移到黑暗又产生前途未知的悬疑感。

利用空间的融合：将完全不相关的空间结合在一起，彼此融合，相互交织，就会产生新的空间融合效果。这种方法一般运用在分镜设计中，利用镜头组接，是一种充分利用影视视听语言的特性来塑造空间的方法。例如宫崎骏的"三镜头"，所谓"三镜头"就是利用连续组接的三个镜头画面，表现出同一场面的三维立体的空间感和方位感。

不同的空间形状，会使人产生不同的心理反应。宫殿内部高而宽，往往使用对称结构，具有稳定、庄严、博大的感觉；教堂高耸、上升，具有升腾、神圣的感觉；洞穴的低矮，圆角空间会有包裹感和安全感；三角形的空间给人以倾斜、压迫的感觉；有秩序排列的四方形空间给人以秩序、坚固、森严的感觉，运用到学校和监狱等场景就很合适。

三、透视法则运用

"透视"的英文为"perspective"，来自拉丁文"perspclre"，为看透的意思，指在二维平面上描绘物体的三维空间关系的方法，多用于场景设计和制作中。常用的透视技法包括以下几种：

1. 一点透视

一点透视也叫作单点透视、平行透视。在一点透视的画面中建筑物往往有一个平面完全平行于画面，所以也称为正透视。一点透视的画面在中心有一个物体消失点（灭点）。一点透视可以很好地表现空间的远近感，在室外场景中常用来表现笔直的街道、宽阔的大海，而用于室内会使室内空间宽阔气派。

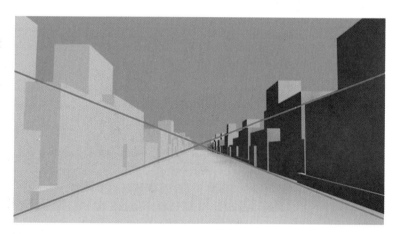

图6-1　一点透视

2. 两点透视

两点透视也叫作成角透视或余角透视。两点透视中的物体垂直线与画面平行，有两个面与画面成一个斜交角度，面的上下轮廓线向画布左右两边的灭点集中、汇聚。

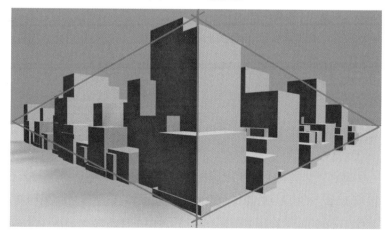

图6-2　两点透视

3. 三点透视

三点透视也叫作斜角透视,在画面中有三个消失点。在画布左右两端的灭点基础上,如果是仰视视角,第三个灭点位于天空,如果是俯视视角,第三个灭点位于地面下。三点透视往往用来表现建筑物的高大和深邃。

4. 空气透视

空气透视是由于光线受到大气及大气中的固体和液体介质(雾、雨、雪、灰尘等)的作用,使人眼看到近处的景物比远处的景物色彩对比度更高、纯度更为饱和、色相更加偏暖的视觉形象,故空气透视现象又被称为色彩透视。根据人眼的生理特点,除了受到光线和大气的影响,往往越近的景物清晰

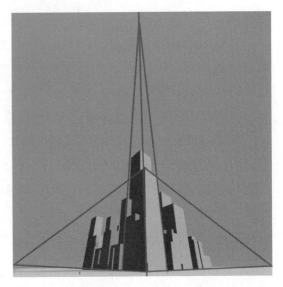

图6-3 三点透视

度也越高,越远的物体更加模糊。空气透视的强弱由远近、天气和光线决定,这些因素往往影响物体的明暗、色彩和形状(热空气会使远处景物产生扭曲变形)。在日间天光环境下,近处景物的色彩对比更为强烈,远处景物对比随着距离增加而减弱。近处景物的色彩偏暖,远处景物的色彩会逐渐偏冷等。空气透视也是在动画场景设计和制作中,用来拉开中远景距离的常用美术技术手段。

图6-4 空气透视

第三节 场景设计的风格与作用

一、场景设计的情感作用

影视动画场景不仅能表现客观世界的设定,也能用来反衬角色性格、烘托心理的活动。角色性格和心理活动的刻画,除角色自身的表演之外,还能通过背景的变化来表现,体现其性格特征和情绪变化。小说、散文和诗歌中常常利用"寄情于景物"的写作方式,通过对景物、环境、天气的描写,烘托角色的某种情绪,寄寓某类情感和期望,在人物活动场所的景观物象描写之中隐含与人物情绪、故事

走向相关联的某种情愫,甚至直接进行景物刻画——借物言志。

这种手法也同样在影片中经常用到,利用镜头中人景的互换,使场景变成角色心理活动和性格特质的外延,很好地将角色的内心情绪和情感变化通过特定的场景表现出来。通过反映角色当下内心的渴望、对过去的回忆、对未来的想象等画面,用比喻、对比、虚实结合等手法对角色的心理状态、精神活动、思想转变进行适当的表现,充分运用视听语言的手段,向观众展示角色的内心世界,同时也可以用来表现故事走向,烘托主题。如动画影片《攻壳机动队:无罪》中,有大量关于未来城市街道和游行人群的场景描绘,用来表现未来城市中现代与传统的交融,同时阴郁、清冷的场景色调也充分表现出了科技和物质的发展,给人性带来的异化,也在故事桥段之间起到了缓冲和积蓄情绪的作用。环境是客观的,情感是主观的。而利用色彩、镜头、造型、虚实的手法,对同一场景主题进行不同形式的主观设计,可以带来不同的情绪感受。注入了感情的环境刻画才能表现某种情绪主题。

二、室内外场景的特点

在动画片的创作中,动画场景通常是为动画角色的表演提供服务的,动画场景的设计要展现故事发生的历史背景、文化风貌、地理环境和时代特征,要明确地表达故事发生的时间、地点,辅助表现角色的性格、职业、生活习惯,还起着推动故事发展、渲染情绪、营造氛围、体现美术风格的重要作用。大部分情况下,动画角色是演绎故事情节的主体,动画场景则紧紧围绕角色的表演进行设计。但是,在一些特殊情况下,场景也能成为演绎故事情节的主要"角色"。动画场景的设计与制作是艺术创作与表演技法的有机结合。场景的设计要依据故事情节的发展设计不同的镜头场景,按照空间分类可分为外景和内景。

外景指在场景结构体中,在房屋内部封闭空间以外的一切空间,包括自然景观外景,如森林、草原、山脉、河流等;还有人造景观外景,如城市、农田、街道、乡镇、军事工业设施等。绝大多数外景为自然景观与人造景观结合。外景空间一般较为宽阔。

内景指在场景结构体中,被封闭在形体内部的空间。内景可分为公共空间内景和私人空间内景,包括各种建筑内部、交通工具内部、自然山体内部、隧道内部等。内景空间相对比较狭小。

三、不同风格的场景特点

1. 写实风格动画场景概述与特点

动画场景中的写实,也就是注重表现客观事物的真实性。写实风格具有真实感和亲和性,符合绝大多数观众的审美需求和欣赏习惯。写实风格不仅从造型设计、材质细节、灯光渲染效果和色彩上更为接近现实当中的客观存在,而且在题材上也更为接近现实,在效果实现上也会用到各种高级渲染技术和基于物理特效的材质来提升场景的真实度。写实风格的场景设计会给人带来身临其境的感受。

第一,造型应写实。在设计造型样式时,既要考虑到历史的真实性、时代的特征、地域的特点,也要符合科学规律。第二,材质的表现要写实,在场景中所涉及的物体表面质地和纹理都要符合材料属性和自然规律。第三,透视角度应当尽可能采用透视的方式,场景构图和要素排列要符合透视法则,并且按照合理的比例进行绘制。第四,光影设计上要遵照自然和科学的光学规律,符合自然环境或人工光源照射下的光影分配法则。第五,色彩设计应当充分考虑自然环境中的固有色及在特定的环境和光照条件下形成的环境色因素,整体考量场景以及场景中物象的色调。这些角度的设计都可以大大提高场景的真实性。

具有写实风格的动画,在场景、角色以及剧情设置方面都十分接近现实,从而能带给观众更加真实的代入感体验。写实风格一般用来表现历史题材、都市题材、战争题材。动画毕竟还是需要体现一定的主观创造性,可以在写实的基础上适当加入主观处理。大量写实元素既让观众代入,又可以传递情绪。比如一些写实风格的动画场景,往往在色调倾向上更为统一,传递出如历史感、梦幻感、温馨感等超现实情绪。

2. 玄幻风格动画场景概述与特点

玄幻风格或者奇幻风格以写实为基础,在造型组织和色彩运用上更加夸张大胆。这一风格常用一些日常元素通过超越想象力的组织形式给人以超现实和虚幻时空的视觉体验。奇幻风格影片对于场景塑造方面的依赖要远大于其他风格流派。

玄幻风格往往用相对写实的材质和灯光渲染作为表现基础,将现实元素进行打散、重组和再造,用于营造神秘、空灵、虚幻的理想浪漫主义氛围。玄幻风格的场景要素组织符合科学透视法则,但在视角选择上又往往采用更为有利于表现宏大、深邃、宽阔的构图方式。受到中国古代神话、宗教、哲学等文化的影响,中国的玄幻风格类作品,在产量、质量和市场表现上都取得了巨大的成绩。如20世纪代表中国动画最高水准的《大闹天宫》《九色鹿》《宝莲灯》,还有近些年利用3D技术制作的《大圣归来》、《白蛇》系列、《封神演义》系列等,在各个年龄段的中国观众心中,都有着不可替代的位置。

玄幻风格其新奇、大胆、夸张、独特的道具场景设计,常用一些打破常规的比例和构建方式。

3. 卡通漫画风格动画场景概述与特点

卡通设计表现形式指用夸张和提炼的手法来显示原型再现的创作手法。卡通风格可以滑稽、可爱,也可以严肃、庄重。此外,一些卡通风格动画中又加入了漫画要素,以平面为根基,借鉴影视语言以大小不一、纵横有序的画格展现画面要素表达完整故事。如美国迪士尼公司的米老鼠和唐老鸭、中国的美猴王等,都已成为老少皆知的独特形象。

对角色和场景进行夸张和变形,是卡通风格最常用的造型手段。这一风格常用几何化的处理手法,强化物体的剪影和结构,突出角色的造型特征和情感特质,即便是动物角色也常用拟人化的手段,使观众很容易产生共情;对场景中的要素采用符号化和标签化的处理方式,夸张各个单体之间的特征,通过对比更加强化个体特征,给观看者以轻松、愉悦的观看体验;色彩上力求使用大色块的处理方式,将色彩单纯和场景简洁有机结合,简化光影和材质等写实因素。

4. 装饰风格动画场景概述与特点

装饰风格强调对真实物象的造型、色彩和构成规律进行提炼、概括和再创作;用超越现实的艺术表现手法对现实物象的自然形体、肌理材质和色彩进行整理,使其秩序化和个性化,达到既有一定规律,又超过现实的视觉效果。装饰风格追求艺术品位,强调绘画性和材料性。同时,整体画面中的各个视觉要素的装饰手法要统一,需要将动画角色和场景放在一起来设计每一个镜头,合理安排角色的表演区域和路线。

秩序性:将生活中看似随机杂乱的物象要素,经过概括、归纳、删减、夸张的处理手法,按照一定的几何法则排列使画面有一定秩序感。这种秩序感也使装饰风格相对来说更为"耐看",并可以有装饰基础的作用。

主观装饰性:采用主观变形、变位、变色的装饰手段,将场景中的具体造型做装饰化处理的同时能够传递某种主观情绪,是装饰风格所追求的更高目标。

对现实物体用主观创作思维进行理想化的艺术重构,强调物象的特征,突出画面主题,比较适合内容单纯、主题简单的剧情片和科普片。同时在一些装饰风格的动画中,加入更为抽象夸张的处理手法,也可以使看似简洁的画面给人更多的联想空间,客观上也可以增加影片深度。很多具有实验性的艺术动画也都钟情于装饰风格,如萨格勒布学派的代表作《代用品》。

与卡通风格相比,装饰风格更加注重物象要素本身形体结构上的规律和整体画面构成的形式感的发掘,而卡通风格对于物象的概括和提炼,更多是为了表现对象尤其是角色对象的自身造型特征和情感倾向。

四、道具的绘制技法

1. 道具的种类

在影视作品中,道具是与剧情人物和场景有关的一切物件的总称,是剧情和角色经常使用和陈列摆设的物件,如汽车、手表、眼镜等。依照道具在动画中的功能来划分主要有陈设道具、个人用品、车辆载具、武器防具、剧情道具。

(1)陈设类道具:室内外的装饰摆件、绿植、家具电器等。

(2)个人用品类道具:服装包饰、食药补给、求生装备、生活学习用品等。

(3)车辆载具类道具:两轮或四轮车辆、船只、飞行器、骑行宠物等。

(4)武器防具类道具:冷热兵器、盾牌铠甲、魔法道具等。

(5)剧情道具:起到贯穿推动剧情作用的道具,如《指环王》中的魔戒、《西游记》中的芭蕉扇、《阿拉丁神灯》中的神灯等。这些道具在整个剧集中起着关键作用,甚至可以作为故事发展的原动力。

2. 道具的功能

道具在动漫作品中起着举足轻重的作用。动漫作品中的道具除了有交代故事背景,推动情节发展,渲染影片氛围和辅助表演的作用外,还发挥着表现人物性格和情绪,连接角色关系等重大的作用。

有陈列摆设属性的道具其实就是场景的一部分,也是场景美术设计中的重要造型元素,与场景环境的造型结构、气氛、空间层次、效果以及色调的构成是密不可分的。

(1)交代故事背景

道具和场景是最容易用来交代故事背景的视觉符号,包括故事发生的时间、地点、季节、国家、环境、科技水平、政治环境、势力分布等。同时角色所处的工作环境、家庭环境、娱乐环境、战斗环境也都需要道具来诠释。如《辐射》里的核子可乐和冰箱设计,流线型的夸张外形可以体现出冷战时期人们对于航天技术和核动力的崇拜;厚重的金属质感和连接结构,表现20世纪50年代的民用科技水平;冰箱表面斑驳的锈迹和剥落的油漆又能表现衰败和灾难。

(2)推动情节

有的道具虽然体积小,但是它对剧情的推动作用却是不容忽视的,它与故事的发展或角色的命运密切相关。如动漫作品《七龙珠》中的七颗有着神奇力量的龙珠。传说世上存在着七颗名为龙珠的圆球散落各处,只要集齐七颗龙珠并念出咒文,便可召唤出神龙,它可替许愿人达成任何愿望,而主人公一开始就是为了寻找七颗龙珠才踏上了冒险征程。

(3)渲染气氛

场景道具使用得当,便能起到很好的烘托气氛的效果。如《千与千寻》里汤婆婆金碧辉煌的住所,做工讲究的门,高大的红漆瓷器等道具,加之以昏暗的光线,恐惧之感油然而生,令观者不禁为千寻捏一把冷汗,担心她即将面临的境况。

(4)刻画人物

道具与角色之间有着非常密切的联系,它们起到了强化角色的性格和形体特征的效果,展现了角色的身份和地位,情趣和爱好,有力地烘托角色,增加角色的感染力。如在《最后的生还者》中,主角艾莉一直执着于在场景废墟中收集各种硬币,而硬币在其故事发生年代已经失去了货币属性。艾莉收集硬币的行为能反映出其对于灾难前美好世界的向往,同时也能让观众感受到艾莉冷血外表下依然藏着的少女心。

3. 道具设计要点和材质表现方式

道具设计虽然看起来没有角色和场景设计的工作量大,难度也略有降低,但是也要把道具设计的重要性提高到和角色和场景一样的高度上。其设计要点主要包括:

(1)道具应与作品的整体风格相一致:无论是写实风格、卡通风格、装饰风格还是多种风格杂糅而生的创新风格,道具设计应该考虑到在造型、配色、效果渲染、材质纹理等设计维度上,使用相同的视觉语言和表现手法,使其适应整体作品的风格需求。

(2)道具应与故事背景和叙事态度相吻合:如果是历史题材的作品,道具设计就要尽可能遵循史实资料,与地域、文化、科技、时代相吻合。对一些轻松、幽默甚至刻意颠覆的作品,道具设计可以大胆一些。一些看似无厘头的设计能给作品和角色增添意想不到的艺术效果。

(3)道具应与角色的个性塑造要求相吻合:角色使用的道具或者角色的家庭陈设,其设计目的是角色个性和故事背景的延展和补充。如果角色有着某种鲜明的个性特质,在道具设计上也要有充分的体现,甚至一些道具的设计比角色本身还能突出其性格特质和背景故事。

(4)道具应与故事情节的发展相一致:在动漫作品中,随着故事情节的变化推移,角色道具也应该随之发生相应"升级"。比如,随着角色战斗能力的提高,其武器和防具也应该有相应升级。或者随着冒险地深入角色身上的道具服饰留下某种使用过的痕迹等。在进行角色道具设计时,应该考虑到未来的升级拓展空间。

在道具设计中,常用到的材质也就是我们日常能接触到的各种自然和人工材料,包括木头、金属、玻璃、布料、纸张、塑料、石材、陶瓷等。抛开功能和造型,道具材质的表现就是用手绘或者电脑绘制的方式来表现这些材料的质感。在确定动画美术风格和造型的基础上,表现主要从三方面来考虑:材质的颜色、肌理,材质的光滑度(反射),材质的透明度(折射)。

图6-5 宝石材质

以宝石为例,一般情况下,宝石都具有很强的透光性,有人工削切的规则形状几何表面。绘制宝石道具时要特别注意反射区域的表现。如图6-5,光源从左上方向照射,宝石的左下部为反射区域。将反射区域整体提亮,同时提高色彩饱和度就能很好地表现其透明效果,并配合几何形切面高光,共同表现宝石的透、纯、光滑等材料特性。

第一节　三维动画软件使用

一、三维动画软件简介

1. 常用的计算机三维动画软件

三维动画是建立在计算机技术基础上的一门科学艺术，三维动画的制作离不开三维制作软件的应用。在现今的动画游戏行业内，常用到的三维软件有 3D Studio Max、Maya、Blender、Cinema 4D、Zbrush 等。本书将对最常用的三维动画软件 3D Studio Max 进行详细讲解。

2. 3ds Max 的应用领域

3D Studio Max 简称 3ds Max，是由 Autodesk 公司（前身为 Discreet）开发的基于视窗系统的三维建模、动画制作和渲染软件。1996 年 4 月，3D Studio Max 1.0 诞生了，这是 3D Studio 系列的第一个视窗版本。相较于之前的 DOS 操作系统的 3D Studio 系列软件，3D Studio Max ＋ Windows NT 组合的出现降低了计算机动画制作的门槛。3D Studio Max 开始被运用在电脑游戏的动画制作中，后更进一步开始参与影视片的特效制作。应用该软件制作的主要影视作品包括《X 战警》《最后的武士》等。在 3ds Max 7 后，软件正式更名为 Autodesk 3ds Max，最新版本是 3ds Max 2022。

3ds Max 是一款应用十分广泛的 3D 制图软件，主要应用范围包括广告、影视、工业设计、三维游戏制作、建筑设计、多媒体制作、辅助教学以及工程可视化等领域。在三维动画中，3ds Max 主要用于创建三维模型、材质和动画。在游戏开发中，3ds Max 发挥着强大的能量，模型、动画、特效等都由其承担。

二、三维动画软件 3ds Max 的界面

本书重点以 3ds Max 2020 中文版为基础进行讲解，该版本具有软件稳定性强、行业应用范围广的特点。在学习各个功能模块之前，先简要介绍一下 3ds Max 2020（以下章节均以该版本为例，简称"3ds Max"）软件布局，如图 7-1。

1. **菜单栏**: 位于软件的最上部。菜单中各个按钮的标题标明了该菜单中命令的用途类型，菜单栏中包括了绝大多数 3ds Max 命令，分别为文件、编辑、工具、组、视图、创建、修改器、动画、渲染器等命令集。

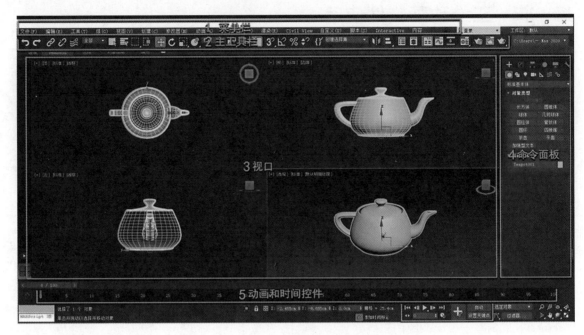

图 7-1　3ds Max 2020 主界面

2. **主工具栏:** 是位于菜单栏下部的一系列操作工具图标集合。使用者可以通过点击工具图标，快速访问 3ds Max 中的常用任务工具和对话框。

3. **视口:** 用来显示场景和物体等元素的区域，是进行预览和操作的主要区域。使用者可以通过改变常规配置来自定义视口布局、视口渲染、显示性能以及对象的显示方式。

4. **命令面板:** 位于软件的右侧，由 6 个工具集面板组成，其中包括了绝大部分的建模工具，还有一部分动画、显示隐藏和其他工具。通过点击面板上的标签可以切换各个功能面板，每个功能面板下面又包含若干子集。

5. **动画和时间控件:** 位于视口下部，动画控件中包括控制视口中的动画播放的时间控件和时间轴显示标尺，同时还有设置动画时间活动范围和动画关键帧制作的控件。

三、视口的形式和定义

视图窗口是以三维图形的形式来显示场景和场景中所有元素的窗口区域的（以下简称"视口"）。三维图形元素的创建、查看、编辑、动画等操作大都在视口中完成。使用者可以通过改变常规配置来设置视口的布局、显示性能、视图渲染以及对象显示方式。

如图 7-2，黄色框区域为标准的四布局视口。每一个视口的左上角都分别显示了该视口的名称：顶为顶视口，即从场景的正上方显示场景；前为前视口，即在场景的正前方显示场景，以此类推。在视口名称上点击鼠标右键弹出菜单里可以看到，3ds Max 提供了顶、底、前、后、左、右六个正方向视口（简称"正视图"），还提供了透视和正交两个立体视口。如果使用者在场景中建立摄影机和灯光，还会得到摄影机和灯光视口。使用者也可以选择放大显示单独视口，便于精细操作。

1. 鼠标快捷菜单

如图 7-3，在视口内选中物体后，点击鼠标右键可弹出显示和变换菜单栏。其中变换菜单栏中包含对所选物体的移动、旋转、缩放等最为常用的基本操作选项。作为新手使用者在对热键相对陌

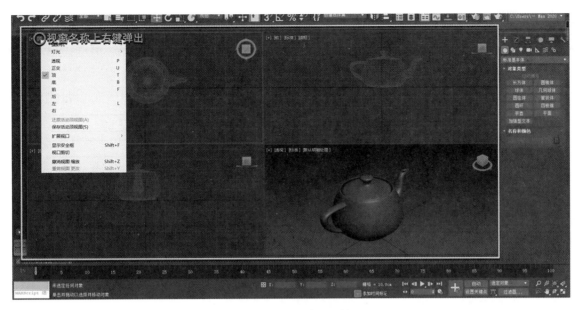

图7-2 视图窗口区域

生的情况下,善于利用鼠标右键菜单能提高工作效率。键盘快捷键,也称为热键,使用热键可以提供最快、最高效的工作方式。大多数常用命令都可以通过热键呼出,使用者也可以在"菜单栏→自定义→自定义使用者界面的键盘"页面中查看和设置命令热键。

选择不同对象后,点击鼠标右键弹出的菜单也会根据所选对象的属性发生变化。

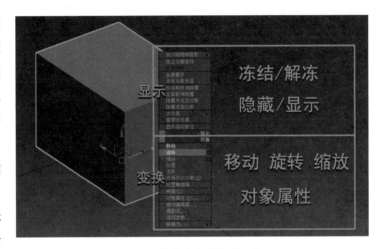

图7-3 在物体上右键弹出菜单

2. 视口快捷键

3ds Max界面右下角有8个按钮,用来控制视口的视角和缩放。其各自功能如下:

(1) 缩放(默认快捷键 Alt+Z):点击该按钮后,在一个活动视口中左键拖曳鼠标推拉,可以对该视口进行缩小和放大显示。直接滚动鼠标中键也有同样的效果,滚动鼠标时按住 Ctrl 可以加快缩放速度,按住 Alt 可以减慢缩放速度。

(2) 缩放所有视口:点击该按钮后,在视图中拖曳鼠标可以对所有视口同时进行推拉缩放显示。

(3) 最大化显示选定对象:点击该按钮后,被选中的物体将在活动视口中以最大化方式居中显示。选中物体以后,按 Alt+Q 也有同样效果。左键点住该按钮还能弹出最大化显示按钮,该功能可以最大化显示场景中所有元素。

(4) 所有视口最大化显示选定对象:点击该按钮后,被选择的物体将在视口中的所有视图中,以最大化方式居中显示。左键点住该按钮还能弹出所有视口最大化显示按钮,该功能可以在所有视口中最大化显示场景中所有选中和非选中元素。

（5）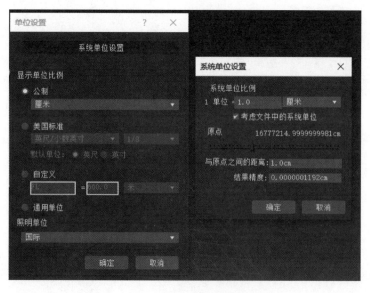 缩放区域（默认快捷键 Ctrl＋Z）：选中正视口后，点击该按钮，在视口中可以拖曳出矩形选择框，点击后就可以将选择框以最大化显示。在透视图中该按钮变为视野功能，与缩放功能近似。

（6）平移：点击该按钮后，在任意视口中拖曳鼠标，可以移动该视口。直接按住鼠标中键进行拖曳也有同样效果。

（7）环绕：点击该按钮后，可以在正交和透视图中，旋转视图角度。常用于从各个视角观察场景对象。点住该按钮可以弹出环绕子对象，建议切换为环绕子对象模式。在该模式下，场景会围绕所选择对象进行环绕。无论是在模型还是动画制作中，都会十分频繁地用到此项功能。环绕子对象比环绕功能能更加精准地控制环绕角度。直接按住 Alt＋鼠标中键在场景中进行拖动，也有同样效果。

（8）最大化窗口切换（默认快捷键 Alt＋W）：点击该按钮，所选择的视口会最大化显示，有利于精细操作。再次点击会切换回多视图模式。一般情况下，都是在单一视口中进行操作。

除了上述 8 个视口操作以外，在视口中按快捷键 G 可以显示或者隐藏栅格；按快捷键 Shift＋F可以打开安全框，安全框为渲染时的实际范围；在视口中按快捷键 T 可以将视口切换到顶视口、F 为前视口、L 为左视口、P 为透视口、C 为摄影机视口、U 为正交视口；在任意正视图下按住 Alt＋鼠标中键拖动鼠标可以切换为正交视口。

第二节　对象的操作

一、单位设置和捕捉设置

1. 单位设置

点击菜单栏→自定义→单位设置菜单按钮，弹出单位设置面板。在弹出面板中可以设置场景中物体所使用的长度单位。在显示单位集中可以使用通用单位和标准单位（美制的英尺和英寸等，公制的厘米和米等）作为长度测量单位。同时使用者还可以创建自定义单位，自定义单位可以换算为标准单位，自定义单位可以在创建任何对象时使用。

如图 7-4，在单位设置面板中的显示单位比例下拉框中可以选择单位，包括公制单位和美国标准单位。点击系统单位设置弹出面板，可以设置系统单位比例。

图 7-4　单位设置面板

建议将系统单位比例设置成1单位等于1.0所选单位。比如单位设置为公制厘米,那么在系统单位中设置成1单位等于1.0厘米。

2. 捕捉设置

点击工具栏面板中的 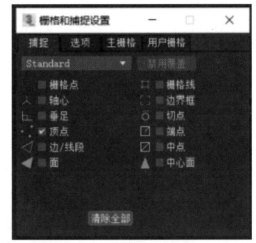 捕捉和 角度捕捉和按钮,启用捕捉(快捷键S)或者角度捕捉(快捷键A)。捕捉有助于在创建或变换(移动、旋转)对象时精确控制对象创建的位置、移动的距离和旋转的角度。同时还可以使用数值输入窗口,可以直接输入捕捉数值。开启捕捉功能后,视口中会出现具有磁性吸附功能的标识,可以更快捷准确地在三维空间中锁定所需要移动、放置的位置和旋转的角度。

同时,也可以通过打开捕捉设置面板,选择捕捉现有几何体的特定部分,包括几何体的中点、轴心、面中心等。在三维捕捉按钮上单击右键,可以打开栅格和捕捉设置面板。如图7-5,在栅格和捕捉设置面板中可以选择栅格点(快捷键Alt+F5)、顶点、边/线段、面和栅格线等捕捉方式,可以同时开启多项捕捉方式。在捕捉设置面板的选项栏中可以设置旋转捕捉的角度。

3ds Max支持三种捕捉模式,左键长按捕捉按钮可以选择切换三种模式:

图7-5　栅格和捕捉设置面板

2D捕捉:在2D捕捉中,光标仅捕捉活动窗口中的栅格和栅格平面上的任何几何体,将忽略Z轴或垂直距离。2D捕捉功能适用于仅涉及两个维度的操作,如在前、上、左、右等正式图中,通过捕捉栅格,可以精确创建平面基本体。

2.5D捕捉:在2.5D捕捉中,光标仅捕捉活动栅格上对象投影的顶点或边缘。创建并激活一个栅格对象,然后定位栅格对象,以便透过栅格看到3D空间中所对应的立方体。使用2.5D捕捉,可以对立方体进行点到点的捕捉,但是捕捉始终围绕在活动栅格上。

3D捕捉:3D捕捉是默认的捕捉形式。在此模式下,光标可以直接捕捉到三维空间中的任何几何体和辅助对象。通过3D捕捉,可以在所有维度上创建和移动几何图形,而忽略构建其平面。

在栅格和捕捉设置对话框中,可以更改捕捉对象类别并且设置其他具体的捕捉选项,如捕捉标识大小、捕捉半径、捕捉角度和捕捉百分比。

二、对象的选择

1. 用鼠标直接选择

将鼠标指针放在视口中对象上,鼠标指针变成 ✛ ,同时被选物体周围出现黄色边框,单击左键就能选中该对象。被选中的对象周围会被白色或浅蓝色边框包围。按住Ctrl键可以继续左键添加选择,按住Alt键可以减选。

2. 使用区域选择

在活动视口中点住鼠标左键,可以拖曳出矩形选区。被矩形选区框中的物体元素都可以被选中,被选中的几何体有蓝色轮廓标识。除了矩形选区,点住工具栏中的▣矩形选择区域按钮还可以弹出其他形状选区图标。其中包括圆形选区、围栏选区、套索选区和绘制选区状态。在圆形选区模式下,拖曳出的选区为正圆形;在围栏选区模式下,可以通过点击设置形成选区的关键锚点;在套索选区模式下,可以拖曳鼠标绘制出更为精细的选区范围;在绘制选区模式下,可以直接选中鼠标滑过的元素。

按下选区图标旁的▣窗口/交叉按钮,可以切换选区选择模式。按钮弹起时为交叉模式,在该模式下,选区只要覆盖元素的局部就可以选中该元素。按钮按下状态为窗口模式,在该模式下需要使选区框完全覆盖元素整体,才能选中该元素。区域选择常在需要同时选中多个对象的情况下使用。

3. 根据名称进行选择

点击工具栏中的▣按名称选择按钮,可以弹出从场景中选择面板。如图7-6,场景中的所有元素以列表形式排列显示。点击选中元素后,点击确定按钮就能选中,从而无须在视口中选择元素实体,便可按对象的指定名称选择对象。列表中被选中的物体对象名称用蓝色高亮显示。想要选择多个对象,在列表中垂直拖动鼠标划选,可以选中一列对象,按住 Ctrl 键可以进行添加选择,按住 Ctrl+Alt 键可以进行减选。

图 7-6　从场景选择面板

在从场景选择对话框的标题栏下方有一排按钮,分别为几何体、灯光、图形、辅助对象、摄影机、空间扭曲物体、组、骨骼等元素类型过滤器按钮。按下指定按钮可以选择显示该类元素,弹起按钮则在列表中不显示该类对象。

三、对象的变换

1. 对象的移动

对几何体对象的移动、旋转、缩放操作,在三维制作中统称为变换操作。在默认状态下选中对象后,鼠标指针变成 ✥ 时,就可以通过左键拖动来移动物体。在工具栏菜单里点击 ✥ 选择并移动按钮（快捷键 W）也可以切换为移动模式。如图 7-7,在场景中物体上点击鼠标右键,在弹出栏中可以选择移动旋转缩放。

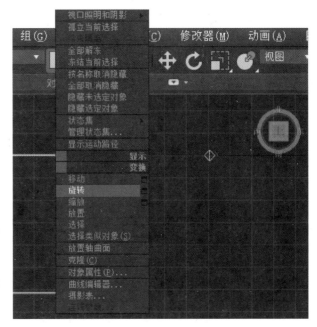

图 7-7　变换命令组

选中对象后进行移动时,对象中心会出现一个坐标轴。在透视窗中坐标轴显示为三个方向上的坐标（这种坐标也被称为 Gizmo。Gizmo 是在存在于视口中,用于辅助控制的几何体。有分别用于变换、大气装置、几何体形状修改器的 Gizmo）。当鼠标放在坐标轴线段上,线段变为黄色时,即为锁定该轴向。如图 7-8,鼠标放在红色 X 坐标轴上,坐标轴变成黄色,此时只能沿着 X 轴方向移动物体。鼠标放在 X 和 Y 轴中间的方形栅格上,方形栅格变成黄色时,能锁定在 X 和 Y 轴的平面上任意移动物体。鼠标放在坐标轴原点上,原点上亮起黄色方框。此时可以在任意方向上移动物体。

按键盘上的"－"+"＝"按钮,可以放大或者缩小坐标。

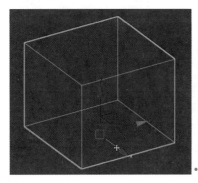 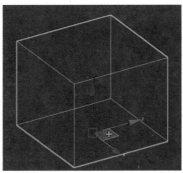 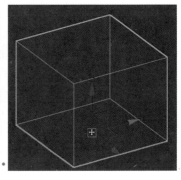

图 7-8　移动坐标

2. 对象的旋转

选中对象后,点击工具栏中的 ↻ 选择并旋转按钮（快捷键 E）可以旋转选定对象。进行旋转时,在对象的中心会出现由三个圆环构成的旋转坐标。三个圆环分别代表 X、Y、Z 轴。如图 7-9,当鼠标放在水平的 Z 轴圆环上时,Z 轴圆环变为黄色,此时拖动鼠标,将锁定对象只能在 Z 轴方向上进行旋转。将鼠标放在圆环圆心处时,拖动鼠标可以任意方向上旋转对象。当鼠标放在坐标最外层圆圈上,圆圈为黄色时,可以使对象以垂直屏幕视角的方向旋转。

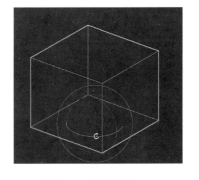

图 7-9　旋转坐标

3. 对象的缩放

选中对象后,点击工具栏中的 ▥ 选择并缩放按钮(快捷键R),可缩放选定对象。进行缩放时,在对象的中心会出现由坐标轴和三角形栅格构成的缩放坐标。如图7-10,将鼠标放在三角形栅格中心区域时,栅格变黄,此时拖动鼠标可以等比例缩放对象。将鼠标放在任意轴向的射线上时,可以在指定的一个轴向上拖曳缩放对象。放在两个轴向之间的三角形栅格上时,可以在两个方向上缩放。

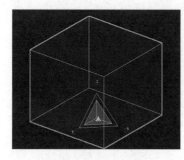

图7-10 缩放坐标

点住缩放按钮会弹出三种缩放模式:选择并均匀缩放、选择并非均匀缩放、选择并挤压。

选择并均匀缩放:同时沿三条轴以相同量缩放对象,并保持对象的原始比例。

选择并非均匀缩放:可以根据活动轴约束以非均匀方式缩放对象。注意,在均匀缩放模式下通过锁定某一轴向后进行缩放,也可以达到非均匀缩放的效果。

选择并挤压:是指将对象在指定的坐标轴上作挤压变形。挤压按相反方向沿两条轴进行缩放,同时保持对象的原始体积。

4. 对象的坐标

在每个视图的左下角都有一个由红、绿、蓝三个轴向组成的图标,这个图标就是坐标系。选中一个对象后在其内部会有坐标轴出现。在任何一个激活的正视图(前、后、左、右、顶、底视口)中,X(红色)轴代表水平方向,Y(绿色)轴代表垂直方向。在工具栏面板中可以看到坐标系下拉栏,在下拉栏中可以选择各种坐标系。

如图7-11,常用的坐标系有:

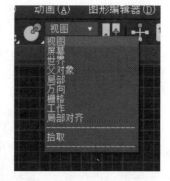

图7-11 坐标系选择下拉栏

视图坐标系:是3ds Max默认的坐标系统,该系统结合了世界坐标系和屏幕坐标系。在所有正视口中,X轴始终朝右、Y轴始终朝上、Z轴始终垂直于屏幕指向使用者。在正交视口和透视口中Z轴始终朝上。视图坐标系常用于创建物体和在正角度下变换对象的位置、角度和缩放。

屏幕坐标系:以活动视口屏幕用作坐标系参照。X轴为水平方向,正向朝右;Y轴为垂直方向,正向朝上;Z轴为深度方向,正向指向屏幕。屏幕坐标系常用于生物建模中对于多边形的顶点和边面的微调。

局部坐标系:使用选定对象的坐标系。对象的局部坐标系由其轴心点支撑。使用层次命令面板上的选项,可以相对于对象调整局部坐标系的位置和方向。局部坐标系常用于缩放骨骼和旋转骨骼制作动画。

坐标轴在创建对象时自动产生,一般位于对象的中心。如图7-12,如果需要变换对象坐标轴(轴心点)的位置,可以在右侧命令面板中的层次面板中按下仅影响轴按钮。按下后,坐标轴射线上出现粗箭头坐标。此时就可以只移动或者旋转对象的坐标轴,而对象不会跟随移动或者旋转。变换完成后再次点击抬起仅影响轴按钮,可以恢复到正常的变换对象模式。

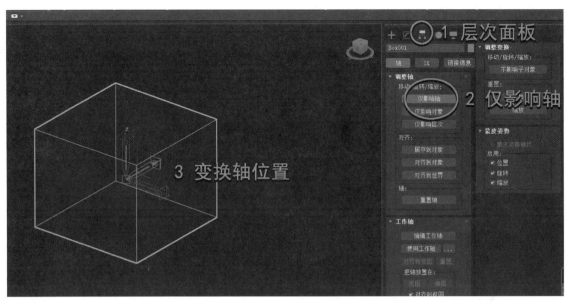

图 7-12　变换轴位置

四、对象的复制

1. 使用克隆命令

复制对象也称克隆，以被选中的目标对象为参考复制出相同的一个或者多个对象。被复制出来的对象和原对象具有相同的属性和参数。按住 Shift 键加上移动是在 3ds Max 中主要的复制操作方式。若要克隆一个选择对象，可以在按住 Shift 键的同时，用移动、旋转或缩放的方式进行复制。如图 7-13 所示：选中 Box 模型后按住 Shift 键，并拖动鼠标，就可以在移动后的位置上克隆出来一个新的 Box 模型。松开鼠标后弹出"克隆选项"面板。可以选择以复制、实例、参考这三种形式进行克隆。副本数默认为 1，如填入其他数值，则根据移动的方向和距离产生更多的复制对象。

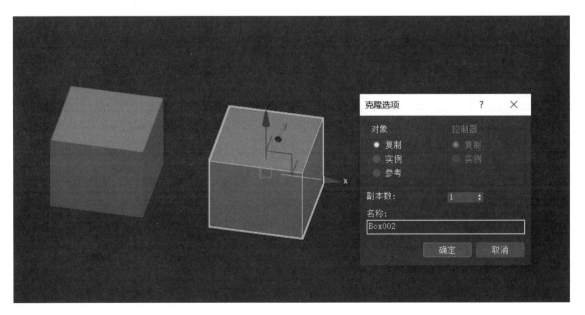

图 7-13　克隆物体

另外一种克隆方式是选中对象后点击菜单栏→编辑→克隆按钮(快捷键 Ctrl＋V)也可以在不变换克隆体的情况下,原地进行克隆。

在克隆选项中:

复制:选择此项后,复制出的对象与原对象完全独立。对复制的对象或原对象作任何修改都不会彼此影响。

实例:复制出的对象与原对象存在关联关系,单独在复制的对象或原对象中做出修改操作,也影响其他对象。

参考:使用参考进行克隆的对象是原对象的参考对象,对复制的对象作修改不会影响原对象;对原对象的修改会影响到复制的对象,复制的对象会随原对象的改变而变化。注意:这里的参考只是针对修改器命令,而诸如 Box 长、宽、高这种修改,还是遵循实例原则。

除了利用移动进行克隆以外,还可以用旋转和缩放进行克隆操作。利用旋转进行克隆时,如想要围绕一个圆心进行车轮排列的克隆,需先把对象的中心轴移动到指定圆心位置,然后再用旋转克隆多个克隆体。如果缩放克隆多个副本,则会根据第一个克隆体的缩放比例,等比例缩放剩余克隆体。

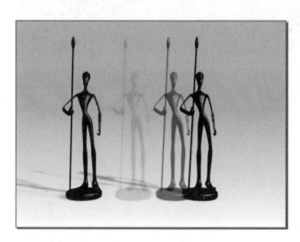

(1) 移动克隆

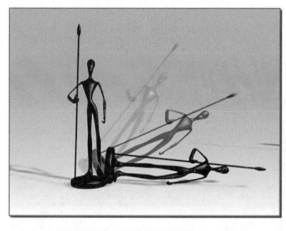

(2) 旋转克隆

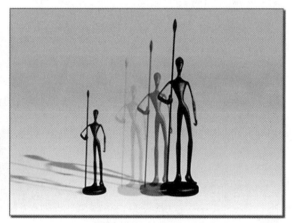

(3) 缩放克隆

图 7-14 克隆

2. 使用对齐命令

选中对象后,点击工具栏中的 ▤ 对齐按钮(快捷键 Alt＋A),可以将选定对象对齐到目标对象。使用对齐命令还可以精确地将多个对象以指定的位置进行对齐。对齐涉及两种实体:一种是单个对象或者多个对象组成的源对象集合;另一种是目标对象,目标对象决定对齐后源对象和源对象集合所在的位置。

如图 7-15,先选中圆柱体后,点击对齐按钮,然后点击目标对象茶壶,弹出对齐对话框。在对话框中,可以选择所需的对齐轴向和对齐方式。分别选择 X、Y、Z 位置,选择当前对象的中心和目标对象的中心，点击应用并确定后，圆柱体的中心就对齐到茶壶的中心上了。也可以分别指定 X、Y、Z 轴向上对齐。

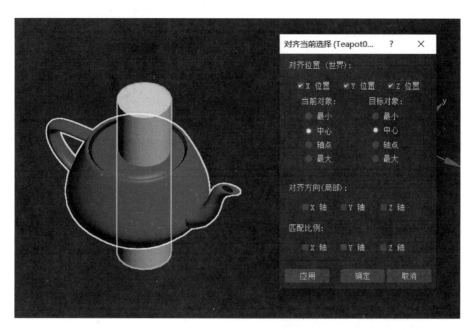

图 7-15　对齐当前选择面板

长按对齐图标可以弹出 ![icon] 快速对齐按钮。快速对齐可以直接将所选对象与目标对象在 X、Y、Z 轴上进行中心对齐。

3. 使用镜像命令

选中对象后，点击工具栏中的 ![icon] 镜像按钮，可将选择对象在任意轴向上进行翻转镜像。镜像命令可以快速地生成具有对称性的另一半。在弹出的镜像面板中可以设置镜像轴向，并选择用复制、实例和参考的方式进行镜像。如图 7-16，选中茶壶点击镜像后，在弹出的镜像面板中选择以 Z

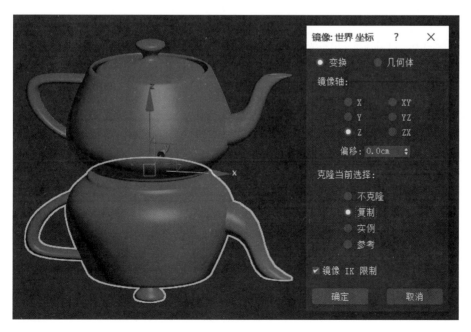

图 7-16　镜像面板

轴进行镜像,茶壶就能以Z轴进行上下翻转镜像;选择以复制的形式克隆,可以看到在原有茶壶下面镜像克隆出了一个新的茶壶。如果选择不克隆,则只会将原有对象进行翻转镜像。

通常情况下,镜像功能在制作一些左右对称模型时用到。比如在制作人物、动物模型过程中可以用实例镜像功能,在制作一侧模型时也可以实时观察到另一侧,制作完成后还可以用镜像复制功能拼合出一个完整模型。

4. 使用阵列命令

阵列功能可以将指定对象在单条线上、单独平面上或者指定空间内进行克隆排列。如图7-17:选中茶壶对象后,点击 菜单栏→工具→阵列按钮即可弹出阵列面板。在面板左上部增量中可以设置以移动、旋转、缩放的方式进行阵列克隆。在面板左下部可以设置用复制、实例、参考的方式进行克隆。在中下部阵列维度中可以设置以1D线性阵列(沿着单个指定轴向进行线性阵列)、2D平铺阵列(在一个坐标平面内进行阵列复制)或3D立体空间(在三维空间内)内阵列三种排列方式阵列。进行阵列操作时,建议按下预览按钮,这样可以在调整参数的过程中实时观察到场景内的阵列效果。

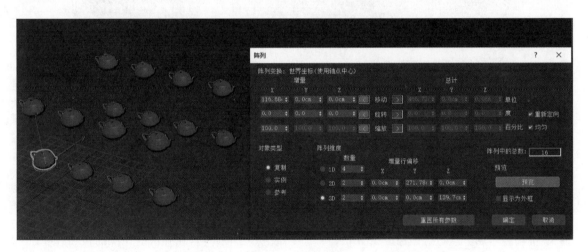

图7-17　阵列面板

如图7-17,在1D维度上阵列数量为4,增量为X轴上116.8 cm,即在X轴方向上克隆出四个茶壶,每个茶壶间隔116.8 cm;2D维度上数量为2,Y轴方向上增量为271.68 cm,即在Y轴方向上阵列两行茶壶,每行间隔271.68 cm;3D维度上数量为2,Z轴方向上为139.7 cm,即为向上阵列两层茶壶,每层间隔139.7 cm。使用实时预览就可以很方便地进行交互式操作。

5. 使用间隔工具命令

间隔功能可以将所选择对象沿指定样条线进行排列克隆。比如,可以沿着一条弯曲的道路克隆沿着道路排列的树木。除了指定样条线进行排列,还可以拾取两个点,在两点之间进行排列。同时还可以通过修改指定参数来改变所排列对象之间的间隔方式,让克隆出来对象的朝向与路径保持一致。比如一排沿着路径游动的鱼群,鱼的朝向始终与路径方向相切。

点击菜单栏→工具→对齐→间隔工具按钮(快捷键Shift+i)弹出间隔工具面板。如图7-18,选中茶壶后,点击间隔工具面板左上角的拾取路径按钮,在场景中点击路径后就可以看到,沿着路径克隆出一组茶壶。可在参数栏里的计数中设置克隆数量,也可以使用每间隔一段距离克隆一次的间距方法进行克隆。始端偏移和末端偏移可以设置间隔克隆开始或者结束的位置。点击前后关系中

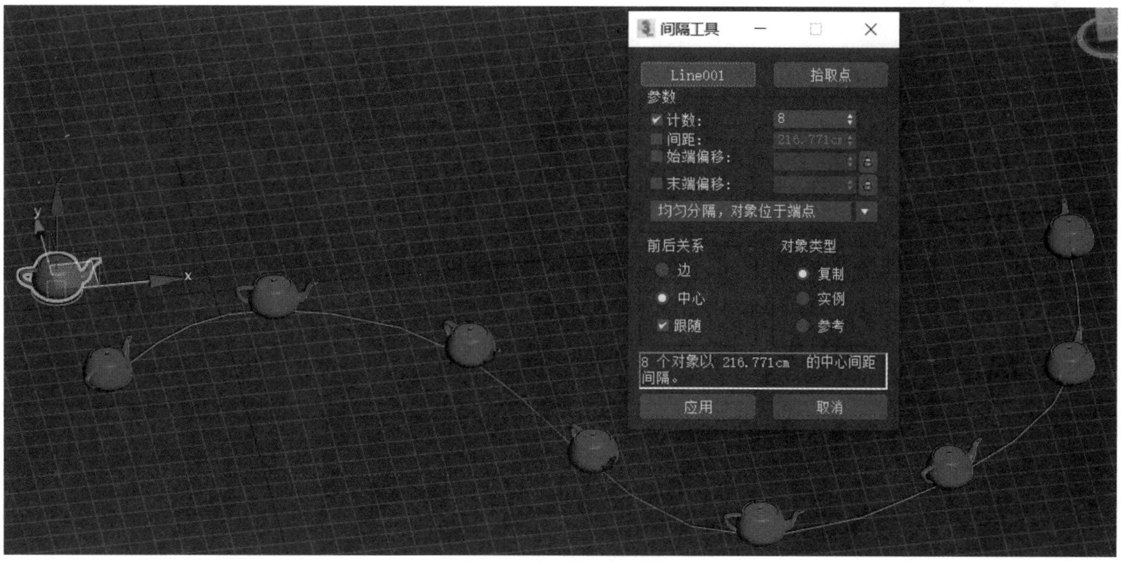

图 7-18　间隔工具面板

的跟随可以使克隆出来的对象可以沿着路径方向旋转。

如图 7-18，设置计数为 8，即沿着路径一共克隆出 8 个茶壶。克隆的方式选择复制，也可以选择实例或者参考。开启跟随，克隆出来的茶壶沿着路径方向进行旋转（轴心点与路径切线对齐）。

五、对象的组合与链接

1. 对象的组合

分组功能可将两个或多个对象组合为一个新的分组对象。该功能不但可令当前选择的不同单独个体成组，还可以令单独对象与其他组合共同形成新的组。组合后的对象，将被其视为场景中的单个对象。单击组中任一对象便可以选择整个组对象。可以对成组的对象集合进行整体操作。比如统一地移动、旋转、缩放、隐藏、赋予一个材质等；也可将组进行嵌套，一个组中可以包含其他组，包含的层次数量不限。创建组的对象不能少于两个。

如图 7-19，进入工具栏→组列表中。

组：选中多个对象后，点击组按钮，在弹出对话框中输入组名称后，就可以将选中的对象组成一个组。

解组：可将当前组分离成为组件对象或组。

打开：可临时将组打开，并选中组内的任意单独对象进行修改，操作完成后，点击关闭就可以恢复到成组状态。

附加：可添加选定对象，成为现有组的一部分。选定对象后，点击附加，然后点击场景中的组，就可以将对象成组其中。

分离：可以将指定对象从组中分离出来。使用分离命令需要先将组打开，选择需要被分离的对象后使用分离，即可将指定对象从组中分离出来。

炸开：将组中的所有对象和嵌套组全部解组。与解组不同，后者只解组一个层级。

图 7-19　组菜单栏

2. 对象的链接

使用工具栏上的 ⌘ 选择并链接按钮,可以使对象之间创建链接关系。链接命令将被链接的子对象,链接到目标父对象上。如果想解除对象链,则需要选中子对象后,点击 ⌘ 取消链接选择按钮,以解除链接关系。

建立链接关系时,单击工具栏中选择并链接按钮。在鼠标变成十字指针后将光标从子对象左键拖曳到单个父对象上,松开鼠标即可建立链接关系。从子对象拖曳鼠标时会生成一根指示链接方向的虚线,方便观察寻找父对象。建立链接关系后,单独对父对象进行变换,也影响父对象下的所有子对象。一个子对象只能跟一个父对象建立链接,而一个父对象下可以有多个子对象。

选中单独子对象后,单击 ⌘ 取消链接选择按钮,可移除选定子对象与其父对象的链接关系,而不影响父对象与其他子对象的链接关系。双击父对象能够选中该对象及其下属全部子对象(包括子对象下的子对象),然后单击取消链接选择按钮,可以解除所选对象的全部链接关系。

第三节 基本对象的创建

一、标准几何体的创建

标准几何体(在中文版 3ds Max 中称作标准基本体)包括长方体、球体、圆柱体、圆环体圆锥体等三维几何形体。基本几何体经过简单修改,可被制作成许多生活中常见的物体,例如沙滩排球、管道、盒子、甜甜圈、花瓶等。将多种基本几何体进行组合,还能制作更为复杂的模型。使用模型修改器对基本几何体进一步细化修改,能创建出更为复杂的模型结构。

3ds Max 提供了 11 个基本几何体,13 个扩展基本体。使用者可以在视口中使用鼠标点击和拖曳,轻松完成创建。同时,大多数标准基本体也可以通过输入数值形式精确生成。比如在创建时输入长方体的长度、宽度、高度和段数,完成精确创建。创建标准基本体的图标就位于软件右侧命令面板中的创建栏中。

1. 长方体的创建

点击命令面板→创建面板→标准基本体→长方体按钮,开始创建长方体。进入创建模式后,鼠标指针变为十字光标。用十字光标在透视图中左键拖曳,画出长方体的长和宽。确定底面长宽后,松开鼠标拖出高度,单击左键完成创建。

如图 7-20,通过命令面板中的修改面板来修改长方体参数。点击在上面的 Box001 按钮可修改对象名称。点击名称旁边色块,可以选择物体在视窗中的颜色。任意对象都可以通过修改面板中的名称栏来修改名称。改色和改名操作为通用操作,在之后其他物体创建讲解中不再复述。

在下方的参数面板中可以修改设置长方体的长度、宽度、高度,以及各个维度的分段数量。分段数越多组成多边形的密度就越大。

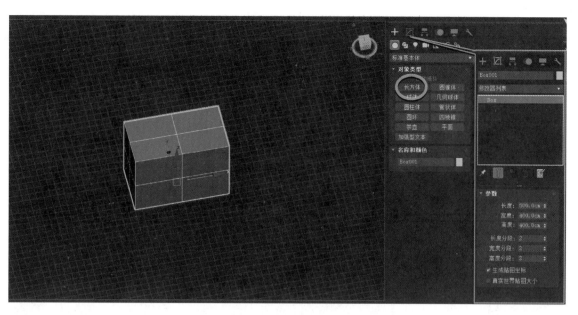

图 7-20　创建长方体

2. 球体的创建

点击命令面板→创建面板→标准基本体→球体按钮,开始创建球体。进入创建模式后,鼠标指针变为十字光标。在窗口(球体只有半径参数,所以既可以在透视窗中创建,也可以在正视窗中创建)中按住左键,拖曳出球体,确定球体大小后,松开鼠标完成创建。

如图 7-21 在参数面板中可以设置和修改球体的半径和分段数。分段数越多,组成球体的多边形就越密集,球也就越圆滑。半球可以从水平方向切断球体,默认值 0 为完整球,0.5 为半球,以此类推最大为 1。启用切片可以呈扇形切割球体。如图 7-22,半球设置为 0.5,切片设置为 90,即可以创建四分之一个半球。

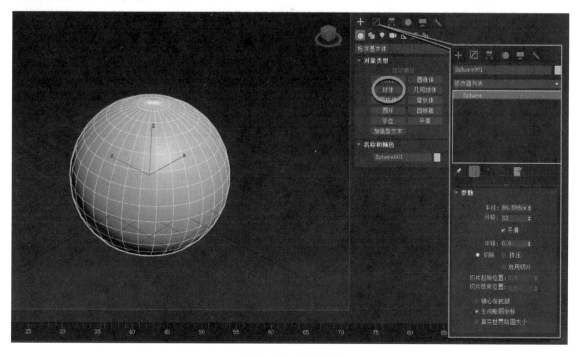

图 7-21　创建球体

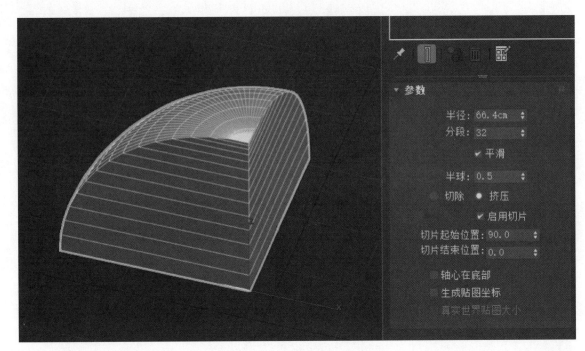

图 7-22　设置球体切片参数

3. 圆柱体的创建

点击命令面板→创建面板→标准基本体→圆柱体按钮,开始创建圆柱体。进入创建模式后,鼠标指针变为十字光标。在透视图中按住左键,用十字光标拖曳出圆柱体的底。确定底面积大小后,松开鼠标继续拖出圆柱体的高度,单击左键完成创建。

如图 7-23,在参数面板中可以修改圆柱体的半径、高度、高度分段、端面分段和边数。边数越多圆柱体越圆滑。通过增加端面,可在圆柱体的顶部和底部圆形上画出四边形。启用切面,也可以像

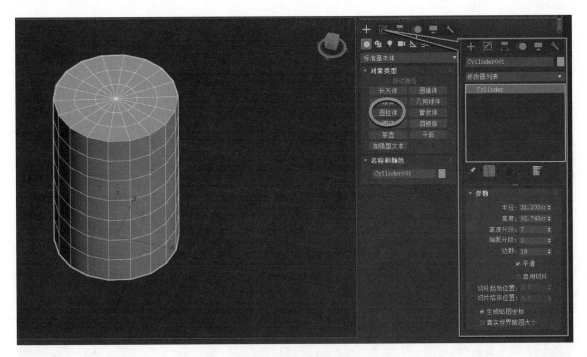

图 7-23　创建圆柱体

球体一样呈放射状切割圆柱体。

4. 圆环的创建

点击命令面板→创建面板→标准基本体→圆环按钮，开始创建圆环。进入创建模式后，鼠标指针变为十字光标。在透视图中按住左键，用十字光标拖曳出圆环的半径，确定后松开鼠标拖出圆环横截面的半径，确定后单击左键完成创建。

如图 7-24，在参数面板中可以修改圆环的半径 1，圆环横截面的半径 2，圆环的段数，圆环横截面的段数、边数。段数越高圆环越圆滑，边数越高圆滑横截面越圆滑。启用切片，可以从 0 到 360 度设置圆环的完整性。

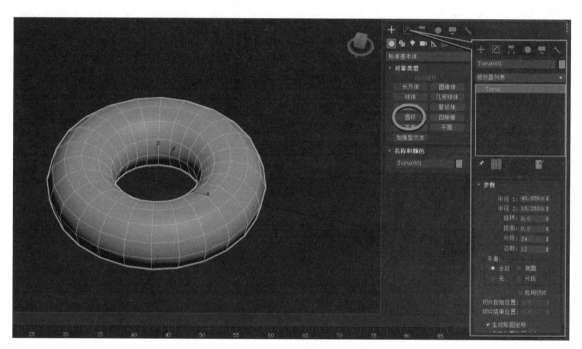

图 7-24　创建圆环

5. 茶壶的创建

点击命令面板→创建面板→标准基本体→茶壶按钮，开始创建茶壶。进入创建模式后，鼠标指针变为十字光标。在透视图中按住左键，用十字光标拖曳出茶壶，确定大小后松开左键完成创建。茶壶作为标准几何体，实际应用场景较少，多于测试时使用。

如图 7-25，在参数面板中可以设置茶壶的半径和分段，分段越多茶壶越圆滑。在茶壶部件中可选择保留或者去掉茶壶各个部件。

6. 圆锥体的创建

点击命令面板→创建面板→标准基本体→圆锥体按钮，开始创建圆锥体。进入创建模式后，鼠标指针变为十字光标。在透视图中按住左键，用十字光标拖曳出圆锥体的底端。确认底端面积后，松开鼠标拖出圆锥体的高度。确认高度后单击左键，继续拖曳出圆锥体的顶端，单击左键完成创建。

如图 7-26，在参数面板中可以修改圆锥体的底端半径 1，圆锥体的顶端半径 2，圆锥的高度，高度的段数，端面的段数，圆锥体的边数。边数越高圆锥体越圆滑。启用切片，可从 0 到 360 度设置圆锥体的完整性。

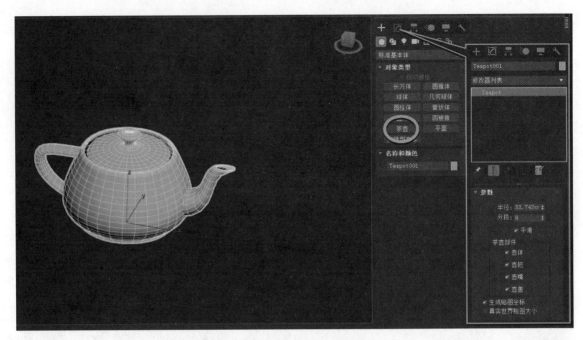

图 7-25　创建茶壶

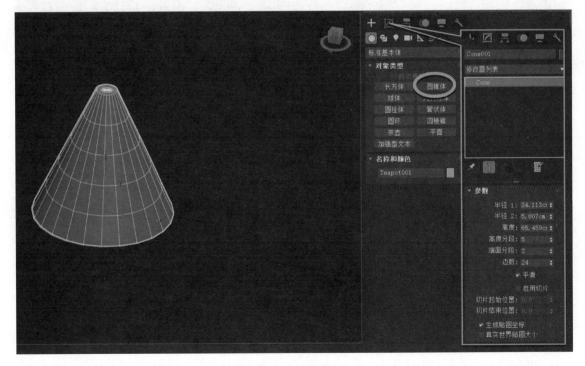

图 7-26　创建圆锥体

7. 几何球体的创建

　　点击命令面板→创建面板→标准基本体→几何球体按钮,开始创建几何球体。进入创建模式后,鼠标指针变为十字光标。在视窗中按住左键,用十字光标拖曳出几何球体,松开鼠标完成创建。

　　如图 7-27,相比标准基本体球体,几何球体的面分布更加均匀。在相同面数的情况下,几何球体也比标准球体具有更平滑的表面。构成几何球的面为三角面,同时几何球体没有极点,对于如FFD(自由形式变形)修改器的应用效果更好。

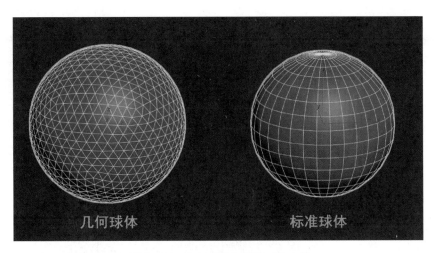

图 7-27　几何球体和标准球体布线

如图 7-28，在参数面板中可以设置几何球的半径和分段，分段数越高球体越圆滑。几何球体有四面体、八面体、二十面体三种表面分布形式。分别把球体分为 4 个、8 个和 20 个相等的等边三角形区域。

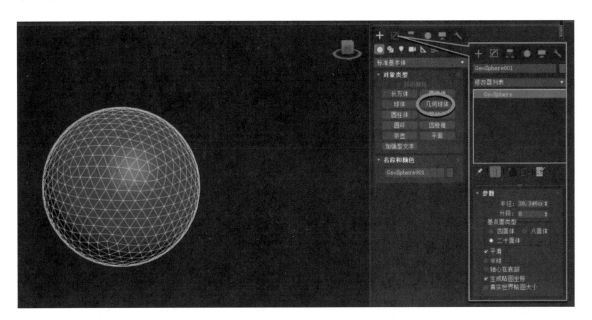

图 7-28　创建几何球体

8. 管状体的创建

点击命令面板→创建面板→标准基本体→管状体按钮，开始创建管状体。进入创建模式后，鼠标指针变为十字光标。在透视图中按住左键，用十字光标先拖曳出管状体的外径。确认后，松开鼠标拖出管状体横截面的内径。确认管状体横截面后，单击左键继续创建管状体的高。确定高度后单击左键完成创建。

如图 7-29，在参数面板中可以修改管状体的外半径 1，管状体的内半径 2，管状体的高度，高度的段数，端面分段数，管状体的边数。边数越高管状体越圆滑。启用切片，可从 0 到 360 度设置管状体的完整性。

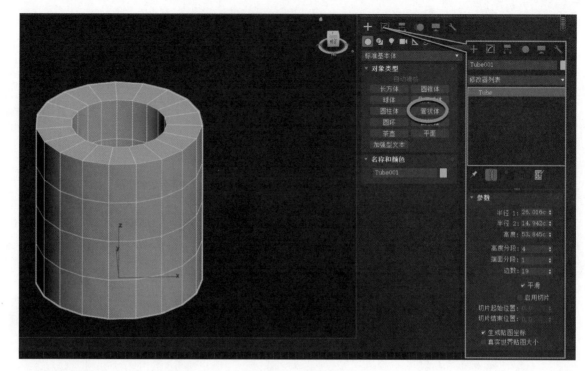

图 7-29　创建管状体

9. 棱锥的创建

点击命令面板→创建面板→标准基本体→四棱锥按钮,开始创建四棱锥。进入创建模式后,鼠标指针变为十字光标。在透视图中按住左键,用十字光标拖曳出四棱锥的矩形底面,确认底面积后,松开鼠标拖出四棱体的高。确定高度后,单击左键完成创建。

如图 7-30,在参数面板中可以继续修改四棱锥底的宽度、深度和四棱锥的高度,以及各段的段数。

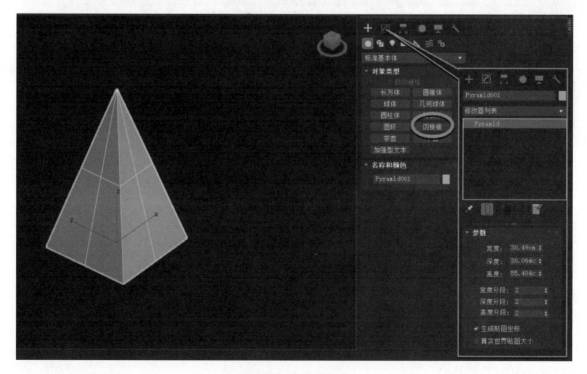

图 7-30　创建四棱锥

10. 平面的创建

点击命令面板→创建面板→标准基本体→平面按钮,开始创建平面。进入创建模式后,鼠标指针变为十字光标。在透视图中按住左键,用十字光标拖曳出平面的长和宽。确定面积后松开鼠标左键完成创建。

如图7-31,在参数面板中可以设置平面的长度和宽度,以及长度和宽度的分段数。平面是二维图形,设置渲染倍增可以使平面在渲染时扩张面积,设置渲染倍增下的缩放倍数可以完成放大。密度用来控制扩张后平面的网格密度。

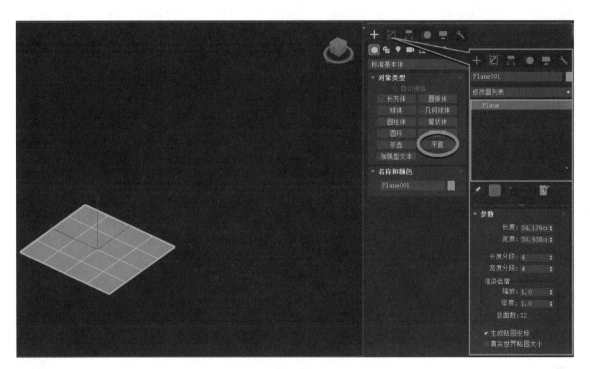

图7-31 创建平面

二、扩展基本体创建

1. 异面体的创建

点击命令面板→创建面板→扩展基本体→异面体按钮,开始创建异面体。进入创建模式后,鼠标指针变为十字光标。在透视图中按住左键,用十字光标拖曳出异面体,松开鼠标完成创建。

如图7-32,参数面板中可以设置异面体半径。

在系列中,可选择要创建的多面体的类型。可以选择多种异面体类型,包括:四面体、立方体/八面体、十二面体/二十面体,还可以创建两种不同的星形多面体(如图7-33)。

系列参数下的P和Q值为异面体提供了两种利用点和面控制异面体形态的控制参数。改变P、Q值设定可以简化或者繁化异面体上顶点和面,调整P、Q值可以使异面体生成更多的变化形态,使用者可以尝试调整感受变化规律。

改变轴向比率中的P、Q、R值,可在异面体的面上继续生成突起或者凹陷的面。默认值为100,小于100产生内陷效果,大于100产生外凸效果。点击重置按钮可以将参数归为100。

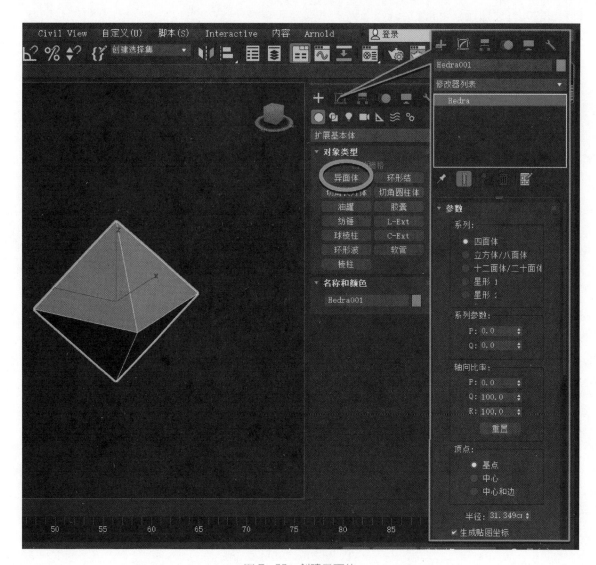

图 7 - 32　创建异面体

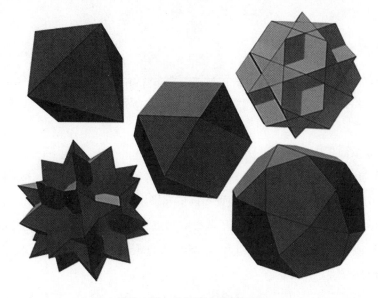

图 7 - 33　几种形态的异面体

2. 环形结的创建

点击命令面板→创建面板→扩展基本体→环形结按钮,开始创建环形结。在透视图中按住左键,用十字光标拖曳出环形结。确定大小后,松开鼠标继续拖曳设置截面半径,单击左键完成创建。

如图7-34,在参数面板中,使用结模式时,环形将基于其他各种参数产生自身交织形状。如果使用圆模式,基础曲线是圆形。在其默认设置中保留扭曲和偏心率的参数,则会产生标准环形。

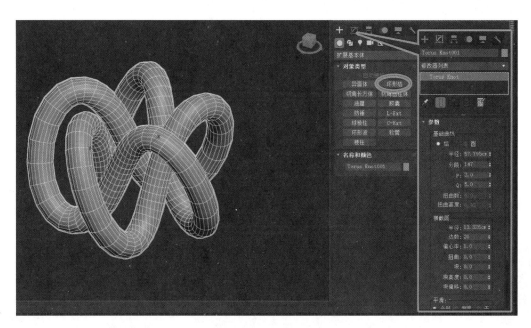

图7-34　创建环形结

在参数组下,基础曲线中半径数值用来控制环形结的整体大小,分段数值控制环形段数,段数越多,环形结越平滑。在结模式下,P控制垂直缠绕的圈数,Q控制水平缠绕的圈数;在圆模式下,扭曲数设置控制在圆环上生成突起的角点数。下图7-35为圆模式下,扭曲数为6、高度为2产生的六瓣形圆环。

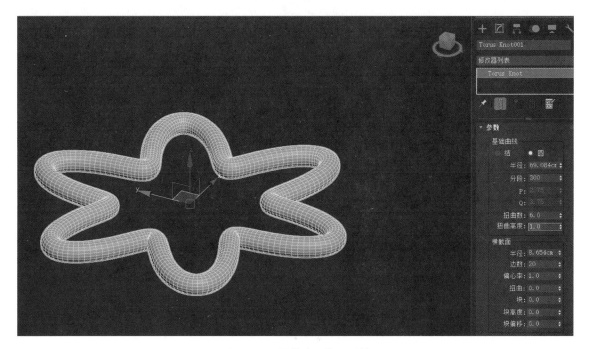

图7-35　圆模式下的环形结

在横截面组下,半径为圆环横截面的半径,半径越大,横截面越粗;边数为横截面圆形段数,段数越高,圆形越圆滑;偏心率可将横截面设置为不同扁度的椭圆;扭曲设置横截面围绕形成圆滑和结的曲线进行扭曲的次数;块设置环形结中的横截面的突出数量,块可以被用来制作类似洗衣机排水管的伸缩突起效果;块高度微调器值必须大于0才能看到效果,块高度设置块的高度,作为横截面半径的百分比;块微调器值必须大于0才能看到效果;块偏移以角度为单位设置块突起的位置,可围绕环形设置块的偏移动画,制作出类似水流在水管中流动时,将水管壁撑起的效果。

3. 切角长方体的创建

点击命令面板→创建面板→扩展基本体→切角长方体按钮,开始创建切角长方体。在透视图中按左键,用十字光标拖曳出切角长方体的底面的长和宽。确认后,松开鼠标拖出高度。确认后,单击左键后向右水平拖曳鼠标设置切角大小。单击左键完成创建。

如图7-36,在参数面板中可设置切角长方体的长、宽、高,以及圆角大小。可设置长、宽、高的段数,以及圆角段数。圆角段数越多,切角越圆滑。

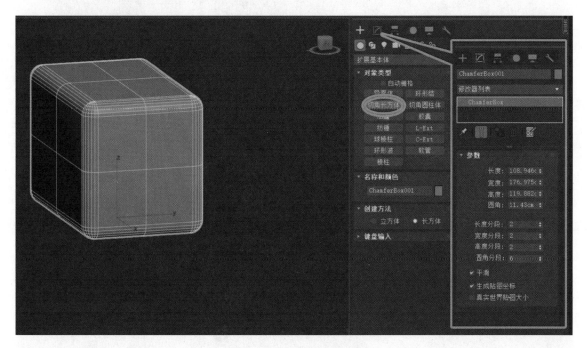

图7-36　创建切角长方体

4. 切角圆柱体的创建

点击命令面板→创建面板→扩展基本体→切角圆柱体按钮,开始创建切角圆柱体。在透视图中按住鼠标左键,拖曳出切角圆柱体的底,松开鼠标拖出高度,单击左键后水平拖曳鼠标设置切角大小。单击左键完成创建。

如图7-37,在参数面板中可以设置切角圆柱体的半径、高度,以及圆角大小。可设置高的段数、圆柱体边数、端面分段,以及圆角段数。圆角段数越多,切角越圆滑。

5. 环形波的创建

点击命令面板→创建面板→扩展基本体→环形波按钮,开始创建环形波。在透视图中按住鼠标左键,拖曳出外环的半径,松开鼠标拖出内环半径,单击左键完成创建。

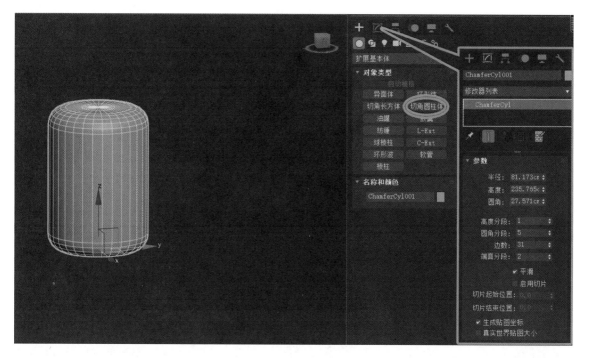

图 7-37　创建切角圆柱体

如图 7-38，在环形波大小组中，半径设置圆环形波的外半径；径向分段设置圆环两端面上的段数，分段越多环形面数越多、波动也越精细；环形宽度从外向内设置环形的宽度；边数设置圆的段数，边数越高环的波动就越精细；高度设置环形波圆柱的高度。内边波折组和外边波折组中的参数可分别更改环形波内外部边的波动形态。默认状态下，不开启外边波折，环形波外围为光滑的圆柱体；开启后，才可以设置内外同时产生波动的效果。

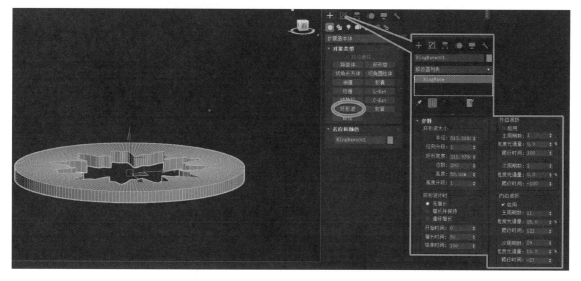

图 7-38　创建环形波

6. 软管的创建

点击命令面板→创建面板→扩展基本体→软管按钮，开始创建软管。在透视图中按住左键，用十字光标拖曳出软管的半径。确定粗细后，松开鼠标后拖曳设置高度。确定高度后，单击左键完成创建。

如图 7-39,在参数面板自由软管参数中,可设置软管高度。使用绑定到对象轴功能,则可以将软管绑定到两个对象之间。

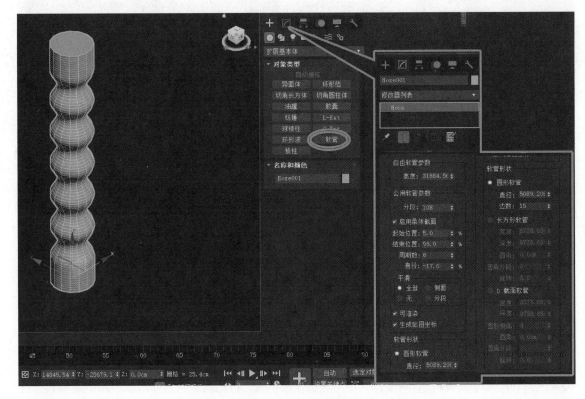

图 7-39　创建软管

公用软管参数组:可通过设置起始、结束位置,设置软管起伏位置。段数设置起伏数量,直径设置起伏大小。软管形状组中设置软管横截面形状,包括圆形软管、长方形软管、D 形截面软管三种横截面形态。

第四节　二维图形的创建与修改

一、二维样条线的创建

1. 线的创建和修改

点击命令面板→创建面板→图形→样条线→线按钮,可以创建自由形式样条线。如图 7-40,进入创建模式后,鼠标指针变为十字光标。在正视口中,单击左键或拖动十字光标创建样条线的起始点,移动鼠标画出线轨迹,然后单击或拖动添加继续创建点。在创建点时,单击鼠标左键可以创建角顶点;按住鼠标左键后拖动光标可以创建贝赛尔(Bezier)顶点。单击鼠标右键,可以完成线创建。如果想要创建一个封闭的闭合线条,结束时需要将线轨迹连接到起始点上。然后会弹出对话框"是否闭合样条线"? 如果在对话框中选择"是",将合并起始点,形成闭合样条;如选"否"将继续创建。

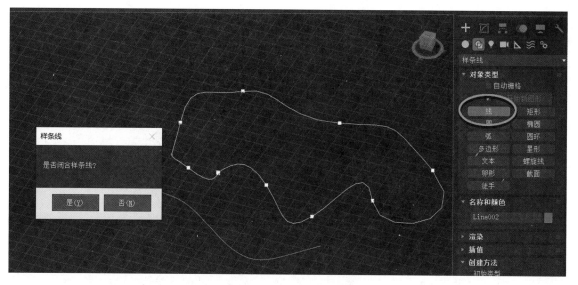

图 7-40　创建样条线

　　在创建线形样条线的过程中,可以使用鼠标进行平移和环绕视口。若要平移视口,需按住鼠标中键进行拖动;若要环绕视口,需按住 Alt 键后,同时按住鼠标中键并拖动鼠标,滚动鼠标滚轮可以放大和缩小视口。

　　使用鼠标创建样条线时,按住 Shift 键可使要创建的点与前一点之间形成的角度,约束为 90 度或者 0 度。在正视口中,按住 Shift 键,单击创建点可以很容易地创建出直角、水平和垂直线段。按住 Ctrl 键,可将创建的点与前一点的角度约束一个指定角度。需要在开始创建前,在角度捕捉中设置约束角度数值。

　　样条线中的点有四种形态,如图 7-41,分别是平滑点、Bezier 点、角点、Bezier 角点。选中一个点后,在右键弹出的工具菜单中切换这四种形态的点。

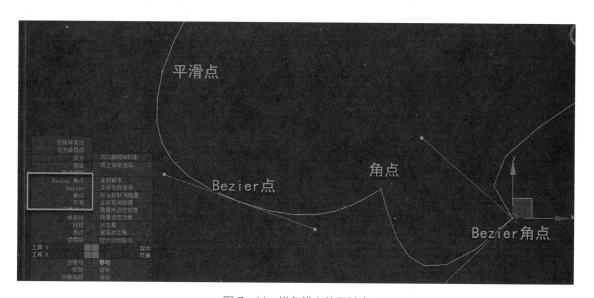

图 7-41　样条线上的四种点

　　平滑点:可使线段成为一条与顶点相切的平滑曲线,但是不能控制平滑角度。

　　Bezier 点:通过拖动 Bezier 控制柄,使线段变成为一条可控制曲率的、通过顶点的切线。

　　角点:顶点两侧的线段,会形成一个折角。折角角度根据顶点两侧曲线的曲率自动生成。

Bezier角点：通过拖动控制柄，可以控制顶点任意一侧的线段与顶点形成可控制的角度。

一般情况下，我们建议使用Bezier点和Bezier角点，可以精确控制曲线。关于样条的进一步编辑修改，将在后面"二维样条线的修改"中详细说明。

2. 矩形的创建和修改

点击命令面板→创建面板→图形→样条线→矩形按钮，开始创建矩形。进入创建模式后，鼠标指针变为十字光标。在正视口中，左键拖动可以用十字光标画出矩形。确定矩形大小后，单击右键结束创建。在创建矩形时按住Ctrl键，可以直接创建长宽一致的正方形样条线。

如图7-42，在参数值中，设置矩形的长度和宽度，角半径中可以设置矩形的倒角大小；在插值组中可以设置曲线圆滑度，步数值越大倒角曲线越圆滑，点击自适应可以自动计算所需步数以达到圆滑效果。插值组中的设置适用于所有二维线条，下面的章节不做重复说明。

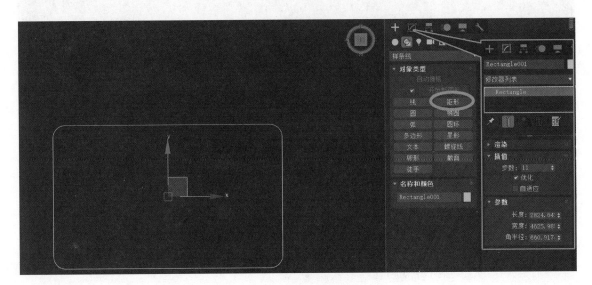

图7-42 创建矩形

3. 圆和椭圆的创建和修改

圆和椭圆具有类似的创建方式和属性，这里一起讲解，点击命令面板→创建面板→图形→样条线→圆/椭圆按钮，开始创建圆/椭圆。使用圆/椭圆形工具，能创建出由四个顶点组成的闭合圆/椭圆形样条线。在视口中，拖动鼠标左键可以用十字光标画出圆或者椭圆，单击右键结束创建。绘制椭圆时可以按住Ctrl键，可以将样条线约束为圆。

如图7-43，在修改面板中设置圆/椭圆的参数，包括圆的半径以及椭圆的长度和宽度，如果椭圆的数值长宽一致则为正圆。椭圆中勾选轮廓可以设置双线，厚度用来设置双线之间的距离。

4. 弧的创建和修改

点击命令面板→创建面板→图形→样条线→弧按钮，开始创建弧。如图7-44，使用弧形，可以创建由四个顶点组成的打开和闭合圆形线。首先在创建方法卷展栏上，确保已选中端点—端点—中点。在视口中，拖动鼠标左键，用十字光标画出弧的起点和终点，松开鼠标后上下拖动可以设置弧度，单击右键结束创建。

还可以使用圆心—端点—端点方法创建弧形。点击鼠标，先设定弧形的半径圆心，拖动并释放鼠标按钮可定义弧形的起点，最后指定弧形的其他端点。

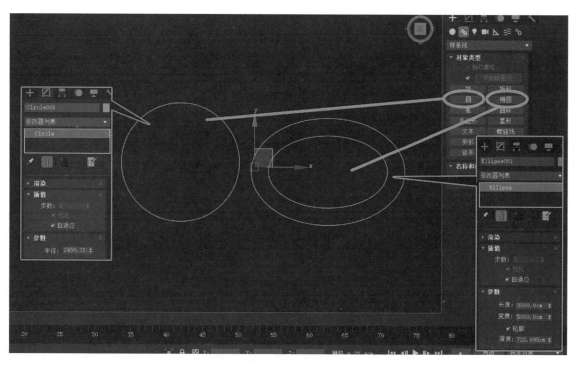

图 7-43 创建圆和椭圆

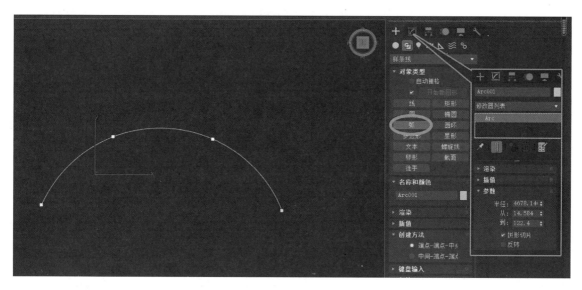

图 7-44 创建弧

在修改面板中设置弧的参数：半径可以设置弧的整体大小；改变从和到的数值可以设置弧形的延展和收缩；如图 7-45，设置饼形切片，可从弧的端点到弧的半径圆心点创建半径线段，从而创建一个闭合样条线。

5. 正多边形的创建和修改

点击命令面板→创建面板→图形→样条线→多边形按钮，开始创建多边形。在视口中，拖动鼠标左键可以画出多边

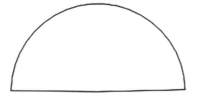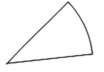

图 7-45 设置饼形切片

形,单击右键结束创建。

如图 7-46,在修改面板中设置多边形的参数:半径可以设置多边形大小,边数可从 3—100 设置多边形边数;角半径可设置切角,与插值配合,可设置多边形切角的圆滑度。多边形能创建出等边三角形、五边形、六边形等。

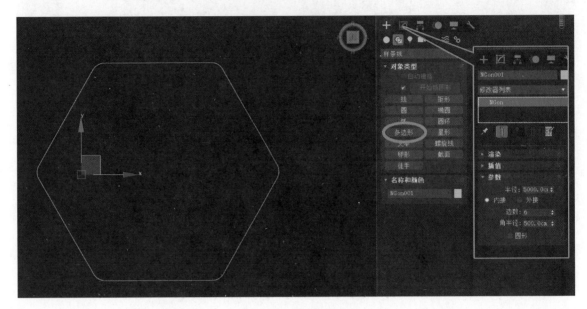

图 7-46 创建多边形

6. 星形的创建和修改

点击命令面板→创建面板→图形→样条线→星形按钮,创建星形。在视口中,拖动鼠标左键可以画出星形的半径,松开鼠标开始设置星形的第二半径。单击左键完成创建。使用星形可以创建具有很多点的闭合星形样条线。星形样条线使用两个半径来设置外部点和内部点之间的距离。

如图 7-47,在修改面板中设置星形的参数:半径 1 和半径 2 分别设置星形间隔点的半径;点用

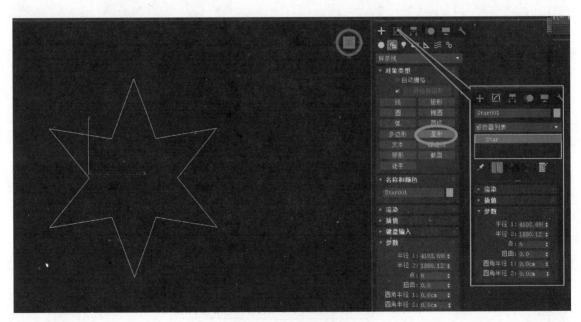

图 7-47 创建星形

来设置星形的角数量;扭曲用来设置半径2围绕圆心的偏移;圆角半径1设置角1的切角;圆角半径2设置角2的切角。图7-48是各种修改数值得出的不同种类的星形图形。

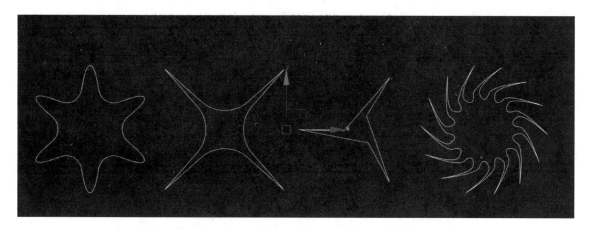

图7-48 几种形态的星形

7. 文本的创建和修改

点击命令面板→创建面板→图形→样条线→文本按钮,可以创建文本图形的样条线。在视口中,拖动鼠标左键画出文本的大小,单击左键完成创建。

使用者可以随时在修改面板中更改文本内容。文本字体只支持系统内的字体,可以在系统字库中添加新的文本字体。文本以样条线形式生成,也可以将文本样条线转成可编辑样条线进行细节修改。对样条线添加挤出命令,可以将二维图形转换为三维实体。创建图形文本,在图形文本样条线添加模型生成命令,从而生成文字的三维模型,是在三维建模中经常用到的功能。

如图7-49,在修改面板中可以修改文本参数:在参数组中,文本输入框内可输入想要生成的文字;大小用来设置文本的高度;字体选择下拉框中可选中文本字体;字体选择下面有一排图标,分别设置文本的倾斜、下划线和四种对齐模式(⬛左侧对齐:将文本与边界框左侧对齐。⬛居中:将文本与边界框的中心对齐。⬛右侧对齐:将文本与边界框右侧对齐。⬛对正:分隔所有文本行以填充边界框的范围);字间距和行间距可设置字与字、行与行之间的距离。配合插值可以设置文本平滑度。注意:大多数情况下需要将文本图形通过挤压转化为文本模型,如果插值中步数过大容易造成文本模型面数过多的问题,需根据实际情况适当调整步数。

8. 螺旋线的创建和修改

点击命令面板→创建面板→图形→样条线→螺旋线按钮,开始创建螺旋线。使用螺旋线可创建像蚊香盘一样的在一个平面上的螺旋线,也可以制作像弹簧一样的有高度的螺旋线。在透视图中,拖动鼠标十字光标可以画出螺旋线的第一半径大小。确认大小后,松开鼠标向上拖动继续创建螺旋高度。确定高度后,单击鼠标左键创建螺旋线的第二半径,单击左键完成创建。

如图7-50,在修改面板中可以修改螺旋线参数:半径1和半径2分别设置螺旋线两端大小;高度设置螺旋线高度;圆数设置螺旋线缠绕次数;偏移可以通过设置-1到1的数值,让螺旋缠绕更加偏向一端;还可以设置正时针和逆时针的螺旋线旋转方向。

与其他样条线对象不同,默认情况下,螺旋线的分段设置为线类型。如果将螺旋线转换为可编辑样条线,则不能通过移动Bezier控制柄来编辑顶点。需要先选择相应分段,单击鼠标右键,然后从四元菜单的工具1象限中选择曲线,转换后才可以使用Bezier曲线控制。

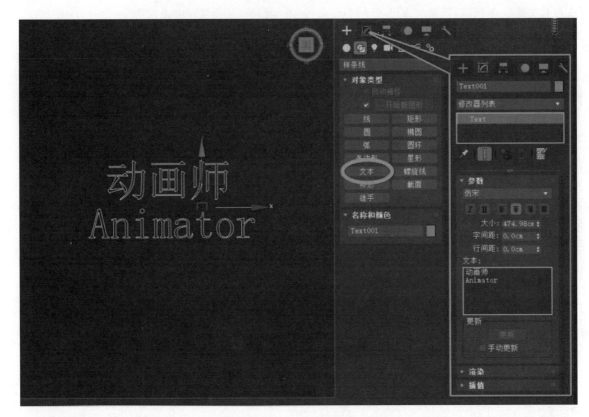

图 7-49　创建文本

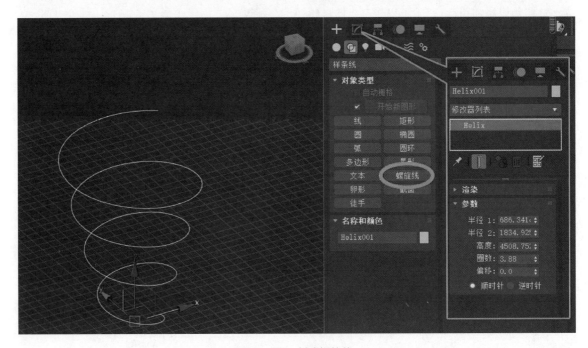

图 7-50　创建螺旋线

二、二维样条线的修改

1.二维样条线的转换

如图 7-51,选中二维图形后,点击鼠标右键弹出菜单中转换为→转换为可编辑样条线按钮,可以将常规二维图形转换为可编辑样条线。使用者可以使用可编辑样条线中的控件,对曲线进行进一步的编辑修改。可编辑样条线提供了三个子对象层级,分别为顶点、线段和样条线层级。使用者可以通过添加、删除、修改可编辑样条线上的点和线段,自由地修改样条线的形状。

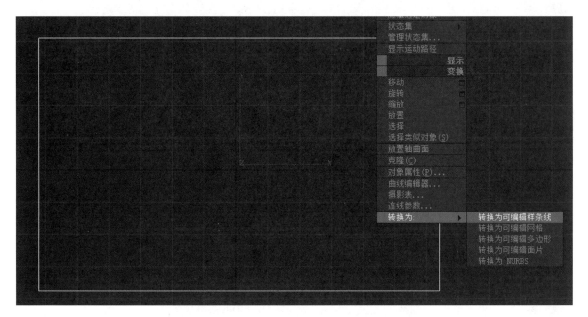

图 7-51 将标准样条线转换为可编辑样条线

注意:标准二维图形转换为可编辑样条线后,原有的标准参数控件随之消失,且这一过程是不可逆的。

2. 二维样条线的编辑

选中可编辑样条线后,进入命令面板下的修改面板中,可以对样条线进行编辑。

渲染组:如图 7-52,点击渲染标签左侧的三角图标,展开渲染组参数面板。使用此处的控件可启用和关闭样条线的渲染性。启用渲染性后,可使二维样条线在渲染时以三维实体显示,并应用贴图坐标。在视口中能看到样条线生成的模型网格。

还可通过在修改器列表中添加编辑网格修改器或右键选择转化为可编辑多边形,将显示网格转化为实体 3D 模型。如图 7-53,将可编辑样条线添加编辑网格修改器后,转换生成实体 3D 模型。

开启在渲染器中启用后,样条线在渲染模式下可作为实体 3D 模型进行渲染显示。

开启在视口中启用后,样条线在视口中可作为实体 3D 模型进行显示。

插值组:点击插值标签左侧三角图标,展开插值组。插值卷展栏用来控制样条线曲线的圆滑度。

在 3ds Max 中,曲线样条线可以被看作是由一段段短小的直线段首尾相接组成的圆滑线。形成样条线的直线段数量称为步长(步数)。使用的步长越多,显示的曲线越平滑。

图 7-54 和图 7-55 为 20 步数和 4 步数的样条圆滑度对比。提高步数才能提高曲线圆滑度。步数最大值为 100 最小值为 0,也可通过开启自适应自动设置步数。优化功能可以自动删除在直线中不需要的步数。注意:启动自适应时,优化不可用。

选择组:如图 7-56,点击选择标签左侧三角图标可以展开选择卷展栏。在 3ds Max 中,可编辑样条有三个子层级,分别是顶点层级、线段层级和样条线层级。通过点击选择面板中的 顶点、 线段、 样条线三个按钮可以分别进入其子层级。如果都不选择则处在可编辑样条线的对象层级。

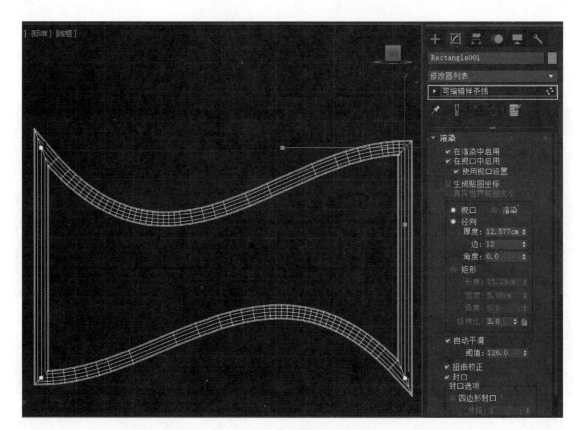

图 7-52　样条线渲染设置面板

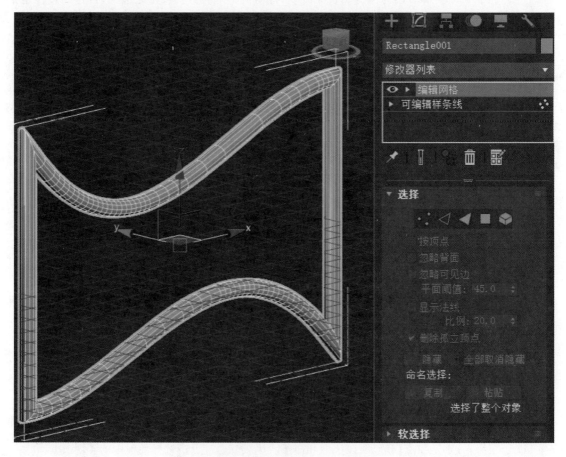

图 7-53　将样条线转换为实体网格

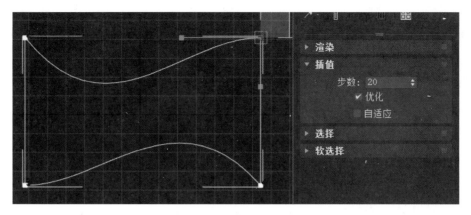

图 7 - 54　设置步数为 20

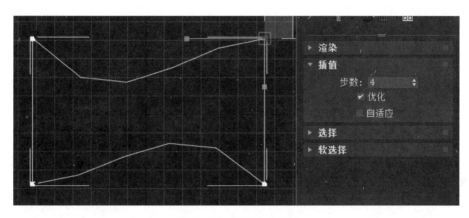

图 7 - 55　设置步数为 4

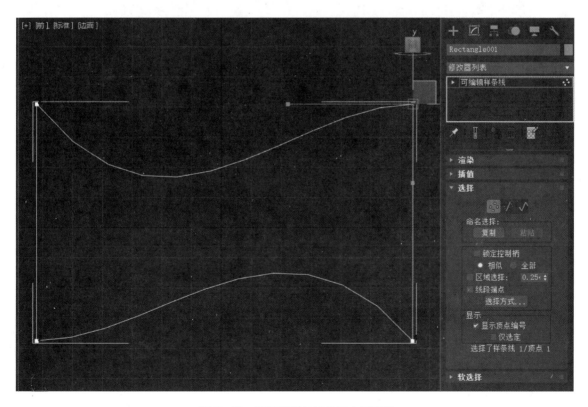

图 7 - 56　可编辑样条线的三个子层级

锁定控制柄：选择顶点模式后，开启锁定控制柄。可在选择多顶点的状态下，通过控制一个顶点的 Bezier 角点控制柄的同时，控制其他被选中顶点的 Bezier 角点控制柄。

相似：可以同时控制单侧 Bezier 角点控制柄。

全部：控制所有 Bezier 控制柄。

区域选择：开启后，允许自动选择顶点旁边特定半径中的所有顶点。使用连接复制或横截面按钮创建的顶点时，可使用此功能。

显示：开启显示顶点编号，在顶点上显示顶点的数字编号。开启仅选择只显示选中顶点的编号。在下方还有显示信息，比如在顶点模式中，选中顶点 1 后，显示选择了样条线 1 中的顶点 1；同时选中两个顶点后，显示选择了两个顶点。

软选择组：软选择是在选择某局部元素时关联选择到其周围元素。在对选中的元素进行移动旋转时，也会带动其软选择范围内的元素进行移动和旋转。这种被带动的强度由衰减值来控制。

如图 7-57，在顶点模式下开启使用软选择按钮后，选中样条线中的一个顶点。该顶点周围一定区域内（指定球形范围内）的其他顶点的显示颜色发生了改变。其他顶点的颜色代表受选中顶点的影响程度。影响程度越大，颜色越趋近红色。影响程度依次用红、橙、黄、绿、青、蓝来表示，白色为完全不受影响。

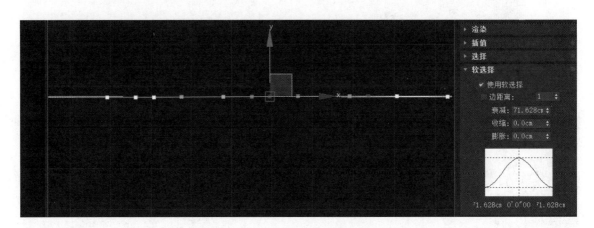

图 7-57　点层级下的软选择

如图 7-58，向上移动该顶点，其他受软选择影响的顶点也伴随移动。受该顶点影响越大的顶点，伴随移动的距离越大。

衰减：用以控制软选择影响区域的范围。收缩和膨胀可调整影响强度，影响强度可以通过下面的曲线波形图反映出来。通过调整这两个数值，可达到影响递增和反向影响的效果。比如，选中的顶点向上移动 10 cm，影响递增可以使受影响的其他点向上移动 15 cm，反向影响可以为向下移动。

边距离：启用该选项后，影响区域根据边距离大小沿着样条线进行测量，而不是真实空间。

如图 7-59，选中一个顶点后，如果不开启边距离，软选择影响到周围球形范围内的顶点（图左）；开启边距离，软选择只影响沿着该封闭样条线范围内的顶点（图右）。

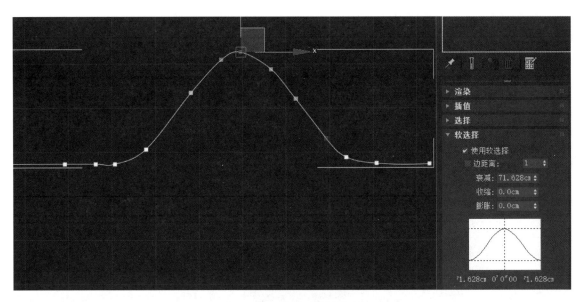

图 7-58　软选择影响范围

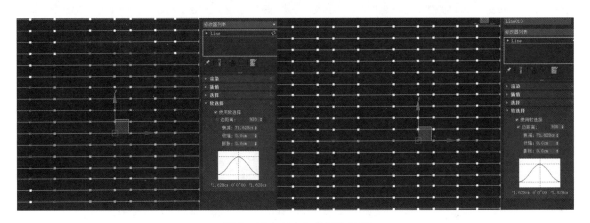

图 7-59　开启和关闭边距离

3. 复杂的修改操作

本部分主要围绕二维样条线下的顶点、线段、样条线三个子层级进行详细展开说明。

（1）顶点层级

如图 7-60,点击选择面板中的 顶点按钮,进入样条线的顶点编辑模式。点击几何体展卷栏旁三角图标,将展卷展开,进入顶点编辑工具面板。

新顶点类型:在新顶点类型中可以选择线性、Bezier、平滑、Bezier 角点四种顶点类型。点击创建线按钮,从选中的顶点类型开始,创建新的样条线。

断开:选中顶点后点击断开按钮,可将选中的顶点断成两个顶点。断开后两个顶点仍然重叠在一起,单击拖曳可以使其分开。

附加:点击附加按钮,能将场景中其他的样条线或者二维图形合并到当前样条线中。

附加多个:点击附加多个按钮,弹出场景元素列表。可在列表中同时选中多个想要合并的样条线或者二维图形。

横截面:如图 7-61,点击横截面按钮,可将同一样条线中的两个独立形状用线连接起来。注意:在样条线中三条线段不能同时焊接在一起,所以由横截面产生的线并没有真正焊接到图形上,

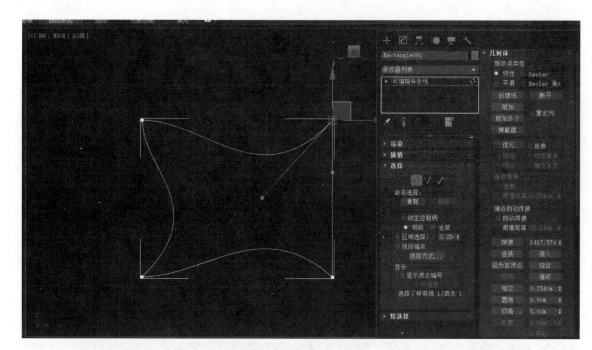

图 7-60 点层级命令面板

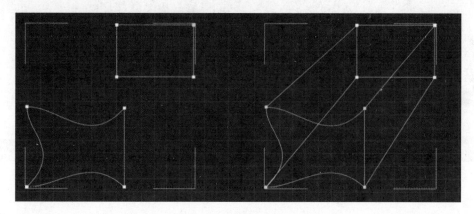

图 7-61 横截面命令

可使用区域选择功能，在变换时使顶点保持在一起。

优化：如图 7-62，点击优化按钮，然后单击要添加顶点的样条线线段（鼠标光标经过合格的线段时会变为一个连接符号），可在不更改样条曲率的前提下为线段添加顶点。

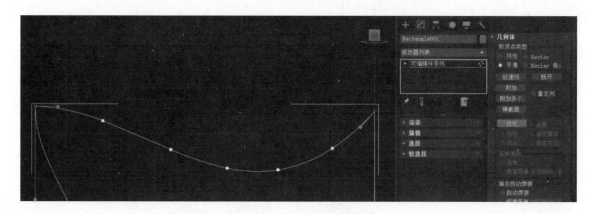

图 7-62 优化命令

连接：启用后，再利用优化添加新顶点时，会生成新顶点的副本。如果添加的顶点大于 2 个，将在新顶点之间创建一条新的样条线。

线性：启用后，使用角点创建的样条线以直线段的形式排列，点与点之间没有曲线变化。禁用线性时，点与点之间用平滑曲线连接。

绑定首点：将样条线的第一个顶点绑定到所选线段的中心。

闭合：启用后，连接样条线的首尾点，形成一个闭合样条线。如果禁用闭合，将始终创建一个开口样条线。

绑定末点：可将优化操作中创建的最后一个顶点绑定到所选线段的中心。

自动焊接：启用自动焊接后，可通过拖曳移动自动焊接一定阈值距离内的端点顶点。阈值距离可以设定自动焊接距离。注意：自动焊接只能焊接开口样条线，对封闭样条线上的顶点无效。

焊接：可将两个在焊接阈值内的顶点合并成一个顶点，如果这两个顶点在一条样条线上，两点之间不能有其他顶点。也能同时焊接多个顶点。

连接：可以在端点之间建立线段，进而连接两个顶点。点击连接按钮后，从一个端点拖曳虚线，连接到另一个端点上就可创建线段。

插入：点击插入按钮后，单击线段中的任意某处可插入顶点。此时移动鼠标，新顶点也随之移动。如果插入的位置没有样条线，则单独创建一个孤立的顶点。

设为首顶点：选中闭合样条中的任意一点，点击设为首顶点按钮，就可将该顶点设为首顶点。如图 7-63，首顶点以黄色矩形显示。开启显示顶点编号后，能看到首顶点也是 1 号顶点。

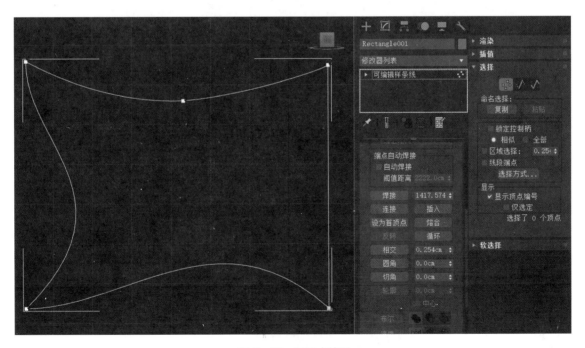

图 7-63　显示点编号

在闭合样条中，首顶点可以是样条上任意一点。在开口样条中，首顶点只能是样条两端点中的一点。所以在开口样条中，只能设置端点为首顶点。

如图 7-64，首顶点对放样路径、放样形状、路径约束、轨迹等要求顶点顺序的操作是有特殊重要性的。

使用的形状	第一个顶点的含义
放样路径	路径的开始。级别 0。
放样形状	最初的蒙皮对齐。
路径约束	运动路径的开始。路径中的 0% 位置。
轨迹	第一个位置关键点。

图 7-64　顶点顺序影响

熔合：该功能可将所有选定顶点移至它们的平均中心位置。如图 7-65，选中红十字处的三个顶点（如左侧显示）后，点击熔合按钮。可将三个顶点移动到一起（如右侧显示）。注意：熔合不会焊接顶点，只是将它们移至同一位置。

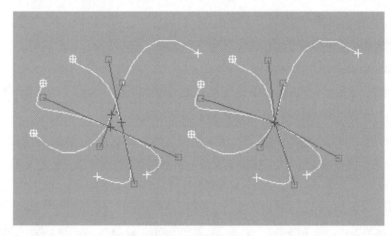

图 7-65　熔合命令

循环：选择两个或更多在 3D 空间中处于同一位置的顶点中的一个，然后单击循环按钮，可选中同一位置中的其他顶点。重复点击可以继续选中其他顶点，结合显示信息能看出所选顶点。

相交：如图 7-66，点击相交按钮后，点击两条样条线相交处，可在交点上分别创建两个独立顶点。

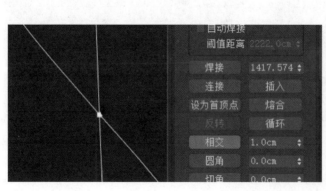

图 7-66　相交命令

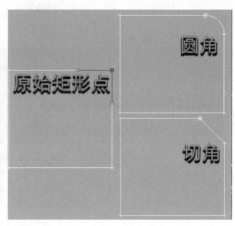

图 7-67　圆角和切角命令

圆角/切角：如图 7-67，圆角功能可把转角处的顶点转换为圆角；切角功能可把转角处的顶点转换为切角。

点击圆角或者切角按钮后，在原始点上拖曳，能控制生成圆角或者切角的大小；也可在选中原始点后，拖曳圆角或切角后面的数值微调滑块来控制大小；直接在数值框内键入数值，也可以生成相应大小的圆角或切角。

切线：如图7-68，在切线组中，点击复制按钮，再选择一个Bezier控制柄，把所选控制柄切线复制到缓冲区。选中另一个Bezier控制柄，单击粘贴按钮，把之前复制的控制柄切线粘贴到所选顶点。如果启用粘贴长度，还可以复制手柄形态。禁用时，则只控制柄角度，不改变控制柄长度。

图7-68 切线命令组

隐藏：隐藏所选顶点和任何相连的线段。选择一个或多个顶点，单击隐藏按钮即可。点击全部取消隐藏按钮能显示所有隐藏的子对象。

绑定：如图7-69，绑定功能可将指定的被绑定端点绑定到目标线段上。形成绑定关系后，拖动目标线段移动，被绑定的端点也随之移动。

图7-69 绑定线段

单击绑定，然后从端点顶点开始拖动到目标线段（与该顶点相连的线段除外）。拖动之前，当光标在合格的端点顶点上时，会变成一个十字形光标。在拖动过程中，会出现一条连接顶点和当前鼠标位置的虚线，当鼠标光标经过合格的线段时，会变成一个连接符号。在合格线段上释放鼠标按钮时，顶点会跳至该线段的中心，并绑定到该中心。

取消绑定：选中想要取消绑定的顶点，点击取消绑定按钮，就能取消绑定。

删除：选中顶点后，点击删除按钮，能删除所选的一个或多个顶点，以及与每个删除的顶点相连的线段。

（2）线段层级

如图7-70，点击选择面板中的 线段按钮，进入样条线的线段编辑模式。点击几何体展卷栏旁三角图标，将展卷展开，进入线段编辑工具面板。在同一个二维图形中，以一条线段为单位进行线段层级的选择。

新顶点类型下面的线性等一系列顶点类型与创建线、断开、附加、附加多个、横截面、优化、自动焊接、插入等一系列工具均和顶点层级中的功能一致，不再赘述。

其他诸如焊接圆角等按钮灰色，表示该功能在线段层级下失效。

隐藏：点击隐藏按钮就可以隐藏选中的线段，点击全部取消隐藏按钮，可以显示所有隐藏线段。

删除：点击删除按钮就可以删除选中的线段。

拆分：该功能可把选中的线段，按照微调器中指定的顶点数拆分。如图7-71，将所选择线段以

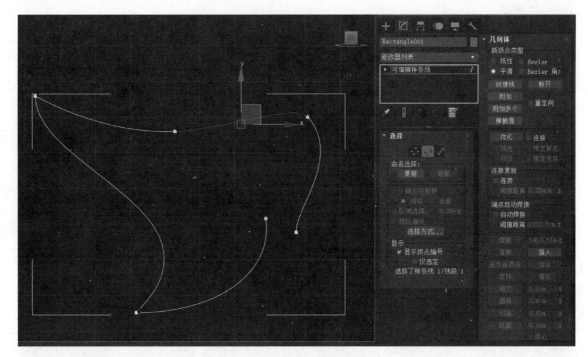

图7-70 线段层级命令面板

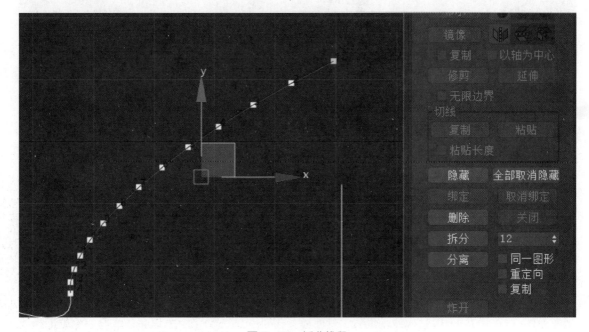

图7-71 拆分线段

12个顶点拆分,顶点之间的距离由线段的相对曲率决定,曲率越高的区域得到顶点数越多。

分离:选择条线中的几个线段,点击拆分按钮,就可以将所选线段打断分离成一个新的二维图形。

① 启用同一图形,分离就只有打断效果,分离出的线段仍然是原样条中的一部分。

② 启用复制,分离操作就只会复制出所选线段,并生成一个新的二维图形。原有样条线保持不变。

材质组:可以将不同的材质附加到组成样条线的各个线段上(材质 ID 后面章节会介绍到)。

在材质编辑器中,利用多维/子对象材质指定给此类样条线,渲染时生成的模型就能使用不同的材质。

（3）样条线层级

如图 7-72,点击选择面板中的 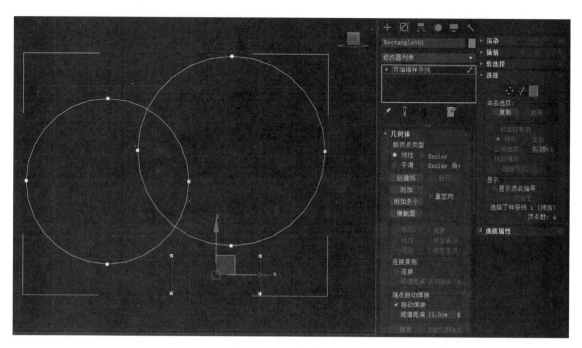样条线按钮。进入样条线的编辑模式。点击几何体展卷栏旁三角图标,将展卷展开,进入样条线编辑工具面板。

图 7-72　样条线层级命令面板

新顶点类型下面的线性等一系列顶点类型与创建线、断开、附加、附加多个、横截面、优化、自动焊接、插入等一系列工具均和顶点层级中的功能一致,不再赘述。

轮廓：如图 7-73,选择一个或多个样条线,可以通过输入缩放数将原样条线进行精确放大缩小克隆；或单击轮廓按钮后拖动样条线,也可以使用缩放方式克隆出该样条线的轮廓。如果样条线是

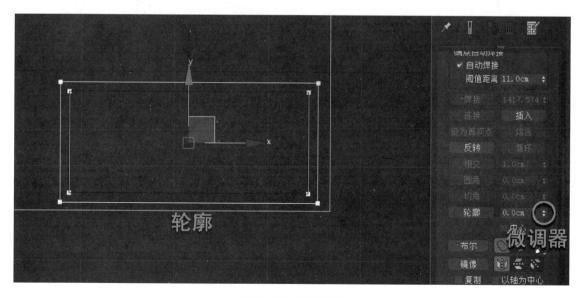

图 7-73　轮廓命令

开口的,生成的样条线与原样条线之间将建立连接,形成一个闭合的样条线。启用中心后,原始样条线和轮廓线会同时缩放,禁用中心只缩放轮廓线。

布尔:可以将相交的两条各自封闭的样条线,通过并集、差集、补集的方式组成一条新的样条线。想要完成布尔计算首先要满足三个条件:两条样条线都为封闭样条线;两条样条线相交;两条样条线在同一平面上(非同平面也可以完成布尔,只是容易出错,不推荐)。选择一条样条线后,选择布尔按钮后的 布尔 🛇 🔇 🔇 布尔模式按钮。当满足布尔条件后,将鼠标放在另一条样条线上鼠标指针会变为布尔模式图标,单击完成布尔计算。

如图 7-74 左侧为原始的两条样条线。向右依次为:合并相交处的并集布尔;用大圆减去小圆的差集布尔(先选择的样条线,为差集后保留的样条线);保留相交处的补集布尔。

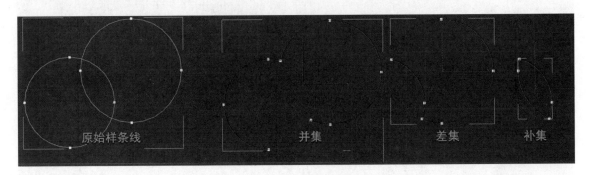

图 7-74　三种布尔模式

镜像:如图 7-75,可以将所选样条线以水平、垂直、对进线三种方式进行翻转。开启复制后,可翻转克隆样条线。开启以轴为中心后,以二维图形轴为中心进行翻转。

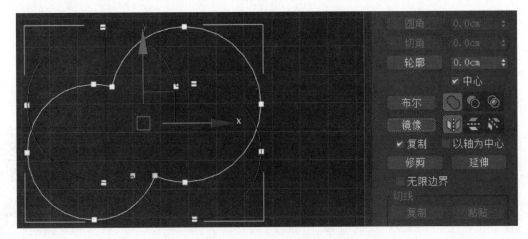

图 7-75　镜像命令

修剪:可清除两条相交样条线中重叠的部分。如图 7-76,左侧为未修剪前,点击修剪按钮,单击重合处,就能清除重叠部分的线段。

延伸:可通过创建线段延伸样条线开口部分。如图 7-77,左侧为原始开口样条线,点击延伸按钮后,点击想要延伸出去的线段,就能向外延伸线段。

关闭无限边界,线段将延伸到前进方向上的任意样条线上,如果前进方向没有样条线将不做延伸。开启无限边界,线段将延伸到前进方向一定距离,即便前进方向上没有样条线也可以延伸。

炸开:可将样条线中每条线段都分裂成独立样条线。如图 7-78,左侧为原始样条线,点击炸开

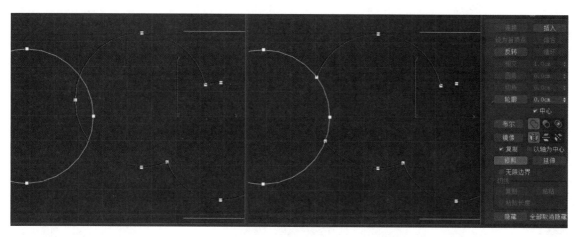

图 7-76　修剪命令

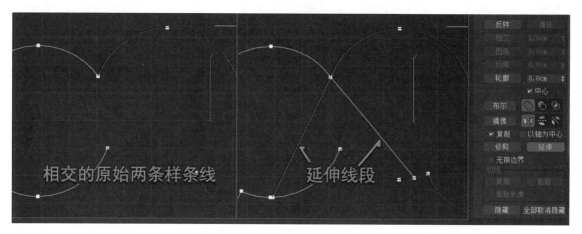

相交的原始两条样条线　　　延伸线段

图 7-77　延伸命令

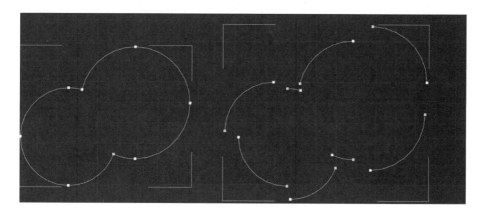

图 7-78　炸开命令

按钮后,原始样条线以线段为单位,分裂成一个个独立样条线。注:炸开后并不会产生线段位移,右图为了方便观看,手动移动了各线段位置。

三、建筑对象的创建

1. 植物的创建

点击创建面板→几何体→AEC 扩展→植物按钮可创建植物。如图 7-79,先在收藏的植物库中

图 7-79　创建植物

选择树种,在场景中点击放置植物位置,完成创建。

　　如图 7-80,默认植物库中包含:孟加拉菩提树、一般的棕榈、苏格兰松树、丝兰、蓝色的针松、美洲榆、垂柳、大戟属植物、芳香蒜、大丝兰、春天的日本樱花、一般的橡树。

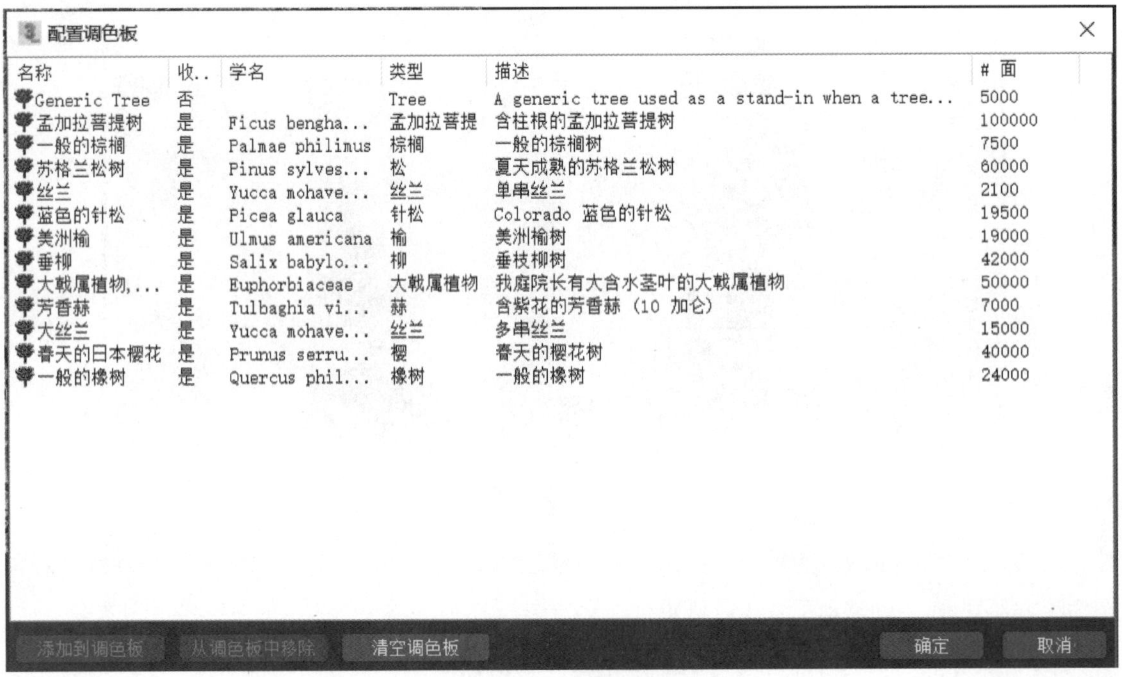

配置调色板

名称	收..	学名	类型	描述	#面
Generic Tree	否		Tree	A generic tree used as a stand-in when a tree...	5000
孟加拉菩提树	是	Ficus bengha...	孟加拉菩提	含柱根的孟加拉菩提树	100000
一般的棕榈	是	Palmae philimus	棕榈	一般的棕榈树	7500
苏格兰松树	是	Pinus sylves...	松	夏天成熟的苏格兰松树	60000
丝兰	是	Yucca mohave...	丝兰	单串丝兰	2100
蓝色的针松	是	Picea glauca	针松	Colorado 蓝色的针松	19500
美洲榆	是	Ulmus americana	榆	美洲榆树	19000
垂柳	是	Salix babylo...	柳	垂枝柳树	42000
大戟属植物,...	是	Euphorbiaceae	大戟属植物	我庭院长有大含水茎叶的大戟属植物	50000
芳香蒜	是	Tulbaghia vi...	蒜	含紫花的芳香蒜（10 加仑）	7000
大丝兰	是	Yucca mohave...	丝兰	多串丝兰	15000
春天的日本樱花	是	Prunus serru...	樱	春天的樱花树	40000
一般的橡树	是	Quercus phil...	橡树	一般的橡树	24000

添加到调色板　从调色板中移除　清空调色板　　　　　确定　取消

图 7-80　默认植物库

在修改面板中可以修改植物参数:

高度:控制植物整体大小。

密度：控制植物树叶和花朵的密度，最大值为 1，最小值为 0，0 为没有树叶。

修剪：控制植物树枝的密度，最大值为 1，最小值为 -0.1，-0.1 时植物树枝最多。

种子：随机控制植物形态。点击新建按钮，可以选择理想的植物形态。

显示组：可选择隐藏树叶、树干、果实、树枝、花、根。选项是否可用取决于所选的植物种类。如果植物没有果实，则此选项禁用。

视口树冠模式：如图 7-81，树冠模式可将植物的树叶、花朵、果实以外壳的形式显示，这样能够优化显示性能。尤其在场景内植物较多的情况下。

选择未选择对象时，植物在未选择状态下会以树冠模式显示；选择始终，植物将一直以树冠模式显示；选择从不，植物将一直以完整模式显示。

图 7-81　完整模式和树冠模式

详细程度等级：提供了低、中、高三个精度等级，精度越高模型越精细。

2. 栏杆的创建

点击创建面板→几何体→AEC 扩展→栏杆按钮，开始创建栏杆。在场景中用鼠标拖曳出栏杆的长度高度来创建栏杆；也可以通过拾取样条线，沿着路径来创建栏杆。

如图 7-82，在场景中制作一条封闭的 Z 字形样条线。点击栏杆按钮后，点击栏杆组下的拾取栏杆路径按钮拾取样条线，就可以沿着样条线创建出栏杆。

图 7-82　创建生成栏杆的样条线

如图 7-83，栏杆由上围栏、下围栏、立柱和栅栏四个部件组成。进入修改面板可以设置栏杆各个部分的详细参数：

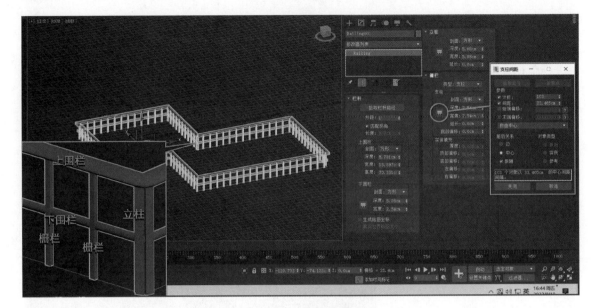

图 7‑83　栏杆参数设置面板

分段：设置上围栏段数。

匹配拐角：默认打开，可以让栏杆与路径转折相符。

剖面：在下拉栏中，可选择圆形和方形剖面，也可选择无隐藏该部分组件。

高度：上围栏中的高度，可以设置整体栏杆的高度。

深度和宽度：各个组件中的深度和宽度，可设置其组件的宽窄。

类型：在栅栏组中的类型下拉栏里选择栅栏和实体填充。也可选择无，即不做填充。选择实体填充后，可设置顶端偏移和底部偏移来改变实体墙的高度。始端偏移和末端偏移设定实体墙开始和结束的位置。

延长：可以升高立柱和栅栏高度。

间距：如图 7‑84，点击下围栏、立柱、栅栏中 间距按钮。可设置其组件数量和位置。以支柱

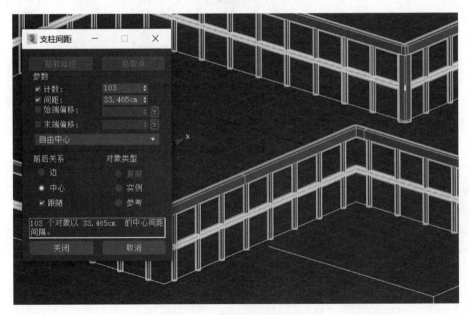

图 7‑84　支柱间距设置面板

间距为例,计数可设定支柱的数量,间距可设定支柱之间的距离。始端偏移和末端偏移设定支柱开始和结束的位置。如图7-85,分布下拉栏中提供了多种分布方案。

3. 墙的创建

点击创建面板→几何体→AEC 扩展→墙按钮,开始创建墙。如图7-86,与创建栅栏一样,既可以通过鼠标单击拖动在场景中创建出一段段墙体,也可以通过拾取场景中的封闭样条线沿着路径创建墙体。如图7-87,点击墙按钮后,在参数中设置墙体的宽度(厚度)和高度,在键盘输入组中点击"拾取样条线"按钮,单击场景中的样条线就可以创建出墙体了。

在修改面板中能继续附加其他墙体。对齐组下的左、居中、右可设置沿着路径的内侧、中间、外侧建立墙体。

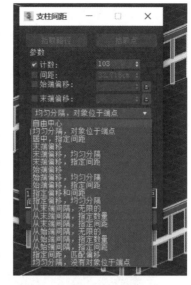

图7-85 支柱间距分布方案下拉栏

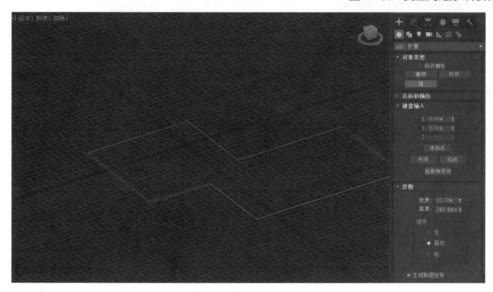

图7-86 创建生成墙的样条线

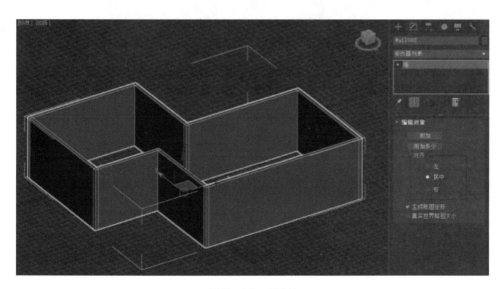

图7-87 创建墙

4. 门的创建

点击创建面板→几何体→AEC扩展→门按钮,在对象类型中选择三种门中的一种,通过在场景中拖曳鼠标创建出门的宽度和高度。一般情况下,为了能让创建出的门与墙体很好结合,需要开启边捕捉。在工具栏中的捕捉图标上右键,弹出栅格和捕捉设置面板中开启边/线段捕捉(如图7-88)。关闭面板按下捕捉按钮。

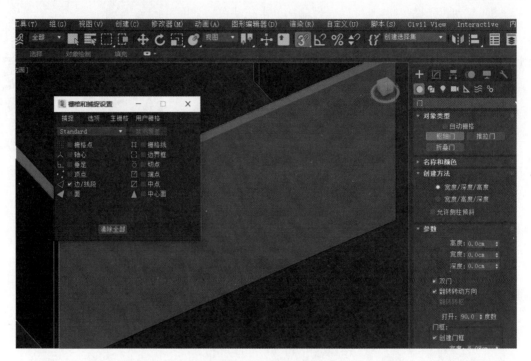

图 7-88　开启捕捉

设置好捕捉后点击枢轴门按钮,在参数面板中设置双门,打开中设置门开启角度为90度开始创建。如下图鼠标放在墙体下沿想要创建门的位置,此时有黄色捕捉方块和沿着墙体边方向的黄色捕捉线出现(如图7-89)。

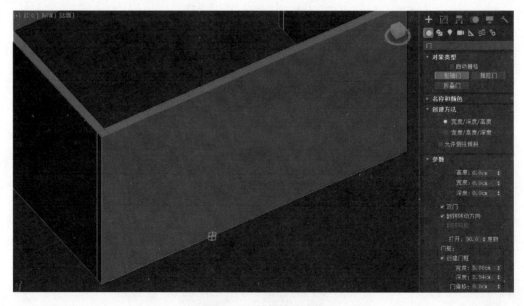

图 7-89　捕捉墙体边缘

如图7-90，单击鼠标，并沿着墙体拖曳出门的宽度。确定宽度后，松开鼠标，再拖曳出门的厚度。创建时门的厚度可以超出墙体，超出的厚度在修改面板中修正。确定厚度后，如图7-91，单击鼠标向上拖曳出门的高度。确定高度后，再次单击完成创建。完成创建后，系统会自动裁切掉门所在墙体。

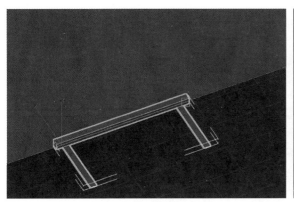

图7-90 拖曳出门的宽度

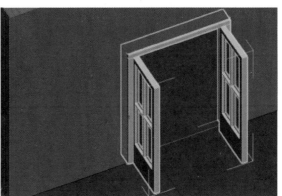

图7-91 拖曳出门的高度

如图7-92，在修改面板中，进一步修改枢轴门的参数：

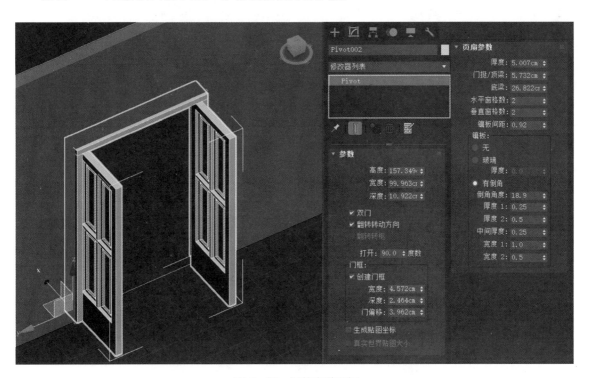

图7-92 门的参数面板

参数组：高度、宽度、深度可修改门的高、宽和深度数值。如果门框太厚了可通过深度来修改。

勾选双门可设置两扇对开门，反之为单扇门。翻转转动方向设置门的开启方向。单门时，翻转转枢设置左门轴或右门轴。打开可以在0到180度之间设置门开启的角度。

门框组：默认开启创建门框，禁用则不创建门框。宽度和深度可设置门框的厚度和深度。门偏移可设置门轴在门框上的位置。

页扇参数组：可设置门扇页参数。厚度用来设置门扇页的厚度。门框/顶梁用来设置门玻璃与门上沿的距离。底梁用来设置门玻璃与门下沿的距离。水平窗格数与垂直窗格数可设置水平方向和垂直方向的窗格数量。镶板间距可设定窗格之间的距离。

镶板组：可设置无镶板；玻璃镶板；以及倒角镶板。其中玻璃镶板可设置玻璃厚度；倒角镶板可设置一系列倒角参数。

如果创建的是推拉门（如图7-93），在参数面板中可设置两扇推拉门的前后翻转，在侧翻中可设置推拉门的开启方向和打开范围。其他参数参考枢轴门。

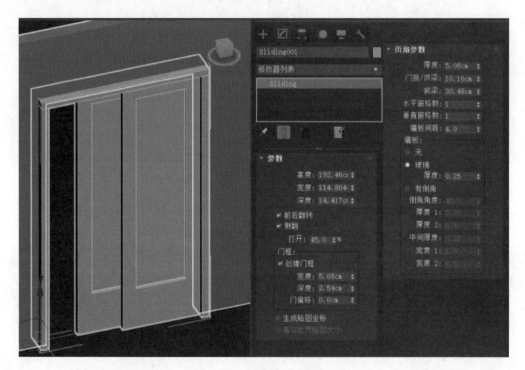

图7-93 推拉门参数面板

如果创建的是折叠门（如图7-94），在参数面板中可设置双门或者单门折叠。通过设置翻转转

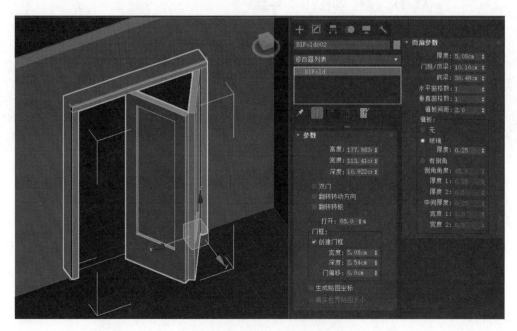

图7-94 折叠门参数面板

动方向可设置向外或者向内折叠。翻转转枢设置门扇向左或者向右开启。打开设置折叠角度。其他参数参考枢轴门。

5. 楼梯的创建

在创建面板→几何体→楼梯组中包含四种常用楼梯类型。分别是：直线楼梯、L型楼梯、U型楼梯和螺旋楼梯。如图7-95，以创建直线楼梯为例，点击直线楼梯按钮，在场景中先拖曳出楼梯的长度，单击继续拖曳出楼梯的宽度，单击最后拖曳出楼梯的高度。

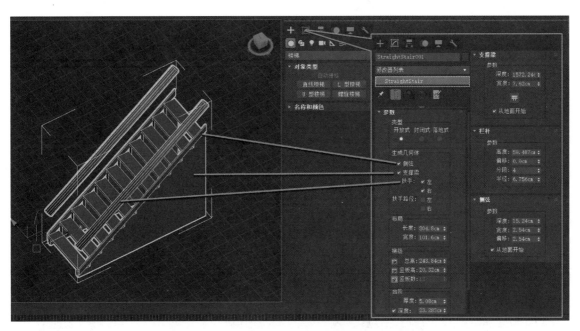

图7-95 创建楼梯

在修改面板中参数组中，可具体设置楼梯的参数。

类型组：可以选择开放式、封闭式、落地式三种类型的楼梯（如图7-96）。

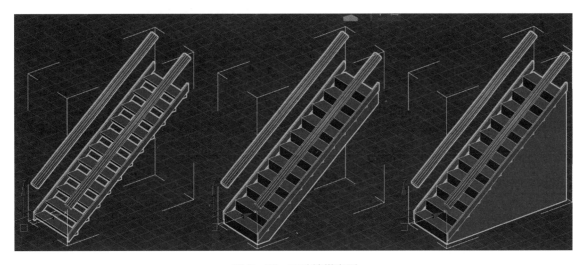

图7-96 三种楼梯类型

生成几何体：可选择显示侧弦、支撑梁、扶手和扶手路径。可通过扶手路径放样得到更复杂的扶手结构。

布局：设置楼梯的整体长度和宽度。

梯级：用来设置楼梯的高度，以及台阶的个数和密度。总高控制楼梯段的高度。竖板高控制梯级竖板的高度。竖板数控制梯级竖板数。梯级竖板总是比台阶多一个。隐式梯级竖板位于上板和楼梯顶部台阶之间。调整其他两个梯级时系统会自动锁定一个梯级选项。要锁定一个选项，单击图钉。要解除锁定选项，单击抬起的图钉。

台阶：厚度用来设置开放式楼梯的台阶厚度。启用深度可以手动设置台阶的宽度。

支撑梁：可设置开放式楼梯支撑梁的数量、厚度和高度。深度控制高度，如果启动从地面开始最大值为落地高度。宽度控制梁的厚度。点击间隔按钮可设置梁的数量和位置。

如图 7-97，为 L 型楼梯、U 型楼梯、螺旋楼梯。

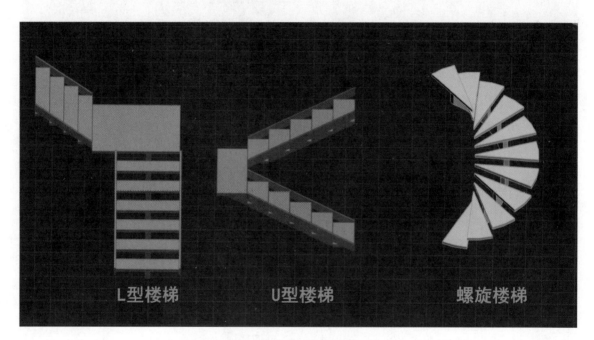

图 7-97   三种楼梯布局

在 L 型楼梯中，可分别设置两段楼梯的长短和 L 型拐角的角度。

在 U 型楼梯中，可分别设置两段楼梯的长短和布局。

在螺旋楼梯中，可设置楼梯螺旋的半径、旋转的圈数以及顺时针和逆时针的旋转方向。以上三种楼梯的其他参数均可参考直线楼梯。

6. 窗的创建

在创建面板→几何体→窗按钮中包含六种常用窗类型。分别是：遮篷式窗、平开窗、固定窗、旋开窗、伸出式窗、推拉窗。以创建遮篷式窗为例：开启捕捉开关设置为边捕捉模式，点击遮篷式窗按钮，在墙体中先拖曳出窗的宽度，单击继续拖曳出窗的深度，单击最后拖曳出窗的高度。完成创建后，系统会自动裁切掉窗户所在墙体。

如图 7-98，在修改面板中可具体修改窗户的其他参数。

参数组：设置窗户的高度、宽度、深度。

窗框组：设置窗框的水平/垂直宽度和窗框的厚度。

玻璃：设置玻璃的厚度。

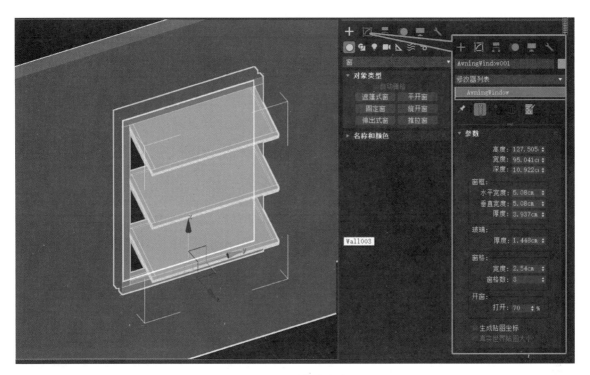

图7-98 创建窗户

窗格组：设置窗格的宽度和窗格的窗格数。

开窗：设置窗格打开的角度。

如图7-99，从左往右依次为平开窗、固定窗、旋开窗、伸出式窗、推拉窗。

在平开窗中：可设置一扇或者两扇窗户。以及窗户翻转方向和角度。

在固定窗中：可设置水平窗格数、垂直窗格数，以及窗格的切角剖面。固定窗中的窗户不能打开。

在旋开窗中：可设置水平旋开或垂直旋开，以及开窗角度。

在伸出式窗中：可设置两扇可伸缩窗的大小、中点高度和底部高度，以及窗打开角度。

图7-99 五种窗户类型

在推拉窗中：可设置水平窗格数、垂直窗格数以及窗格的切角剖面。还能通过启用或者禁用悬挂来设置垂直推拉和水平推拉，同时还可以设置推拉打开范围。

第五节　三维对象的编辑

一、编辑修改器简介——修改（Modify）面板

选中对象后在命令面板中，点击 ⬚ 修改按钮。如图 7 - 100，修改面板主要由以下几个模块构成。

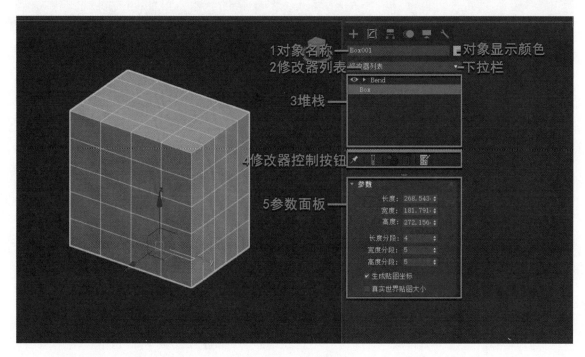

图 7 - 100　修改面板

对象名称显示栏：单击名称显示栏可以输入新的名称。名称后面的色块为对象显示颜色，可选择新的显示颜色。

修改器列表：单击修改器列表下拉栏，可展开修改器列表，并在其中选择三大类修改器，分别为参数化修改器、世界空间修改器和对象空间修改器。

堆栈：用于显示对象属性和修改器命令。

修改器控制按钮：包含锁定堆栈、显示最终结果开关、使唯一、删除修改器、配置修改器按集五个修改器控制按钮。在本节第五部分《修改器堆栈》中将作具体说明。

参数面板：在堆栈中点击选中对象属性和修改器，参数面板中就会显示该对象或者该修改器的对应参数。

二、标准编辑修改器

1. 弯曲修改器

弯曲修改器可使几何体在任意方向上,产生任意角度的弯曲形变。比如弯曲一段绳索、弯曲一段文字模型等。弯曲的对象可以是三维模型,也可以是二维样条。

如图7-101,先创建一个多段数的Box几何体。在修改器列表中选取Bend(弯曲)修改器,在堆栈中出现Bend命令。同时几何体被橙色矩形包围,这个矩形称作Gizmo。其原理为:调整弯曲数值和角度,带动Gizmo弯曲。Gizmo驱动其内部几何形体进行弯曲。

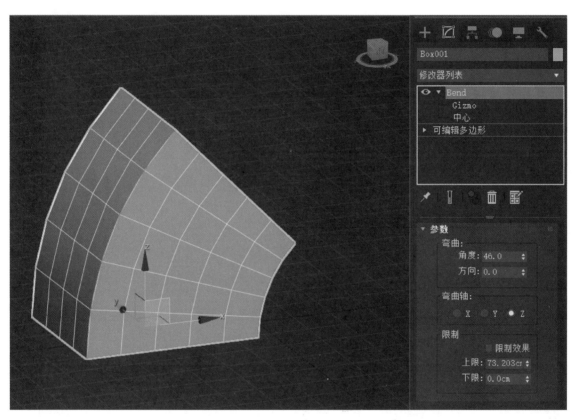

图7-101 弯曲修改器

在弯曲修改器下面的参数面板中可以修改:

角度:从顶点平面设置要弯曲的角度,弯曲的角度越大,形变越大。范围为-999至999。

方向:设置弯曲相对水平面的方向。范围为-999至999。

弯曲轴:指定要弯曲的轴。注意此轴位于弯曲Gizmo并与选择项不相关。默认值为Z轴。

限制效果:启用后,配合上限下限可以设置弯曲的范围。默认设置为禁用状态。

上限:设置弯曲效果顶部的影响范围。超出此边界范围,修改器不再影响几何体。

下限:设置弯曲效果底部的影响范围。超出此边界范围,修改器不再影响几何体。

点击堆栈中Bend修改器前的三角图标,可以展开修改器子集,在子集中可以单独对弯曲Gizmo以及Gizmo中心进行编辑。弯曲、锥化和扭曲都具备这两个子层级,其功能和原理也都类似。

Gizmo:在此子对象层级上,可对弯曲范围Gizmo进行变换并设置动画,从而改变弯曲修改器的效果。

中心：可在子对象层级上，移动 Gizmo 的中心并对其设置动画，改变弯曲 Gizmo 的图形，并由此改变弯曲对象的图形。

2. 锥化修改器

锥化修改器可通过缩放对象几何体的两端产生锥化轮廓，一端放大而另一端缩小。还能在两组轴上控制锥化的程度和曲线，或者对几何体的一段限制锥化。

如图 7-102，先创建一个多段数的 Box 几何体。在修改器列表中选取锥化修改器，在堆栈中出现 Taper(锥化)命令。同时，几何体被 Gizmo 包裹。其算法本质为：调整锥化数值和曲线，带动 Gizmo 锥化。Gizmo 驱动其内部几何形体进行锥化。

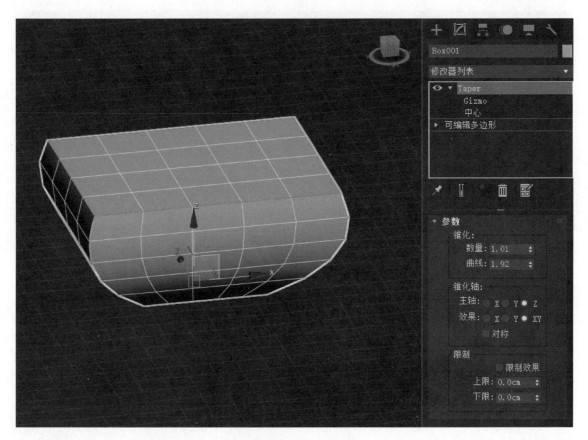

图 7-102　锥化修改器

在锥化修改器下面的参数面板中可以修改：

数量：缩放几何体的一端。这个量是一个相对值，最大为 10，最小值为 −10。10 为放大到最大，−1 为缩小到最小；小于 −1 则继续交叉放大。

曲线：曲化锥化修改器 Gizmo 的侧面，使锥化对象的侧面产生曲度。正值向外凸出，负值向内凹陷；数值为 0 时，侧面为直线。

主轴：锥化修改器的中心轴或中心线，可选择使用 X、Y 或 Z 三个轴向。默认为 Z 轴。

对称：围绕主轴产生对称锥化的效果。默认设置为禁用状态。

限制效果：启用后，配合上限下限可以设置锥化的范围。默认设置为禁用状态。

上限：设置锥化范围的上部边界，超出此边界锥化不再影响几何体。

下限：设置锥化范围的下部边界，超出此边界锥化不再影响几何体。

点击锥化修改器前面的三角形图标可以展开锥化次层级。锥化和弯曲的次层级一致，用法参考弯曲即可。

3. 扭曲修改器

扭曲修改器在对象几何体中产生一个像拧抹布一样的旋转效果。可分别设置三个轴上扭曲的角度，并用偏移来控制扭曲中心的位置，达到只对几何体的某一段产生扭曲效果。

如图 7－103，先创建一个多段数的 Box 几何体。在修改器列表中选取 Twist 修改器，在堆栈中出现 Twist(扭曲)命令。同时，几何体被 Gizmo 包裹。其算法本质为：调整扭曲角度和偏移，带动 Gizmo 扭曲。Gizmo 驱动其内部几何形体进行扭曲。

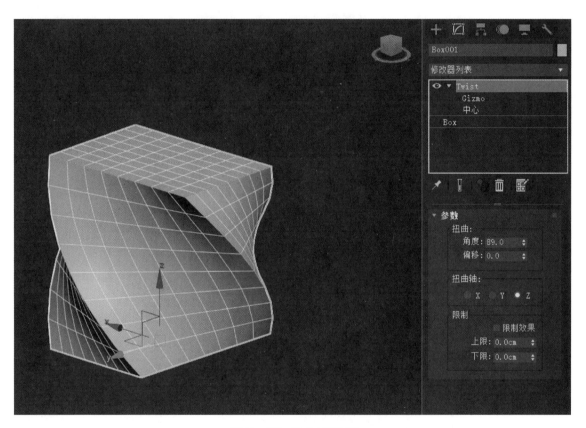

图 7－103　Twist 修改器

在扭曲修改器下面的参数面板中可以修改：

角度：决定围绕扭曲轴向上的扭曲量。默认为 0，正数为顺时针扭曲，负数为逆时针扭曲。

偏移：设定扭转发生的位置和密度。

扭曲轴：选择围绕 X、Y、Z 三个轴向中的一个轴进行扭曲。

限制效果：对扭曲效果应用范围约束。

上限：设置扭曲效果的上限。默认值为 0。

下限：设置扭曲效果的下限。默认值为 0。

点击扭曲修改器前面的三角形图标可展开扭曲次层级。扭曲和锥化、弯曲的次层级一致，用法参考锥化、弯曲即可。

4. FFD 自由变换修改器

FFD(Free-form deformations，自由形式变形)是一种通过调整晶格的控制点，使对象发生变形的方法。控制点相对原始晶格源体积的偏移,可以带动其影响范围内的几何对象的扭曲。如图 7 - 104,3ds Max 中提供了 FFD2×2×2(8 个控制晶格点)、FFD3×3×3(27 个控制晶格点,呈长方体排列)、FFD4×4×4(64 个控制晶格点,呈长方体排列)、FFD 圆柱体(自定数量的控制晶格点,呈圆柱体排列)、FFD 长方体(自定数量的控制晶格点,呈长方体排列)五种 FFD 修改器。

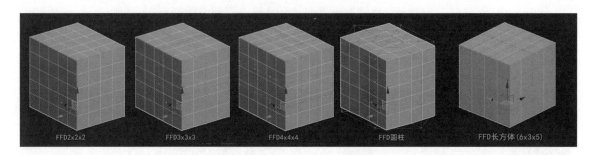

图 7 - 104　五种 FFD 修改器

如图 7 - 105,以 FFD3×3×3 为例说明:先创建一个多段数 Box,在修改器列表中选择 FFD3×3×3。进入 FFD3×3×3 中的控制点层级。可通过选择晶格控制点并移动其位置,控制其晶格内的模型发生相应的形变。

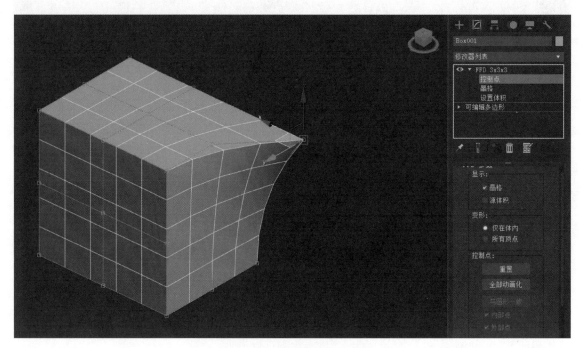

图 7 - 105　拖曳控制点产生形变

在 FFD 修改器中,进入晶格子层级。可以摆放、旋转或缩放晶格框。进入设置体积子层级。可单独改变晶格点的源位置,而不影响修改对象。尤其对不规则图形对象,可先进入设置体积子层级使晶格更为精确。

在参数面板中:

显示组:启动晶格将绘制连接控制点的线条形成栅格,默认打开。启动源体积控制点和晶格会以未修改的状态显示,可用来帮助定位原始晶格位置,默认关闭。

变形组:选择仅在体内(默认)时,只有位于源体积内的顶点会受到变形影响。选择所有顶点时,不管顶点位于源体积的内部还是外部都可受到变形影响。不建议使用体积外变形,因为远离控制点的变形往往不可控。

控制点组:点击重置,可将所有控制点返回到初始位置。

5. 噪波修改器

噪波修改器沿着 X、Y、Z 三轴随机为对象顶点增加位移。还可配合动画工具,生成随机波动的效果。它是模拟对象形状随机变化的重要动画工具。噪波修改器会更改形状,能更直观地观察到噪波对几何体表面形状的影响。对含有多面数的对象效果更为明显,噪波中还含有一个动画控制器。

如图 7‑106,创建一个长度、宽度各是 100 段的平面。在修改器列表中选取噪波修改器。

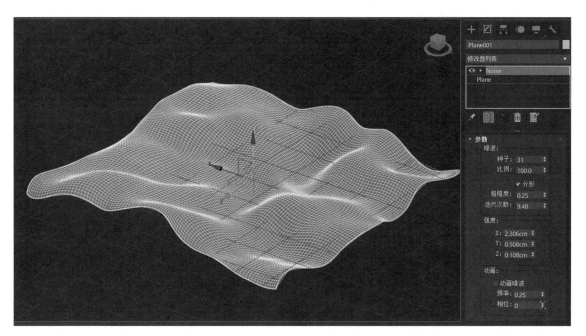

图 7‑106 噪波修改器

在修改器参数面板中:

种子:从设置的数中生成一个随机起始点。在创建地形时,能通过随机种子获得各种形态随机变化。

比例:控制噪波密度(不是强度,强度由强度组控制)的大小。较大噪波密度可使波动更为平滑,且较大噪波密度的噪波颗粒感更强。默认值为 100。

分形组:分形可使生成的噪波具有一定规律。比如风中的飘带具有近似的波形和运动速度,使用分形效果可以很好体现。启用分形后,粗糙度越低,产生的分形效果就越精细。迭代次数控制分形产生有规律波形的重复次数。迭代次数越低分形的次数也越少,波动就越平滑,默认值为 6.0。

强度组:控制噪波的起伏大小,可分别沿着 X、Y、Z 三个轴向设置强度。只有使用强度才能生成波动效果。

动画组:用正弦波来控制噪波形态。启用动画后,可实现波动效果。动画不受动画播放控制,自动产生。频率：设置作用波的出现周期和速度,高频波动更快,低频波动更为缓慢。相位：用来设置波的起始点。

6. 编辑多边形修改器

编辑多边形修改器包括基础可编辑多边形对象的大多数功能,如顶点颜色信息、细分曲面卷展栏、权重和折缝设置和细分置换卷展栏除外。使用编辑多边形,可设置子对象变换和参数更改的动画。另外,由于它是一个修改器,所以可保留对象原本的参数。

建议直接将对象转换为可编辑多边形来进行模型制作,而不是使用编辑多边形修改器。

三、二维模型编辑修改器

1. 挤出修改器

挤出修改器可以给二维样条添加厚度,将二维样条线或者二维图形变成三维模型。并可以通过参数控制厚度。

如图7-107,创建一个二维文字图形。在修改器列表中选取挤出修改器。

图 7-107 挤出修改器

在挤出修改器的参数面板中可以调整：

数量：控制挤出的厚度。

分段：控制挤出模型的段数。

封口组：封口始端可在挤出对象的开始端生成一个封闭平面,封口末端可在挤出对象的结束端生成一个封闭平面。如果二维样条比较复杂可以选择栅格,变形有时候可能产生封口破面。

输出组：可以选择生成塌陷到面片、网格、NURBS三种模型对象。默认为网格,也是最常用到的对象方式。

2. 车削修改器

车削修改器可通过将一条二维样条线围绕一个指定的轴旋转,生成三维实体模型。

如图 7-108,以制作一个罐子为例:首先用线绘制出罐子侧面形状(下图左侧黄框内)。在修改器列表内选择车削,样条线以轴为圆心环绕形成了一个罐子。在堆栈中点击展开车削修改器,选择轴子对象:在场景中变换轴的位置、角度可实时改变车削出来的三维模型形状。

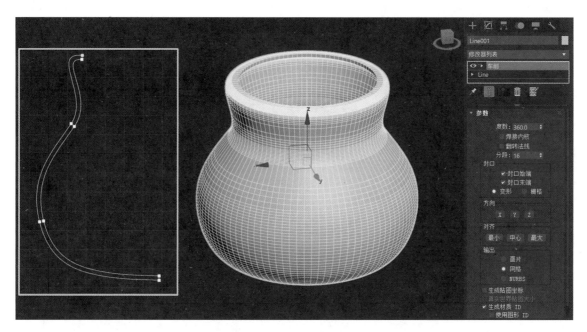

图 7-108　车削修改器

在参数面板中可以调整:

度数:用来设置对象绕轴旋转的角度。可以给度数设置动画,实现逐渐旋转生成模型的效果。

焊接内核:自动合并一些旋转过程中生成的内部顶点。

翻转法线:有时通过旋转产生的模型表面可能朝内(法线朝内),启用翻转法线可修复这个问题。

封口组:当车削旋转度数小于 360 度时,可开启封口始端和封口末端,在旋转横截面上创建封闭平面。

方向组:用来选择旋转围绕的三个轴向。

对齐组:将旋转轴与图形的最小、中心或最大范围对齐。

输出组:可选择生成塌陷到面片、网格、NURBS 三种模型对象。默认为网格,也是最常用到的对象方式。

四、关于次对象的选择和编辑

1. 三维模型的次对象

在 3ds Max 中三维模型以三种形式存在,分别为可编辑网格、可编辑多边形和可编辑面片。无论是标准几何体,还是由挤出、车削等修改器创建的三维几何体,都可以转换成这三种基础模型,以便进一步修改、添加细节。之前章节讲到了标准几何体、拓展几何体、建筑和植物模型的创建,但这些系统预设的几何体并不能完全满足三维动画、游戏的需求。绝大多数情况下,三维模型的创建还需要在基础几何体中完成。近些年的 3ds Max 版本侧重可编辑多边形模块的功能开发和完善。在行业内,也普遍使用可编辑多边形进行三维模型制作。

可编辑多边形将三维模型拆分为五个基本次对象(子对象)层级,分别为:顶点、边、边界、多边形和元素。如图 7-109,在修改器列表下方,能看见罐子的对象属性已经变成了可编辑多边形。

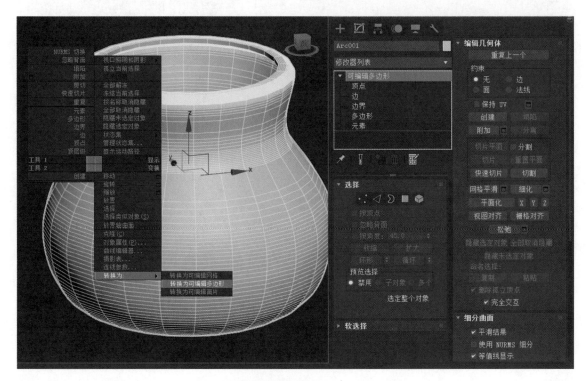

图 7-109 将模型转换为可编辑多边形

在参数面板的选择组中可以看到 五个图标,点击可以分别进入:顶点、边、边界、多边形和元素五个子层级。点击展开堆栈中可编辑多边形展卷,也可以分别进入这五个子层级;另外按大键盘上的数字 1、2、3、4、5 键也可以分别进入这五个子层级。

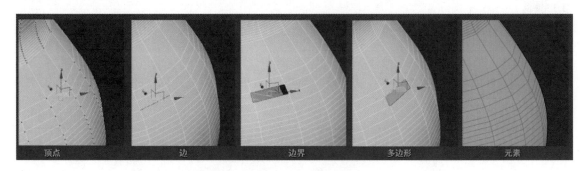

图 7-110 可编辑多边形的五个子层级

顶点层级:顶点是三维空间中的点,空间中的顶点连接,才能组成多边形对象的其他子对象(边和多边形)。移动顶点时,也会影响连接该顶点的线和面。

使用鼠标左键单击选择顶点,被选中的顶点以红色显示。按住 Ctrl 键单击可以加选,按住 Alt 键单击可以减选;也可以拖曳选区,选中区域中的多个顶点,Ctrl 键和 Alt 键同样适用于区域选择。按 Del 键可以删除所选对象。以上的选择和删除方式同样适用于可编辑多边形的其他子层级。

边层级:边是连接两个顶点的直线,围绕边的形成面。一条边只能连接两个面,不存在不依附于面的独立边。如果共用一条边的两个面的法线朝向相反,该边将会被卷起。

边界层级:边界是多边形的边界线部分,也包括面上的孔洞的边缘。封闭的多边形,如长方体、球体等,是没有边界的。在边界层级下,不能选择边框中的边。单击边界上的单个边,会选择整个边界。边界也经常被用来检查一个本应该封闭的几何体是否完全封闭。

多边形层级:三条或三条以上的边相连接,形成的封闭面叫作多边形。多边形提供了可渲染的可编辑多边形对象表面。

元素层级:元素是模型中一组封闭相连的面。在元素层级下点击一个面,将会选中所有与该面连接的面。

2. 柔化选择

柔化选择又称作软选择。在《二维图形的创建与修改》一节中,介绍过二维点的软选择。与二维图形中的软选择原理一样,在可编辑多边形中,软选择会在选择某局部元素时关联选择到其周围元素。在对选中的元素进行移动旋转时,也会带动其软选择范围内的元素进行移动和旋转。这种被带动的强度由衰减值来控制。

如图 7-111,进入顶点子层级。在软选择组中使用使用软选择。点选中一个点。逐渐增加衰减

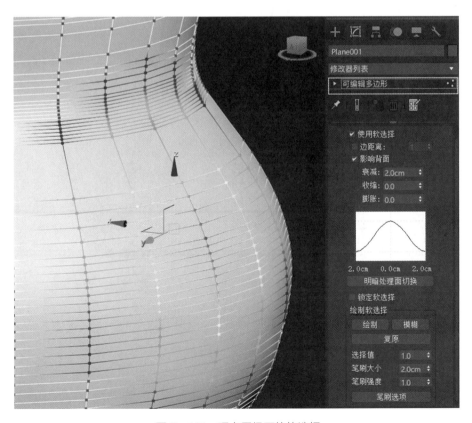

图 7-111　顶点层级下的软选择

值,能观察到围绕所选顶点周围出现了带有颜色渐变的区域。颜色渐变表示衰减值。红色子对象是被选中的子对象。影响强度由颜色来显示,强度以赤、橙、黄、绿、青、蓝表示,由强到弱。蓝色子对象无影响。

衰减:用以定义影响区域的距离,它是用当前单位表示从所选元素中心到影响边缘的距离(这个影响可以看作一个球体)。

收缩和膨胀:可调整影响强度,影响强度也可通过下面的曲线波形反映出来。通过调整这两个数值,能达到影响递增和反向影响的效果。比如,选中的顶点向上移动 10 厘米,影响递增可以使受影响的其他点向上移动 15 厘米;而反向影响能使其向相反方向移动。

边距离:启用该选项后,影响区域根据边距离大小沿着连续表面进行测量。

影响背面:启用该选项后,可影响背面元素,如具有厚度的玻璃是由两片紧贴的平行面组成的,开启影响背面后,只需选中一个面上的元素,就能关联到与其贴近的背面元素。主要用于布料、玻璃、瓶壁这种有厚度的双面模型中。比如在罐子中,想要同时对罐子外壁和内壁进行软选择控制,就可在开启影响背面的情况下,通过点选外壁上的一个点来影响到内壁的顶点。

绘制软选择组:能像画画一样,通过在模型表面上拖动鼠标绘制来自由地划分软选择区域。

五、修改器堆栈

1. 使用修改器堆栈

创建一个 Box 几何体,在修改面板下的修改器列表中选择 FFD 4×4×4 修改器和 Bend 修改器。如图 7-112,在修改器下的区域中,Box 为对象属性,代表当前编辑对象为标准几何体中的 Box 几何体。在对象属性上有 FFD 4×4×4 和 Bend 标题。每一个标题代表当前对象应用了一个修改器。这个显示修改器标题和对象属性的列表称作修改器堆栈(以下简称"堆栈")。3ds Max 会从堆栈底部开始计算对象,然后顺序移动到堆栈顶部。系统按照堆栈的序

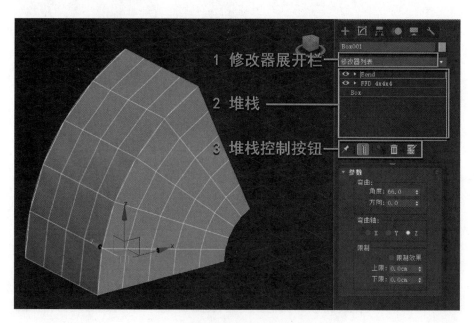

图 7-112 修改器堆栈和控制按钮

列来显示或渲染最终对象。点击堆栈中任意一条修改器,将进入该修改器的编辑模式,下方的参数面板也显示该修改器的参数。点击修改器前面的眼睛按钮,可隐藏当前修改器的计算结果。

在理论上,3ds Max 允许使用无限数量的修改器来修改对象。默认状态下,每新增加一个修改器,系统都会将其置于堆栈顶部。也可通过点击位于堆栈中的任意一条修改器后添加新修改器,此时新修改器将位于所选修改器的上方。使用者可在堆栈列表中拖曳修改器的上下顺序。最终计算结果,也会随着修改器顺序的改变而改变。

堆栈下方有一系列控制按钮,从左到右依次为:

锁定堆栈:在锁定状态下,堆栈始终显示当前锁定的对象。即便选中场景中其他物体,堆栈也始终显示之前的对象。

显示最终结果开关:默认按下状态,将显示堆栈中修改器的最终计算结果。点击按钮抬起,将只显示当前选择状态下的修改器运算结果。比如对象有 3 个修改器,在按钮抬起状态下,选中第 2 修改器后,将只显示到第 2 个修改器的运算结果。

使唯一:如果想更改多个的实例克隆对象中的一个对象的修改器,而不影响其他实例对象。可以点击使唯一按钮,解除修改器的实例关系。

删除:用来删除选中的修改器。

配置修改器集:由于修改器列表中的修改器比较多,查找起来也不太方便,可将常用修改器,以快捷图标的形式在修改器列表下方显示。点击配置修改器集按钮,弹出命令菜单。点击菜单中的配置修改器集按钮,配置想要显示按钮的总数。通过拖曳,可把左侧列表中的修改器拖曳到右侧按钮当中。还能把几套常用修改器图标分别保存成集,在集下拉列表中快速选择切换。在菜单中还有几套常用的修改器集供选择。

如图 7-113,在配置修改器集中点击显示按钮后,修改器列表下方就会出现配置好的修改器快捷按钮,供快速访问使用(如图 7-114)。

一般情况下在堆栈中修改器字体都以正常字体显示。如果对象存在实例或者参考关系,对象属性和修改器名称以粗体显示。如果选择了两个或者两个以上对象同时使用一个修改器,该修改器则以斜体字显示。

2. 调整修改器的顺序

通过使用鼠标点击拖曳,可改变堆栈中的修改器的顺序。如图 7-115,点击 FFD 4×4×4 修改器向上拖曳到 X 变换上方。松开鼠标后 FFD 4×4×4 修改器就移动到了堆栈最顶层。

在堆栈中,系统对修改器命令由下至上按顺序运算,修改器的顺序会影响最终运算结果。

3. 塌陷修改器堆栈

如果添加的修改器结果已经确认,并且不会继续修改的对象。可将修改器塌陷到对象上,将对象转换成保留了修改结果的可编辑多边形。

如图 7-116,在调整好变形后的 Box 几何体的 FFD 4×4×4 修改器上右键,弹出栏中选取塌陷到或者塌陷全部。弹出警告栏提示:如果修改器中包括动画信息,塌陷后将会失去。确认后就会将Box 几何体转换成应用了 FFD 变形后的可编辑多边形。

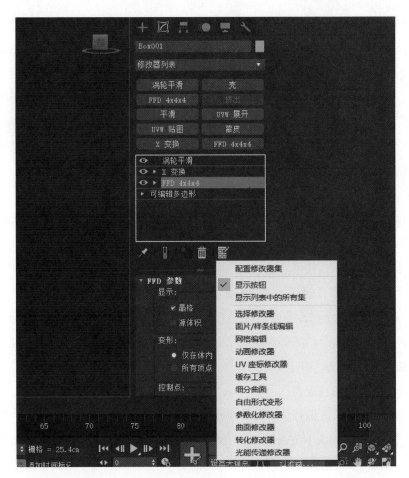

图 7-113 选择显示修改器集

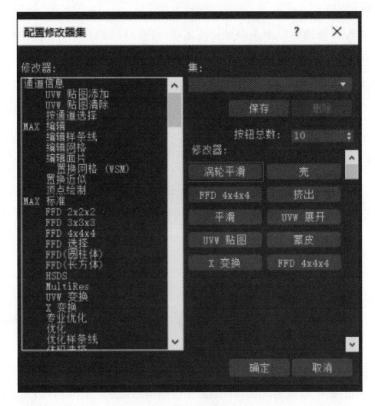

图 7-114 修改器集配置面板

（1）拖曳修改器命令

（2）更改修改器命令顺序

图 7-115

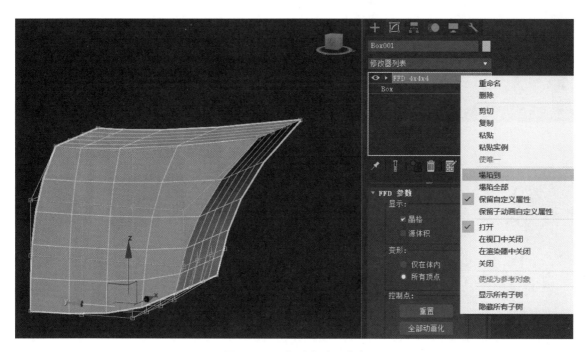

图 7-116　塌陷修改器命令

　　如果在修改器中存在编辑网格修改器和编辑面片修改器，塌陷后将会使对象转换为可编辑网格或者可编辑面片，如果没有，则转换为可编辑多边形。

　　塌陷到：如果堆栈中有多个修改器，使用塌陷到将只塌陷所选修改器以下的所有修改器，不会影响上面的修改器。

　　塌陷全部：塌陷堆栈中的所有修改器。

　　在弹出栏中还可以重命名、删除修改器，也可复制、剪切、粘贴修改器，或在视口或者渲染器中关闭修改器效果。

第六节 创建复合对象

布尔对象（Boolean）是通过对两个或多个模型对象执行布尔运算，将它们组合成一个模型对象。在 3ds Max 中提供了布尔（普通布尔）和超级布尔（ProBoolean）两种布尔运算方式。

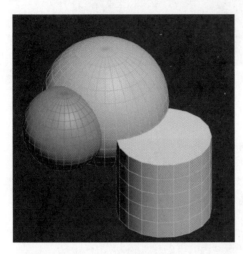

图 7-117　创建多个几何体

超级布尔可以一次运算多个对象，普通运算只能运算两个物体，超级布尔可兼容普通布尔，本节以超级布尔为例进行讲解。

首先，创建三个几何体（如图 7-117），且几何体之间有穿插。然后，选中一个几何体后，点击命令面板→创建面板→复合对象→ProBoolean 按钮。点击拾取布尔对象下的开始拾取按钮，点击其他两个几何形。此时三个几何体按照默认并集方式组成了新的布尔对象。如图 7-118，按 F3 键将显示模式切换成线框模式可以看到，之前几何体相交的模型内部已经都被裁切掉了。

在超级布尔的参数面板中：

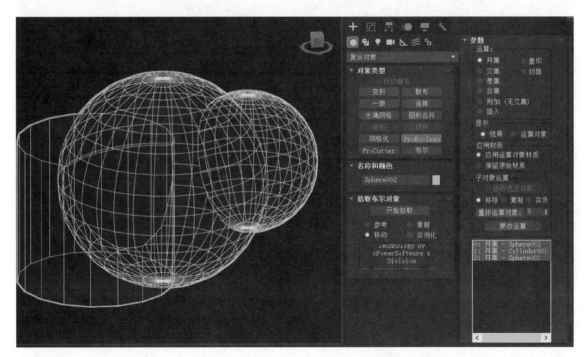

图 7-118　"线框模式"下可以看到几何体内部已被裁切

运算组：其中包括几种布尔方式。

并集：相交的几何体内部会被删除。

交集：与并集相反，只保留几何体相交部分。交叠处以外的几何体会被删除。注意：上面例子中的三个几何体由于有两个结合体没有相交，三个几何体没有共同交集，所以没有交集模型。

差集：从最初选定几何体中移除相交的体积。

合集：保留所有几何体，不移除任何原始多边形，并在相交对象的位置创建新边。

附加：保留所有几何体，不移除任何原始多边形，相交处不做任何改变。相当于可编辑多边形里的附加功能。整个合并成的对象内仍为单独的元素。

插入：从最初选定几何体减去拾取几何体与其相交的体积，被拾取几何体不会发生改变。

盖印：开启后，只会根据相交部分，在最初选定几何体表面上创建新的边，并删除被拾取几何体（类似在表面上盖了一个印记）。对附加和插入无效。

切面：开启后，在最初选定几何体表面上切割并删除相交区域的面。

显示组：开启结果后，只显示布尔运算而非单个运算对象的结果（默认开启）。开启运算对象后，显示定义布尔结果的运算对象。使用该模式编辑运算对象并修改结果。

应用材质组：可选择应用运算对象材质，或者保留原始材质。

子对象运算组：进入超级布尔修改器的子层级运算对象层级，可选择参与布尔的几何体。

选中一个几何体后，在子对象运算组中选择移除，通过点击提取选定对象按钮，就能将选中的几何体从布尔对象中移除。

选中一个几何体后，选择复制模式。点击提取所选对象按钮，可以复制选中的几何体。

选中一个几何体后，选择实例模式。点击提取所选对象按钮，可以实例复制选中的几何体。实例出的几何体还会对布尔对象中的几何体造成影响。

选中一个几何体后，再点击"重排运算对象"按钮，可根据后面的数值重新排列该几何体的顺序。如下图，选中 Sphere001 子对象，如果将重排运算对象按钮后的数值设置为 0，点击按钮重新排列 Sphere001 在下面层次视图里的位置就会从 2 调整到 0。而 0 号位置决定了差集布尔所保留下来的几何体。

点击更改运算按钮可以根据所选择的运算模式和所选择的子物体几何体，重新进行布尔运算。

如图 7-119，层次视图中包括每个布尔子对象的顺序编号、运算模式和子物体名称。

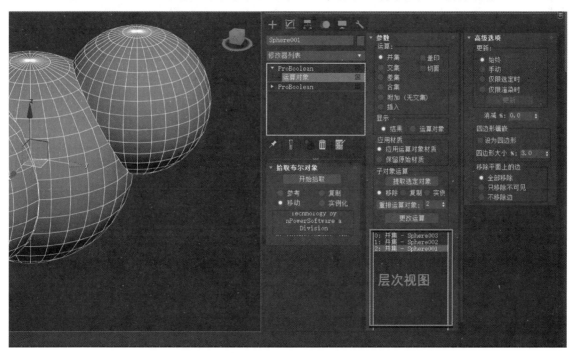

图 7-119　调整布尔几何体顺序

高级选项组：更新下包含始终、手动、仅选定和仅渲染四种更新显示布尔运算结果的模式，可根据需要选择。默认为始终模式。

消减％可从布尔对象中的运算结果上移除一定百分比的多边形。例如，将百分数设置为20.0布尔计算后会将多边形的边移除20％。

四边形镶嵌里可设置设为四边形，启用后布尔运算新建立的多边形为四边形。四边形大小百分比确定四边形的大小作为总体布尔对象长度的百分比。完成布尔运算以后一般情况下还需要将布尔对象转换为可编辑多边形，建议开启设为四边形对可编辑多边形的后期编辑有利。

移除平面上的边组里可以选择全部移除、只移除不可见和不移除边，使用者可根据需要选择处理平面上的边。

二、放　样

1. 放样的有关概念

放样是创建3D模型的重要方法之一。其基本原理为让二维横截面沿着路径运动，从而挤出实体三维模型。如图7-120，左侧横截面在路径上运动，得出右侧放样几何体模型。

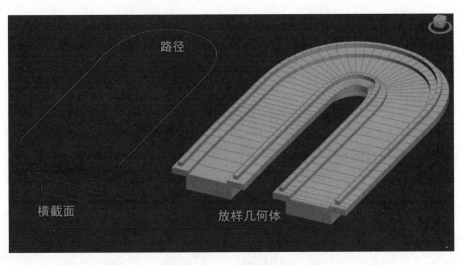

图7-120　创建放样几何体

还可以用多个横截面图形进行放样。以路径作为框架，通过设置在路径的不同位置上载入不同的相似横截面图形，系统会自动计算不同横截面之间产生的变化。

2. 放样工具的基本操作方法

上节提到，放样几何体是由横截面沿路径运动得到的，所以首先需要制作横截面和路径才能满足放样条件。可以通过本章第四节中《二维样条线》所讲的方法，来创建横截面和路径图形。有了这两个图形后，选择用路径获取横截面完成放样，也可选择用横截面获取路径完成放样。两种方法的结果是一样的。下面举例说明：

如图7-121，选中横截面图形后，点击创建面板→几何体→复合对象→放样按钮。在右侧创建方法组中，点击获取路径。在场景中用鼠标点击"U"型路径。

生成放样几何体后，进入修改面板。如图7-122，在放样几何体的参数面板中：

创建方法展卷中：获取路径可将路径指定给选定图形（横截面）或更改当前指定的路径；获取图

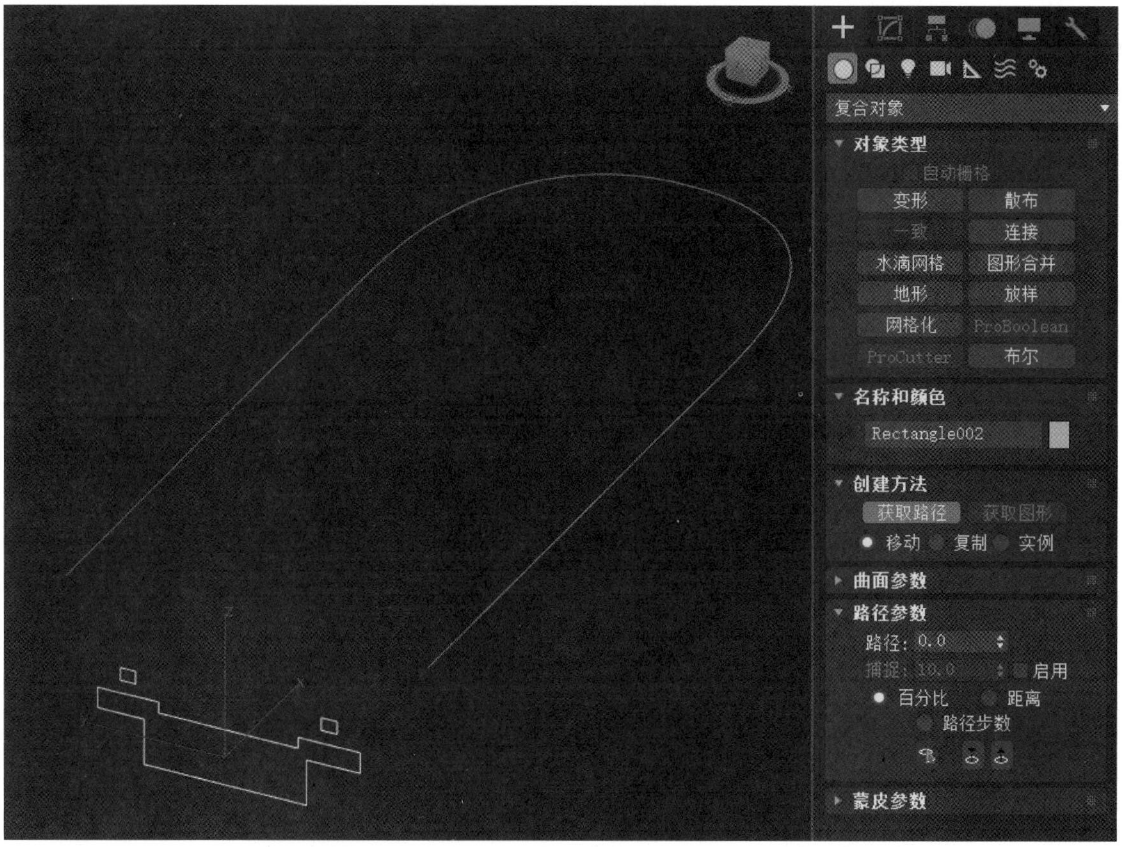

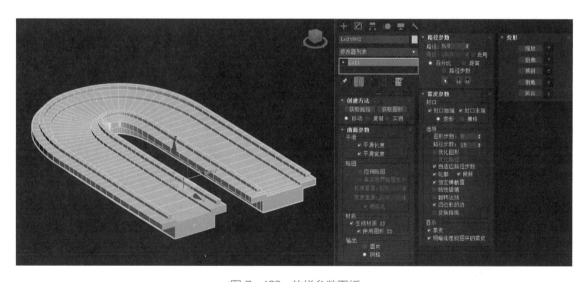

图 7 – 121　获取放样路径

图 7 – 122　放样参数面板

形并将图形(横截面)指定给选定路径或更改当前指定的图形(横截面)。有时候放样出来的几何体方向与路径是相反的,可以在获取图形时按下 Ctrl 键,可反转图形的 Z 轴的方向。

　　移动、复制、实例用于指定路径或图形转换为放样对象的方式。选择移动的情况下不保留副本,选择复制和实例可转换为复制副本或实例副本。

　　曲面参数展卷中:可通过选择平滑长度和平滑宽度,设置放样图形沿着路径方向平滑或者围绕横截面平滑。

贴图组中：启用应用贴图后，才能开启下面有关贴图坐标的设置。

启用真实世界贴图大小控制纹理贴图材质所使用的缩放方式。缩放值由位于应用材质的坐标卷展栏中的使用真实世界比例设置控制。默认设置为禁用。

在长度重复和宽度重复中，可设置围绕长度和宽度展开的贴图的重复次数。规格化可控制贴图的排列方式。

材质组中：可在放样模型上生成材质 ID，便于后期使用多维材质给不同区域赋予不同贴图材质（材质 ID 将在后面材质贴图中详细说明）。

输出组中：选择面片，在放样过程可生成 NURBS 曲面对象。选择网格，在放样过程可生成可编辑网格对象，为默认设置。

路径参数组在下一节中讲解。

蒙皮参数展卷中：可调整放样对象网格的复杂性。还能通过控制面数来优化网格。可以开启封口始端和封口末端，来设置开始端和结束端封口。变形和栅格用来设置封口面结构，栅格生成的面均匀些。

选项组中：图形步数设置横截面图形的每个顶点之间的步数。该值会影响围绕放样周界的边的数目，图形步数越多横截面越圆滑。路径步数设置路径的每个主分段之间的步数。该值会影响沿放样长度方向的分段的数目。路径步数越多，平行于放样方向上的多边形就越圆滑。

优化图形：用来优化图形步数，可减掉横截面上不产生转折结构的边。

优化路径：用来优化路径步数，可减掉放样体在路径方向上不产生转折结构的边。

自适应路径步数：启用后，生成的放样模型更为精准。

轮廓：启用放样图形横截面将保持水平，禁用后放样横截面，会因为放样路径的弯曲和不在一个平面上而旋转。如图 7 - 123，为关闭轮廓状态。

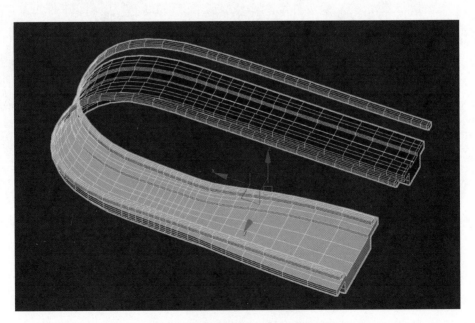

图 7 - 123　关闭轮廓选项后横截面随路径旋转

倾斜：启用后，路径中存在弯曲并且各个顶点之间有 Z 轴落差，横截面便会随着路径产生一定角度的倾斜。如果路径中的各个顶点在一个平面上，则不倾斜。禁用后，横截面不会产生任何倾斜。

默认设置为启用。

恒定横截面：启用后，在路径的转弯处可以保持横截面不发生形变，如果禁用在转角处横截面会有一定的坍缩，默认启用。

线性插值：针对多个横截面放样。启用后，在不同横截面之间以直边连接；禁用后以平滑曲面连接各个不同横截面。默认设置为禁用状态。

翻转法线：启用后，则将放样生成的模型表面法线翻转180度，可用来修正面朝向。默认设置为禁用状态。

3. 在同一放样路径上方式多个截面图形

在放样中过程中，在一条路径上可以添加不同图形截面。在路径参数展卷中，可控制各个截面在路径上的位置。

如图7-124制作了三个截面图形，分别是截面1、截面2、截面3。截面2比截面1窄一些，截面3比截面2更窄一些。在路径参数中设置路径数值为20，点击获取图形，并拾取截面2。能看到在放样图形的20％的位置，横截面由截面1过渡到了截面2的形状。将路径数值设置为80，点击获取图形，并拾取截面3，能看到在放样图形的80％的位置，横截面由截面2过渡到了截面3的形状。注意：不同截面的样条结构和顶点数必须一致才能分段拾取成功。

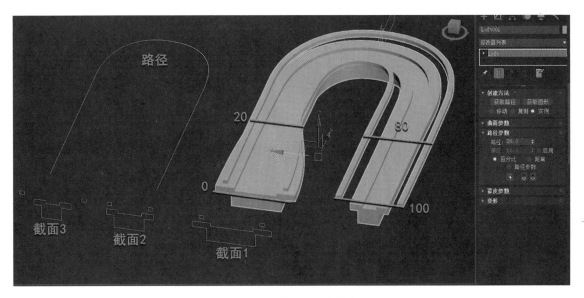

图7-124　获取不同的横截面

百分比和距离可分别以百分比的形式设置，或者以绝对值的形式设置新截面的位置。如果启用路径步数则将横截面放置于路径步数和顶点上，关闭则以路径总距离的百分比或者绝对长度距离放置横截面。

三、使用放样变形

1. 变形修改器

变形控件位于放样物体修改面板最末端。用于沿着路径缩放、扭曲、倾斜、倒角或拟合形状。变形以曲线轨迹（如图7-125左部分）的形式表现。曲线上的控制点可以使放样生成模型的横截面产生缩放效果。控制点所在横轴代表变形位置；纵轴控制缩放大小，也可以用来制作控制横截面大小

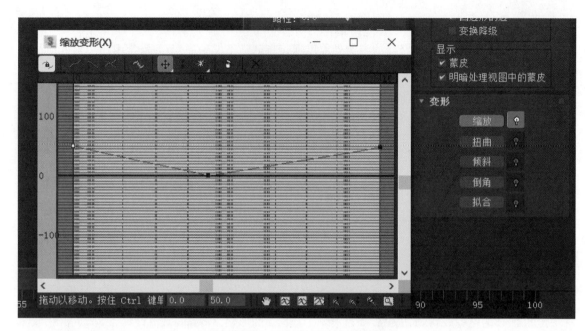

图 7 - 125　用曲线控制放样横截面

变化和位置变化的动画。

2. 利用缩放进行放样

缩放变形可以在路径的不同位置上缩放横截面,从而使放样体产生粗细变换。

如图 7 - 126,左侧创建 M 字符为放样路径,圆形为横截面。放样得到 M 字符的管状放样模型。在修改面板下的参数面板中,点击变形组的缩放按钮可以弹出缩放变形界面。点击缩放按钮后面的灯泡按钮,启用缩放变形。

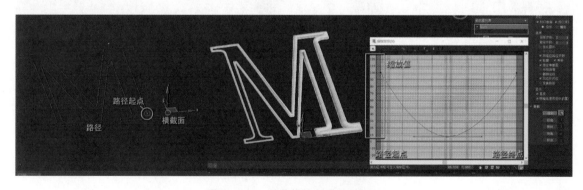

图 7 - 126　用曲线控制横截面面积

界面中包含一个二维坐标系,在坐标系中有一条表示缩放变形的曲线。二维坐标系的横轴由左到右表示路径起点到终点,坐标系的纵轴代表缩放值。默认状态下,从起点到终点,缩放曲线始终在 100 的位置上。

在工具图标中点击 插入角度/插入 Bezier 点按钮,在曲线的中点处(路径的 50% 位置)添加一个 Bezier 点。选择移动工具将 Bezier 点向下移动到纵轴 7 左右的位置,代表在路径 50% 左右的位置上对放样截面进行缩放,缩放值为 7%。可以看到放样图形的中间位置逐渐变细了。选中一个点以后可以在坐标系下方看见两个数值输入框,在前一个框中输入横轴数值,后一个框中输入纵轴数值,从而更精确地控制缩放值和缩放位置。工具图标栏中还包括删除控制点、重置曲线、自由移动和锁定上下移动,以支持使用者自由添加、修改多个缩放变形控制点。

3. 利用扭曲进行放样

扭曲变形能在路径的不同位置上,垂直于路径方向(Z 轴)来旋转横截面,从而使放样体在路径方向上产生旋转扭曲。

如图 7-127,创建一条直线放样路径,一个矩形放样截面。在变形组中点击扭曲按钮,并按下灯泡按钮启用变形。选中扭曲曲线的终点,在下方扭曲值中输入 180,代表从起点到终点横截面会旋转 180 度。可以看到放样体产生了扭曲。

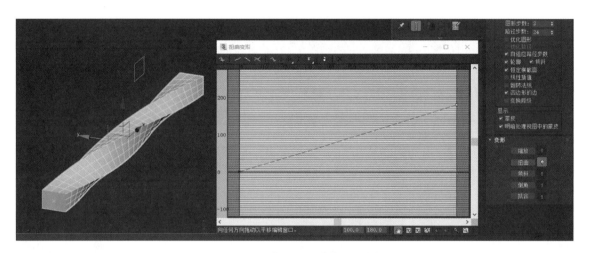

图 7-127　用曲线控制横截面旋转角度

4. 利用倾斜进行放样

倾斜变形可以在路径的不同位置上围绕路径方向进行左右(Y 轴,绿色曲线)或者上下(X 轴,红色曲线)旋转横截面,从而使放样体在路径方向上产生旋转倾斜。

如图 7-128,创建一条直线放样路径,一个矩形放样截面。在变形组中点击倾斜按钮,并按下灯泡按钮启用变形。在工具栏图标中选择显示 X 轴,选中 X 轴倾斜曲线的终点,在下方倾斜值中输入 45,代表从起点到终点横截面会以 X 轴方向旋转 45 度。能看到放样体终点截面产生了倾斜效果。正数产生顺时针倾斜,负数产生逆时针倾斜。

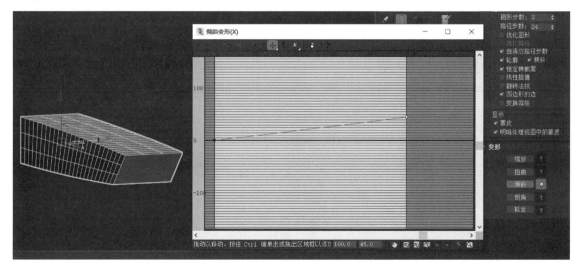

图 7-128　用曲线控制横截面倾斜角度

5. 利用倒角进行放样

倒角变形可在路径的不同位置上设置多个缩放点,通过不同位置的缩放对比产生倒角。与缩放变形可选择在 X、Y 轴上分别缩放不同,倒角变形只能整体缩放横截面。倒角变形更为简单直接。

如图 7-129,创建一条直线放样路径和一个星形放样截面路径。在变形组中点击倒角按钮,并按下灯泡按钮启用变形。在路径 95 的位置创建一个角点,然后将终点下方倒角值设为 0.8(缩小 80%),能观察到在放样体终点处产生了倒角。

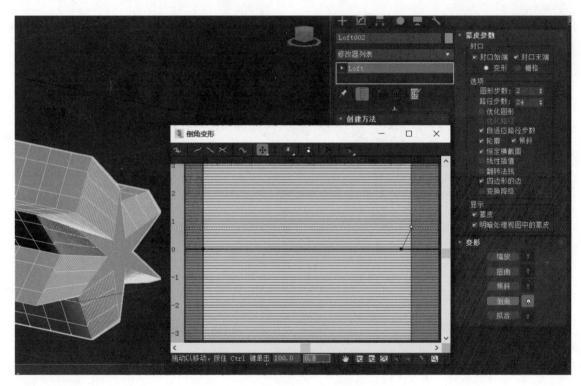

图 7-129 用曲线控制倒角

工具栏最右端的按钮提供三种倒角变形类型:法线、自适应线性和自适应立方,可根据实际需要尝试选择。

第七节 NURBS 建模

一、NURBS 曲面与 NURBS 曲线

NURBS 是利用 3D 曲线和曲面进行交互式建模的一种技术,适合于模型中含有复杂曲线的曲面建模,比如具有流线型构造的工业产品和建筑表面。3ds Max 中有两种 NURBS 曲面和两种 NURBS 曲线,分别为:点曲面和 CV 曲面;点曲线和 CV 曲线。

点曲面由点控制,如图 7-130,控制点始终位于曲面上。

点曲线是 NURBS 曲线,控制点始终位于曲线上。

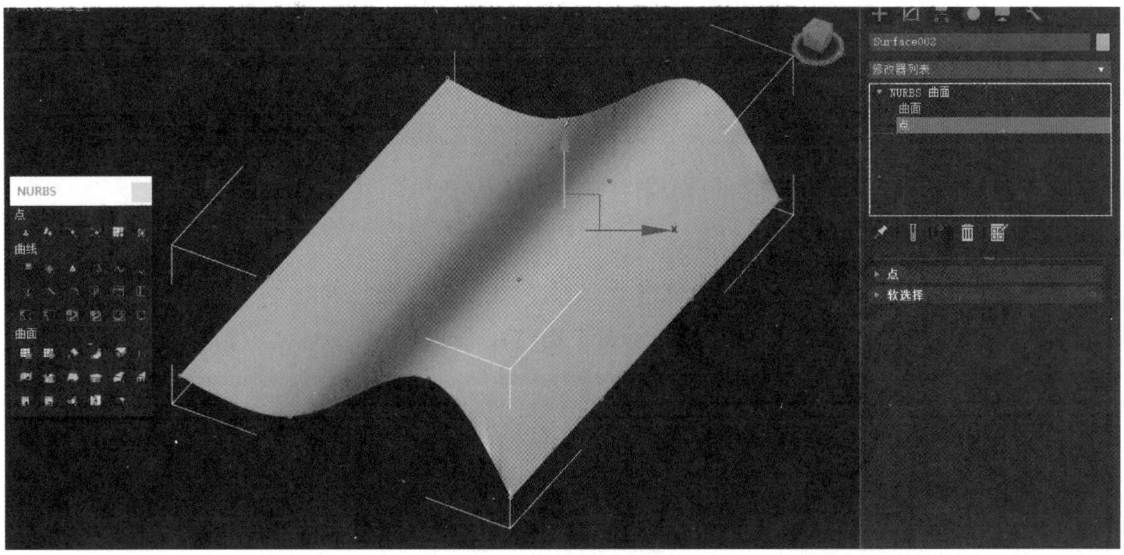

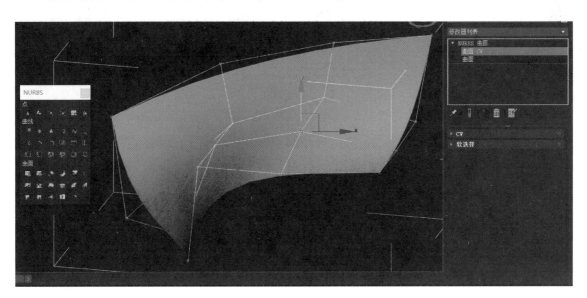

图 7-130 点曲面

CV 曲面由控制顶点(CV)控制。如图 7-131,CV 形成围绕曲面的控制晶格,而不是位于曲面上。这种控制形式与 FFD 自由变换修改器使用的晶格类似。

图 7-131 CV 曲面

CV 曲线是由控制顶点(CV 晶格)控制的 NURBS 曲线。CV 不必始终约束在曲线上。

以上两种 NURBS 曲面,是 3ds Max 提供的两种标准 NURBS 曲面。除此之外,还可以通过其他方法来创建 NURBS:

可以将样条线塌陷到 NURBS 对象。形态准确的样条线或 NURBS 曲线可以成为制作 NURBS 模型的良好开端。将标准几何体转换为 NURBS 也可以快速开始构建 NURBS 模型。

通过应用修改器,可以更改 NURBS 曲面,修改器可以对曲面上的点或 CV 操作,但不能直接对曲面操作。

还可以对 NURBS 曲线应用车削或挤出修改器。在调整参数确认形态后执行塌陷操作,也可以生成 NURBS 曲面对象。近些年,NURBS 建模技术已经逐步被可编辑多边形建模所替代。通过可编辑多边形加上涡轮平滑修改器可以完成大部分的 NURBS 功能,且速度更快,可控性更强。

二、创建 NURBS 曲面

NURBS 曲面是 NURBS 模型的基础。使用创建面板创建的初始曲面是具有点或 CV 的平面段。它只是用于创建 NURBS 模型的原材料。创建初始曲面后,可以在修改面板上通过移动 CV 或 NURBS 点、附加其他对象、创建子对象等方式对其进行修改。

点击创建面板→几何体→NURBS 曲面→点曲面/CV 曲面按钮,如图 7 - 132,在创建参数面板中可以设置创建点曲面的控制点和 CV 点数量。通过在视口中拖曳点曲面的长和宽来创建曲面。创建完成后,可以立即转到修改面板,通过使用卷展栏或 NURBS 创建工具箱继续修改曲面。比如添加曲线和曲面,添加的曲线和曲面可以成为新的子对象。

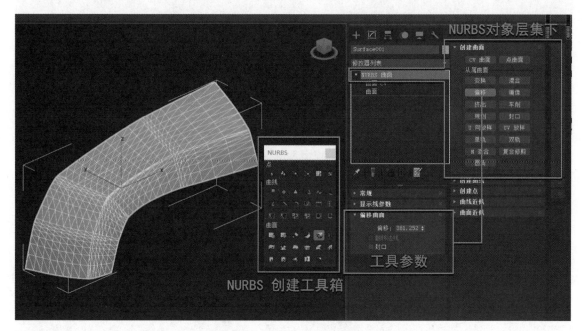

图 7 - 132　NURBS 工具箱

常用的创建曲面工具包括独立曲面和从属曲面。

1. 独立曲面组

CV 曲面:可以创建 CV 曲面子对象,类似于对象级 CV 曲面,创建时可以设置 CV 控制点数量。

点曲面:可以创建点曲面子对象,类似于对象级点曲面。这些点被约束在曲面上,创建时可以设置点数量。

2. 从属曲面组

变换:用于创建原始曲面。

混合:将一个曲面连接到另一个曲面,生成的曲面由系统根据两个曲面之间的位置和大小自动计算曲率形态。

偏移:沿父曲面的法线指定偏移距离,在偏移的过程中缩放复制原始曲面的副本。

镜像:将原始曲面的镜像复制,在设置中可以选择镜像的轴向。

挤出:从曲线子对象挤出曲面。类似于使用挤出修改器创建凸起曲面。

车削：如图7-133，将曲线子对象旋转产生曲面。类似于使用车削修改器创建的曲面。可以设置车削的轴向和旋转的角度。

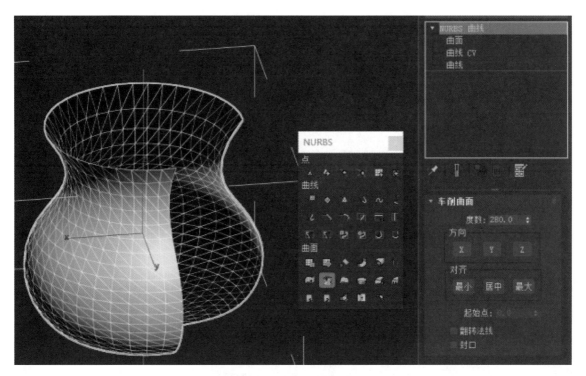

图7-133 用车削创建曲面

规则：如图7-134，在两个曲线子对象之间生成曲面。允许使用曲线设计曲面的两个相对边界。

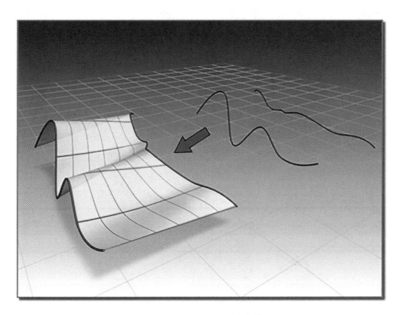

图7-134 用规则创建曲面

封口：如图7-135，使用此命令可创建封口闭合曲线或闭合曲面边的曲面，尤其适用于挤出曲面。

U向放样曲面：U向放样曲面是用曲线创建曲面。可以跨多个曲线子对象插值创建曲面，曲线作为曲面的U轴轮廓。如图7-136，用三条曲线作为轮廓生成曲面。

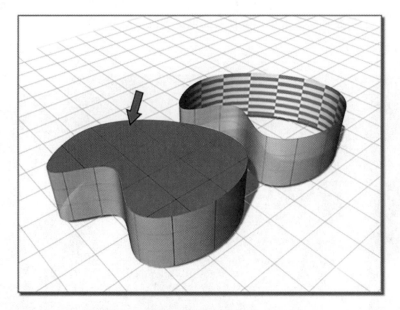

图 7－135　封口曲面

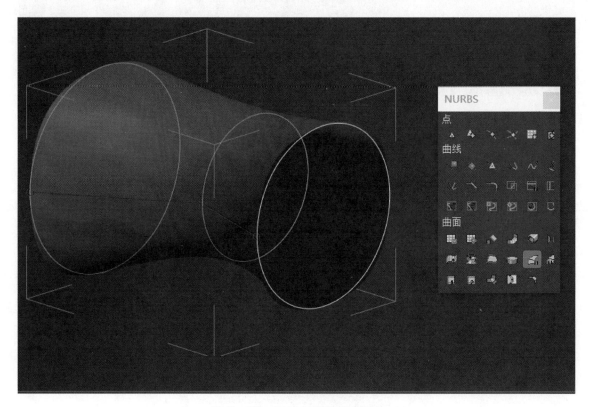

图 7－136　用 U 向放样创建曲面

UV 放样曲面：UV 放样曲面是用曲线创建曲面。其原理类似于 U 向放样曲面，不同的是在 V 维度和 U 维度上都有一组曲线。这可以更好地控制放样形状，使用尽量少的曲线来实现所需的结果。UV 为相对朝向，不代表绝对曲线一定要朝向某个绝对角度。如图 7－137，使用四条两两互相平行的曲线来创建 UV 放样曲面。创建时先单击平行的第一条曲线，然后单击平行的第二条曲线，右键结束。再分别单击另外两条平行的曲线，右键结束，就可以看到通过这四条曲线生成了一个曲面。点击翻转法线可以设置曲面法线朝向。

单轨扫描曲面：单轨扫描是用曲线创建曲面，扫描曲面由曲线构成。单轨扫描曲面至少使用两

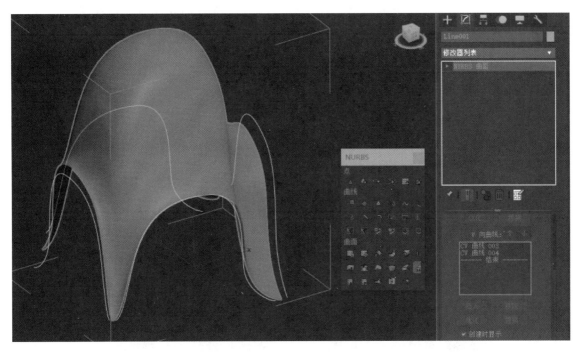

图 7 – 137　用 UV 放样创建曲面

条曲线。一条曲线轨道定义了曲面的一条边,另一条曲线定义曲面的横截面。如图 7 – 138,点击单轨扫描曲面工具后先点击轨道曲线,然后点击横截面曲线,右键结束,可看到生成的扫描曲面。点击翻转法线可以设置曲面法线朝向。

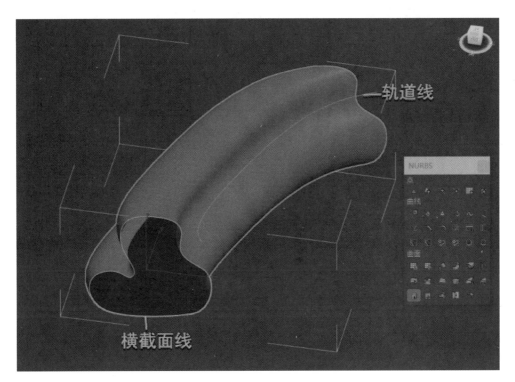

图 7 – 138　用单轨扫描创建曲面

双轨扫描曲面:双轨扫描是用曲线创建曲面。双轨扫描曲面至少使用三条曲线。两条曲线轨道用来生成曲面的两条边,第三条曲线作为所生成曲面的横截面。如图 7 – 139,点击双轨扫描曲面按钮后,先点击第一条轨道线,再点击第二条轨道线,然后点击横截面线,正确拾取曲线后可以看到生成的扫描曲面。点击翻转法线可以设置曲面法线朝向。

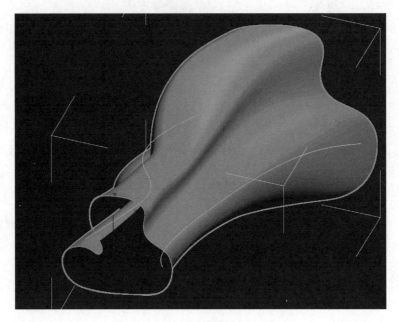

图 7-139 用双轨扫描创建曲面

多边混合曲面(N混合):多边混合曲面填充由三个或四个其他曲线或曲面子对象定义的边。形成多边混合曲面的边要尽可能围拢在一起形成封闭空间。如图 7-140,点击多边混合曲面按钮后,依次点击三条曲线,可生成混合曲面。

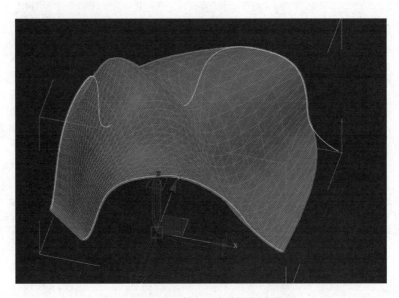

图 7-140 用多边混合曲面创建曲面

多重曲线修剪曲面(复合修剪):多重曲线修剪曲面是用形成闭合曲线的多条曲线,修剪的现有曲面。

圆角曲面:如图 7-141,可连接其他两个曲面边缘,并形成圆角曲面。通过设置起始半径和结束半径,来设置圆角曲面的角度。

注意:在创建曲面的过程中,子对象可以是独立的,也可以是不独立的。独立的子对象使用关

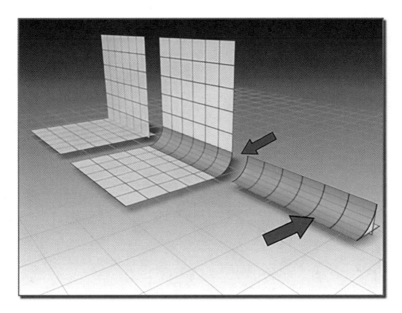

图 7-141　圆角曲面

系建模构建与其他几何体有关的 NURBS 几何体。子对象越多,模型的相关性越强,交互式操作的速度就越慢。

通常,点曲线和点曲面比 CV 曲线和 CV 曲面创建速度慢。修剪是最慢的一种相关性操作,而纹理曲面是操作速度最慢的一种独立子对象。

如果独立子对象在设置动画时未发生更改,可以在完成创建后使子对象独立来提高性能。

要将修改器应用到选定的子对象,可以使用曲面选择。但是,执行上述操作之前,需要确保相关堆栈处于启用状态,此时,相关堆栈位于 NURBS 模型的常规卷展栏中;否则,曲面选择修改器只能选择曲面和曲面 CV 子对象层级。

三、创建 NURBS 曲线

NURBS 曲线和样条线一样都是二维图形。对 NURBS 曲线使用挤出或车削修改器也可以生成三维曲面,还可以将 NURBS 曲线用作放样的路径或形状。

在堆栈中展开 NURBS 曲线子集,可以访问各曲线、曲面、CV 曲线、CV 曲面和点子集。

如图 7-142,常用的创建曲线工具包括独立曲线和从属曲线。

1. 独立曲线组

CV 曲线:该子集用于创建和编辑独立 CV 曲线。

点曲线:该子集用于创建独立点曲线。CV 曲线和点曲线都不能渲染厚度。

2. 从属曲线组

曲线拟合:此命令将创建拟合在选定点上的点曲线。该点可以是以前创建好的点曲线和点曲面对象的部分,或者可以是明确创建的点对象。它们不能是 CV。

变换:可以通过移动、旋转、缩放来复制原始曲线。

混合:可以将一条曲线的一端与其他曲线的一端连接起来,从而混合父曲线的曲率,以在曲线之间创建平滑的曲线。可以将相同类型的曲线,点曲线与 CV 曲线相混合(反之亦然),或将从属曲

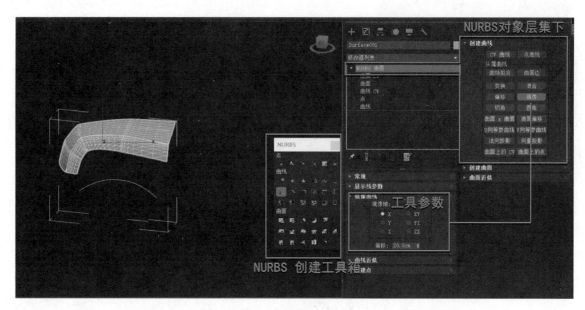

图 7-142　创建曲线工具

线与独立曲线混合起来。

　　偏移：偏移曲线是从原始曲线上偏移复制新从属曲线副本。依据原始曲线的法线方向，可以缩放复制 3D 曲线。

　　镜像：镜像曲线是原始曲线的镜像图像，可选择镜像的轴向。

　　切角：使用切角将为两个父曲线之间创建直倒角曲线。在开始创建切角之前，确保曲线相交。通过参数可以控制切角大小。

　　圆角：使用圆角将为两个父曲线之间创建圆角曲线。在开始创建圆角之前，确保曲线相交。通过参数可控制圆角大小和翻转方向。

　　曲面×曲面：由两个相交曲面的相交线创建曲线。同时还可将相交的曲面进行修剪。

　　曲面偏移：将曲面上的一条曲线放大，复制生产新曲线。

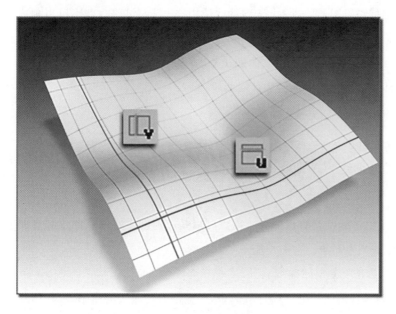

图 7-143　创建等参曲线

　　U 向/V 向等参曲线：可将 NURBS 曲面上的等参线复制，生成新的从属曲线。如图 7-143，等参线就是在曲面的横纵方向上贯穿的定义曲面形状的线。还能以复制线为边界线，对曲面进行裁剪。创建好等参曲线后，点击修剪可以删除曲线外的曲面。

　　法向投影曲线：如图 7-144，法向投影曲线位于曲面上。它基于沿曲面法线方向投影到曲面上的原始曲线。可将法向投影曲线用于修剪。

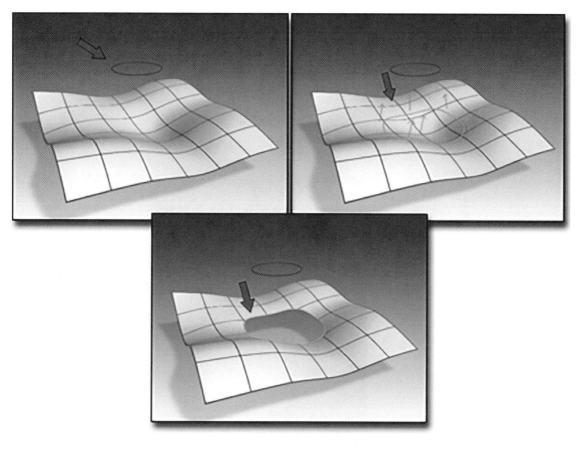

图 7 - 144　法向投影曲线

　　向量投影曲线：向量投影曲线位于曲面上。这与法向投影曲线几乎相同，但从原始曲线到曲面的投影方向是可以控制的向量方向。

　　曲面上的 CV 曲线：类似于普通 CV 曲线，位于曲面上。该曲线的创建方式是绘制。可将此曲线类型用于修剪其所属的曲面。

　　曲面上的点曲线：曲面上的点曲线类似于普通点曲线，其位于曲面上。该曲线的创建方式是绘制。可将此曲线类型用于修剪其所属的曲面。

第一节 材质编辑器

一、视窗区简介

材质编辑器提供创建和编辑材质以及贴图的功能。在工具栏中点击 ▦ 按钮(快捷键为 M)可以打开材质编辑界面。

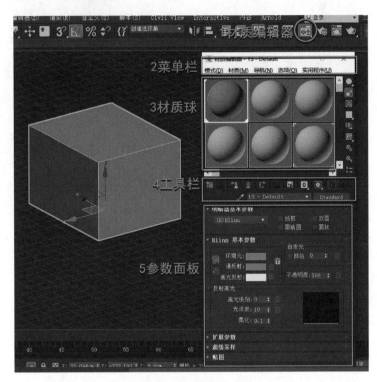

图 8-1 材质编辑器面板

3ds Max 提供了两种材质编辑器模式：精简模式和结点(Slate)模式。本章围绕精简模式展开讲解。如图 8-1,在材质编辑器的菜单栏中的模式里可以选择这两种模式。

材质球区域默认提供了 6 个空白材质球,每个材质球各对应一个材质。材质球上可以显示材质的光泽度、颜色、贴图、透明度等信息。在材质球上右键可设置材质球显示的数量,理论上系统支持任意数量的材质球。材质球的数量并不能决定材质的数量。

材质球区域下面是工具栏区域。提供了获取材质功能、将材质赋予指定对象功能、重置材质功能、视图中显示明暗处理材质功能按钮,还提供了从对象拾取材质功能、材质命名栏功能和材质浏览器功能按钮。

最下方为参数面板,可用来编辑材质的颜色、透明度、高光、光泽度等基本信息。还包括扩展参数和超级采样展卷,可以进一步设置材质细节。在贴图展卷中能为材质的漫反射、凹凸、自发光、透明度等各个通道指定贴图纹理或者程序纹理。

二、材质的基本参数区

如图 8-2，默认状态下点击 Standard 按钮，进入材质/贴图浏览器，用于选择不同类型的材质或贴图。

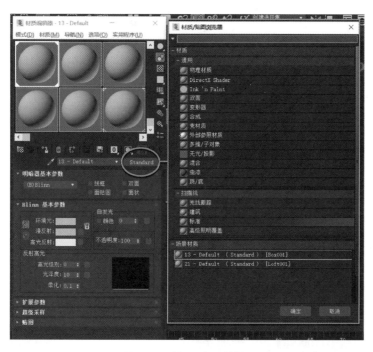

图 8-2　材质/贴图浏览器

材质组中：包括通用和扫描线两个材质组。默认状态下为标准（Standard）材质，常用的还包括光线跟踪（Raytace）、混合（Blend）、卡通（Ink'n Paint）、多维/子对象（Multi/Sub-Object）等材质。

如图 8-3，在默认胶体（Blinn）明暗器下：

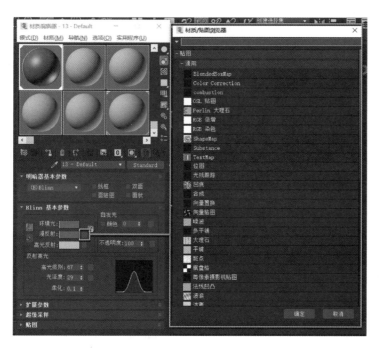

图 8-3　胶体明暗器

胶体基本参数：点击环境光、漫反射、高光反射后的颜色选择区可设置颜色。环境光为没有单独光源的情况下的环境光源，漫反射为物体本身的颜色或者纹理，高光反射为光滑表面受到光照后反光的颜色或者纹理。

点击漫反射后面的方块按钮，进入材质/贴图浏览器。在浏览器中可以选择各种程序纹理和贴图，如棋盘格、大理石、渐变等。还能通过点击位图按钮选择素材图片，可以载入一张风景照片、一张木纹图片或为物体添加任意形式的图片纹理。

自发光：开启颜色可以像设置一个彩色灯泡一样设置自发光颜色，也可为自发光添加各种纹理，以及通过修改数值，来修改自发光纹理强弱。

不透明度：可设置物体的透明程度，也可选择带有阿尔法（Alpha）信息的图片为物体添加不透明区域。

反射高光：可设置高光级别来改变高光的亮度；光泽度用来设置物体表面的光滑程度。柔化可设置高光和反射区域的扩散。通过旁边的曲线以及材质球能更直观地观察到高光强度和范围。

三、材质的扩展参数区

如图 8-4，在扩展参数组中：

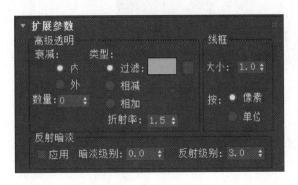

图 8-4　扩展参数面板

高级透明组中的控件影响透明材质的不透明度衰减。衰减中可以选择在内部还是在外部进行衰减，以及衰减的程度。内为向着对象的内部增加不透明度，就像在玻璃瓶中一样。外为向着对象的外部增加不透明度，就像在烟雾云中一样。数量指定最外或最内的不透明度的数量。类型可以控制应用不透明。可以选择过滤颜色、相减（从透明曲面后面的颜色中减除）、相加（增加到透明曲面后面的颜色中）。

折射率：设置折射贴图和光线跟踪所使用的折射率（IOR）。用于模拟光线在各种介质中发生折射的程度，默认值为 1.5。真空的折射率为 1、大气为 1.003、水为 1.333、玻璃为 1.5、钻石为 2.418。

线框组：设置线框模式中线框的大小。可按像素或当前单位进行设置。像素模式下无论物体离摄像机远还是近，线框都以固定像素显示；单位模式下用 3ds Max 单位测量线框，远处变得较细，在近距离范围内较粗。

四、超 级 采 样

超级采样能提高图形的渲染质量，同时需要占用更多的渲染时间，还可以为图形添加抗锯齿效果。当场景中有反射度高和使用了凹凸贴图的物体时，可尝试开启超级采样。如图 8-5，启用局部超级采样器，在下拉栏中可以选择几种预设的采样模式。

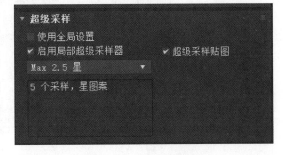

图 8-5　超级采样面板

五、材质的贴图

如图8-6，打开贴图展卷，此展卷栏能够将贴图或明暗器指定给影响材质的各个渲染通道，常用的包括环境光、漫反射、高光、不透明度、凹凸、反射、折射、置换等。不同类型的材质所提供的渲染通道数量和种类也有所不同。

每个通道后的数值控制该通道中的贴图影响程度。数值范围为0%—100%，100%为完全显示贴图，0%为完全不显示。点击贴图类型插槽可以打开材质/贴图浏览器，应用贴图后，贴图类型中会显示应用贴图的类型和位图图片名称。可使用拖曳的方式复制或者实例贴图插槽中的贴图或纹理。

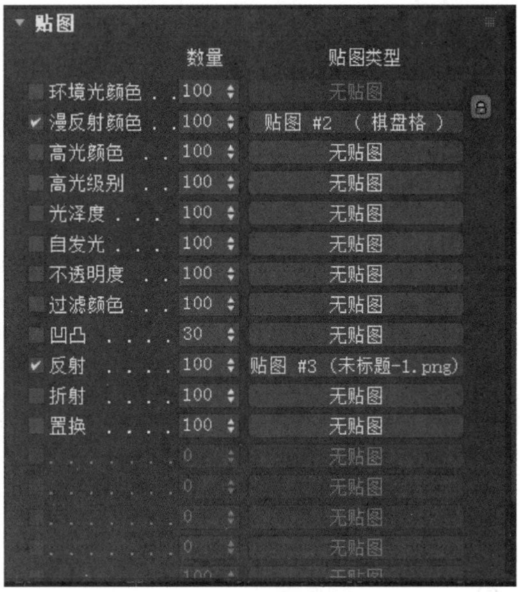

图8-6　贴图展卷

第二节　贴图

一、贴图坐标

贴图坐标用来标定贴图和纹理在几何体表面的放置方式，包括贴图放置的位置、角度和重复次数，既可以为几何体表面统一设置贴图坐标，也可以为几何体上的每一个多边形单独设置贴图坐标。贴图坐标通常以U、V和W指定，其中U是水平维度，V是垂直维度，W是可选的第三维度，用于指示深度。水平维度和垂直维度是常用维度，一个物体的贴图坐标也被称作"UV"。

通常情况下，基本几何体有默认的贴图坐标，而在动画和游戏中，应用到的包含不规则曲面的角色和场景模型则需要手动添加编辑贴图坐标。3ds Max提供了两种主要的添加和编辑贴图坐标方式：UVW贴图和UVW展开。为模型手动添加、编辑贴图坐标的过程，在行业中被叫作"展UV"。

1. UVW贴图

UVW贴图修改器通过将贴图坐标投影到对象上的方式，在对象表面上控制显示贴图、程序纹理的位置和角度。

如图8-7：创建Box，选择一个材质，在漫反射中添加棋盘格纹理。将材质赋予Box，用于观察贴图坐标。选择Box后，在修改器列表中选择UVW贴图。

在参数面板中，能看到贴图方式为平面（默认）。在修改器堆栈中进入UVW贴图的子层级Gizmo层级。可以看到在Box上有一个黄色矩形Gizmo。移动Gizmo可以看到棋盘格也随之移动；用缩放工具缩小Gizmo可以观察到棋盘格的密度变大；旋转Gizmo可以观察到Box的其他面上有平铺棋盘格出现。UVW贴图的平面模式就用一个平面将贴图投射在物体表面，控制平面Gizmo的位置、角度、大小就能比较精确地在一个面上控制贴图。

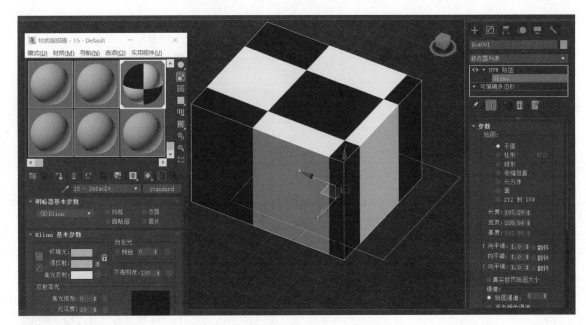

图8-7 UVW贴图中的平面模式

如图8-8,选择长方体模式,可以观察到Box表面都有均匀的棋盘格覆盖。移动黄色长方体Gizmo,棋盘格也随之移动。长方体模式可以用6面长方体投影贴图纹理。缩放长方体Gizmo的长、宽、高就能调整Box的长、宽、高面上的贴图密度。显然,对于Box来说长方体的投影模式更为适合。

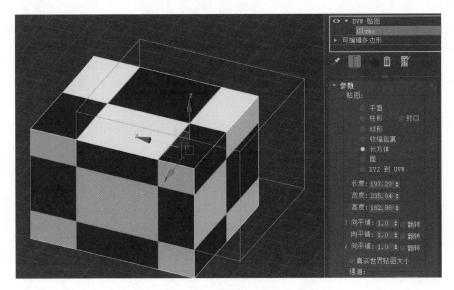

图8-8 UVW贴图中的长方体模式

在UVW贴图参数面板中可以选择7种贴图投影方式。分别是:平面、柱形、球形、收缩包裹、长方体、面、XYZ到UVW,默认为平面模式。

如图8-9,平面模式使用一个矩形平面来投射物体,类似于使用投影机将一张贴图投射在物体表面上。常用于平面或者较薄的模型对象。

柱形模式用圆柱体包裹模型并投影贴图。如图8-10,圆柱体侧面有一条衔接缝隙,使用二方连续贴图可以隐藏缝隙。柱形投射用于基本形状为圆柱形的对象。

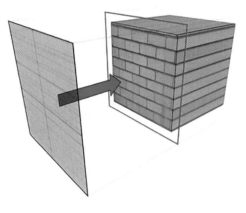

图8-9　平面投射

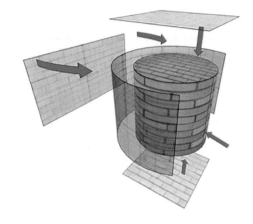

图8-10　柱形投射

球形模式用球体来包裹模型和投影贴图。如图8-11,在球体顶部和底部、边缘处与球体两极交汇处会看到衔接缝。球形投射用于基本形状为球形的对象。

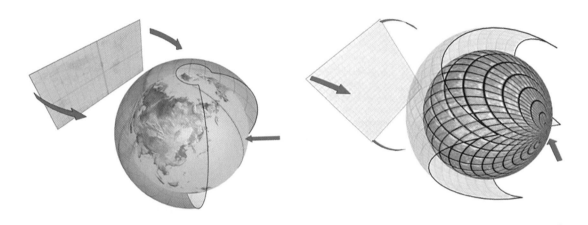

图8-11　球形投射　　　　　　　　　　　　图8-12　收缩包裹投射

收缩包裹模式也使用球体进行包裹投影。如图8-12,与球形模式不同,收缩包裹模式会尽量去除贴图接缝。这种投影方式有点类似包子,在隐藏接缝的同时会造成更大的UV坐标拉伸。

长方体模式从长方体的六个侧面投影贴图,如图8-13,长方体的六个侧面两两相对,分别使用三对相同平面贴图。

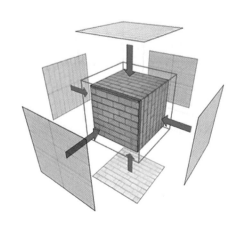

图8-13　长方体投射

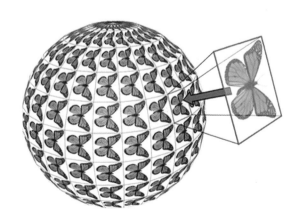

图8-14　面投射

图 8-15　自动拉伸纹理

面模式为模型的每个独立面分别投射一个平面贴图（如图 8-14）。

XYZ 到 UVW 模式在模型有收缩动画的情况下，可以使模型表面的纹理适应模型拉伸（如图 8-15）。

如图 8-16，参数面板下的长度、宽度和高度数值可以设置 Gizmo 的长、宽、高。U、V、W 向平铺数值可以设置贴图平铺重复次数默认为 1 次，同时这些数值也可以设置动画；启用翻转可以在各个轴向上镜像贴图。

启用真实世界贴图大小后，对应用于对象上的纹理贴图材质使用真实世界贴图坐标。启用后，长度、宽度、高度和平铺数值失效。这种真实也是相对的，不建议使用。

贴图通道，默认值为 1。贴图的 UV 信息可以通过通道保存，有的时候一个物体需要应用不同通道，比如漫反射使用一种 UV 坐标，反射使用另一种 UV 坐标。系统最多支持 99 个通道，UV 通道在应用时也要对应材质中的通道。

对齐组中的多个对齐方式可以快速设置 Gizmo 与物体对齐，最常用的为适配。比如上段提到的移动长方体 Gizmo 以后，点击适配，Gizmo 会立刻回到完全包裹对象的适配状态。

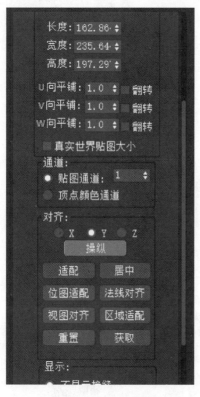

图 8-16　UV 参数控制

图 8-17　常用贴图类型

2. 贴图的种类

贴图是指贴在如漫反射、反射、不透明度、凹凸通道中的图片或者程序纹理。点击材质球贴图展卷后面的贴图类型按钮（该按钮默认状态下显示"无贴图"），可以进入材质/贴图浏览器，如图 8-17，在浏览器中可以看到各种贴图种类。下面讲解几个常用的贴图类型。

高级木材（Advanced Wood）：使用高级木材贴图生成逼真的三维木材纹理。从预设下拉展卷中选择应用标准木材纹理（例如橡木、松木和胡桃木），以及各种磨光。可以通过设置材质参数中的比例来改变纹理整体大小比例。局部 XYZ 轴设置纹理对齐方向。粗糙度用来设置材质表面的粗糙。还可以通过早期木材、晚期木材、纤维的比例和气孔等细节参数微调纹理。

混合框贴图（Blended Box Map）：用来将多种投影纹理贴图混合输出。相比于需要复杂 UV 贴图的方法，混合框贴图可以通过更简单的方式将贴图投影到对象上。如果想要在一个或多个对象中应用长方体贴图，以便从所有侧面对其进行贴图，例如应用泥土和污垢等细节，那么混合框贴图是理想的选择。

和长方体贴图类似，混合框贴图从三个 90 度方向投影图像，可以为投影框的每个侧面投影 1 个、3 个或 6 个不同的贴图。这两种贴图的主要区别是混合，传统的长方体或立方体贴图会在不同的 UV 投影之间创建硬接缝，而混合框贴图能够混合不同的贴图，从而实现更好的无缝效果。混合框贴图存在一些限制，它无法应用于变形对象，若要导出至实时引擎（游戏用），必须将贴图烘焙到 UV 上。

混合量设置每个投影之间的混合百分比，默认值为 25。混合贴图设置扩散到对象上的百分比。

投影数选项包括 1、3、6 贴图投影。如图 8-18，1 在顶面、底面、左面、右面、正面或背面投影单个贴图。3 在顶面和底面投影一个贴图，在左面和右面投影一个贴图，在正面和背面投影一个贴图。6 在顶面、底面、左面、右面、正面、背面各投影一个贴图。图 8-18 为 6 贴图投影。可以使用颜色和贴图（默认选项为无贴图）选择框选择在各个可用侧面上投影颜色或者贴图。变化和坐标组都可以设置贴图坐标的位移、贴图的重复次数（瓷砖）、贴图的角度。

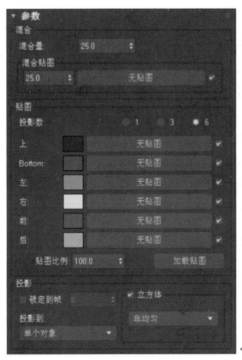

图 8-18　投影贴图设置

RGB 染色(RGB Tint)：可以在原有贴图的基础上叠加一层颜色。RGB 染色可调整原有贴图中三种颜色通道的值,更改色样可以调整其相关颜色通道的值。如图 8-19,将 RGB 通道都设置成红色,原有的黑白棋盘格贴图也叠加上了红色。

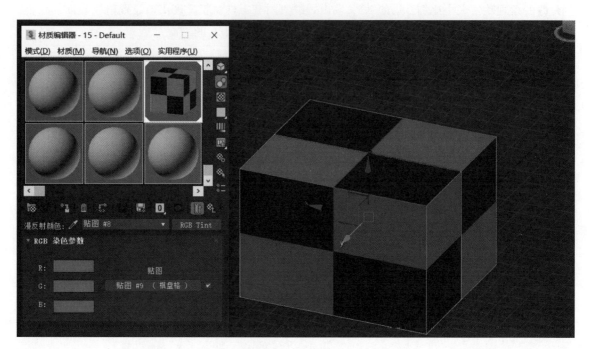

图 8-19　RGB 染色

粒子年龄(Particle Age)贴图：用于粒子系统。可以基于粒子的生命周期更改三种粒子的颜色。比如制作烟花粒子：可以在出生时设置其为亮黄色、生长过程中为红色、消亡时变为黑色。还可以使用贴图制作粒子形态变换的效果。

如图 8-20,颜色 1 为粒子出生时的颜色或者贴图;颜色 2 为粒子生长过程中的颜色或者贴图;颜色 3 为粒子消亡时的颜色或者贴图。年龄百分比用来设置其应用生效时的粒子年龄阶段。

噪波(Nosie)贴图：生成基于两种颜色或者贴图的随机扰动效果。如图 8-21,在坐标展卷中,X、Y、Z 轴上的偏移可以设置纹理的位置、瓷砖可以设置纹理密度、角度可以设置旋转。模糊

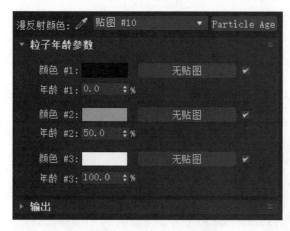

图 8-20　粒子年龄设置

可以设置两种颜色或者贴图的边缘模糊。通道对应 UV 展开的通道。坐标展卷适用于一切纹理贴图的设置。如图 8-22,在噪波参数展卷中可以选择规则、分形和清流三种噪波类型。大小可以控制噪波比例;噪波阈值可以控制噪波的锯齿细节。级别和相位可以控制噪波动画的数量和速度。颜色 1 和颜色 2 可以设置噪波的颜色和贴图。

位图贴图(Bitmap)：使用图片素材作为材质贴图,是动画、游戏美术中最经常用到的贴图方式。系统支持常见用的电脑图片格式,包括：JPEG 格式、TIFF 格式、PNG 格式、TGA 格式、DDS 格式和PSD 格式。其中 PSD 和 TIFF 格式支持 Photoshop 多图层,TGA 格式和 PNG 等格式支持阿尔法透

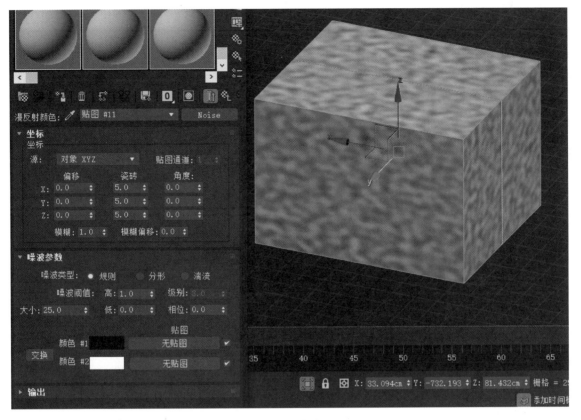

图 8-21　噪波贴图设置

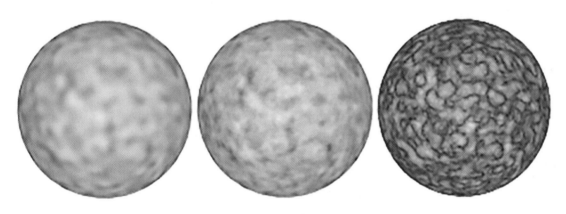

图 8-22　三种噪波类型

明通道。

　　如图 8-23,在位图参数中,点击位图后面的按钮可以重新加载图片。在过滤中可以选择位图抗锯齿渲染模式。四棱锥模式对内存消耗小,但图片渲染效果不如总面积模式清晰。裁剪/放置组,点击应用和查看图像,弹出指定裁剪/放置,显示浏览器。可以在浏览器中的图片上,拖曳"红框"圈定保留区域,也可以选择 RGB 通道颜色输出。如果图片信息中包含阿尔法信息也可以通过开启阿尔法来源组下的图像阿尔法使其生效,默认为不透明。

　　除了以上几种,还有砖块(Brick)、棋盘(Checker)、法线凹凸(Normal Bump)等常用贴图类型。

图 8-23　位图贴图

二、复合材质

1. 混合材质

混合(Blend)材质可将两种材质混合在一起。使用混合量能控制两个材质的混合比例,还能对此参数设置动画,制作出随着时间变换而转换材质的效果。使用遮罩能利用黑白贴图划定不同材质的显示范围。

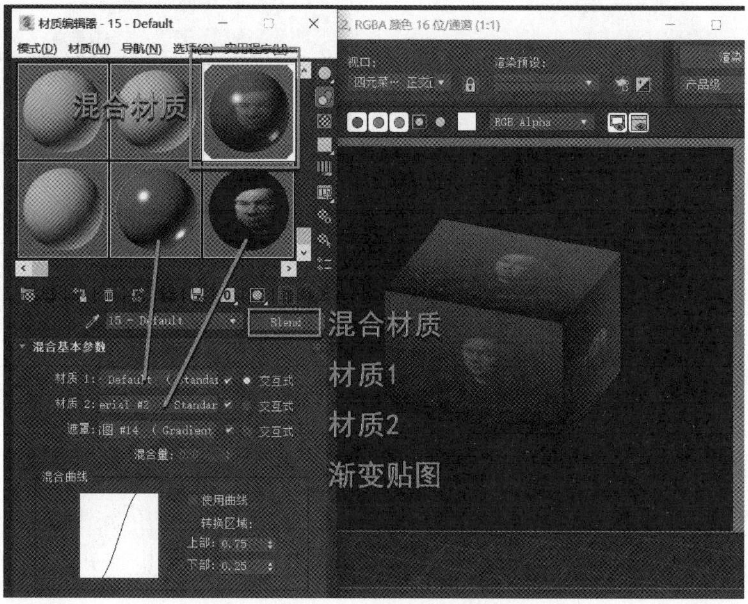

图 8-24　混合贴图设置

如图 8-24,在默认材质球中的工具面板中点击材质选择按钮(默认为 Standard),在材质库中选择混合材质。再创建两个进行混合的新材质,一个为红色光滑材质,一个为贴了一张图片素材的材质。拖曳红色材质球到混合材质面板中的材质 1 上,拖曳位图材质到材质 2 上。此时只显示材质1,调整混合量就看到材质2逐渐显现。混合量用来控制材质2的显示程度,0 为完全不显示材质 2,100 为完全显示材质

2。还可以通过遮罩来控制材质 1 和材质 2 的显示范围,点击遮罩在贴图库中选择渐变,渐变贴图是一张从上到下由黑到白渐变的贴图,白色的区域为材质 2 的显示区域,可以观察到材质球上半部分是红色 1 号材质,下半部分是贴图 2 号材质。开启遮罩后混合量将失效。

可以通过使用曲线继续微调混合形体细节,也可以用上部、下部数值调整曲线的倾斜度,这两个数值同样也支持动画调节。曲线只有在激活遮罩的情况下才能使用。如图8-25,也可以用黑白图片来更精确地控制混合范围。

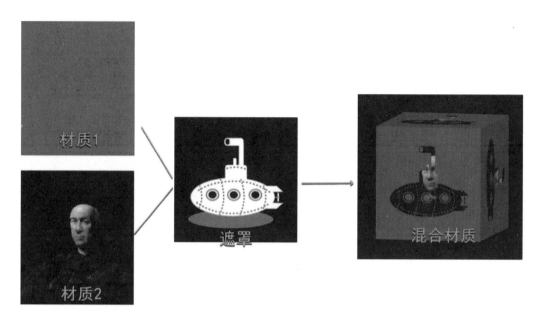

图8-25　遮罩控制贴图

2. 合成材质

合成(Composite)材质最多可以将10种材质混合叠加在一起。按照在卷展栏中列出的顺序,从上到下依次叠加材质。可以选择使用相加不透明度、相减不透明度或者透明度数值来控制材质的混合效果和比重。

如图8-26,在默认材质球中的工具面板中点击材质选择按钮,在材质库中选择合成材质,创建

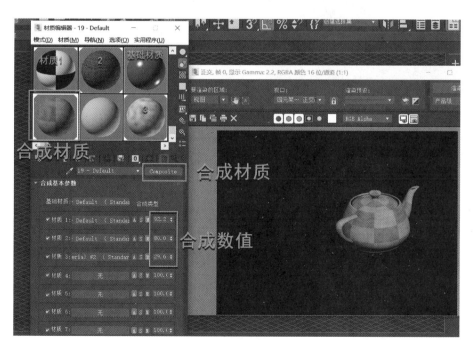

图8-26　合成材质

三个合成材质(棋盘格、木纹、噪波)和一个基本材质(红色)。将基础材质拖曳到基础材质按钮上,将其他合成材质分别拖曳到下面材质1、材质2、材质3按钮上。拖曳复制时,可以选择实例以方便后期联动控制。材质插槽后面的 A 代表此材质基于材质贴图的不透明度进行相加叠加(为默认值),相加叠加使材质变亮;S 代表基于材质贴图不透明度进行相减叠加,相减叠加使材质变暗;M 代表材质根据后面不透明度数值混合。

3. 双面材质

双面(Double Sided)材质可以向一个多边形面的正反两个面分别添加不同的材质。如图 8-27,在默认材质球的工具面板中,点击材质选择按钮。在材质库中选择双面材质。创建正面和背面两个材质:棋盘格和噪波。将棋盘格材质拖曳到双面材质中的正面按钮上,将噪波材质拖曳到背面按钮上。通过渲染可以观察到圆柱筒的内、外面,分别贴上了背面和正面材质。面的正背面由其法线方向决定,可以在可编辑多边形的多边形层级中修改面的法线方向。参数面板中,半透明度为 0 时,没有混合;为 100 时,背面完全显示正面材质;为中间值时,背面材质根据透明度混合显示正面材质。

图 8-27 双面材质

4. 无光/投影材质

无光/投影(Matta/Shadow)材质可将所选对象(或面的任何子集)转换为透明物体和无光对象,同时还能让对象吸收阴影、反射等信息。使用无光/投影材质技术,通过在背景中建立隐藏代理对象并将它们放置于简单形状对象前面,可以在背景上投射阴影,常在渲染可以替换背景的前景素材时使用。

如图 8-28,左图为常规渲染模式,包括地面和地面上的物体,以及灯光产生的阴影;中图中,将地面设置为无光/投影材质,地面透明消失的同时保留地面上的阴影,还保存了阴影的阿尔法信息,通过阿尔法通道可以将物体和阴影提取出来;右图则表示在平面或者后期软件中把地面上的物体连同阴影与其他场景素材进行合成,该技术常用于将虚拟物体与实景结合。

图 8-28 无光/投影材质的应用

如图 8-29,在无光/投影材质参数面板中:

禁用不透明阿尔法,可以将对象(地面)的阿尔法隐藏掉,以便只保留阴影阿尔法(须开启接受阴影和影响阴影阿尔法)。

启用应用大气,可以保存环境中的雾效果。

启用接受阴影,就可以保存投影在对象(地面)上的阴影图像。启用影响阿尔法可以将阴影阿尔法信息保存下来。阴影的亮度和颜色可以用来调整阴影强度。

在反射中,可以在贴图中添加平面镜贴图,使地面产生水面一样的反射效果。反射数量可以控制反射强度。

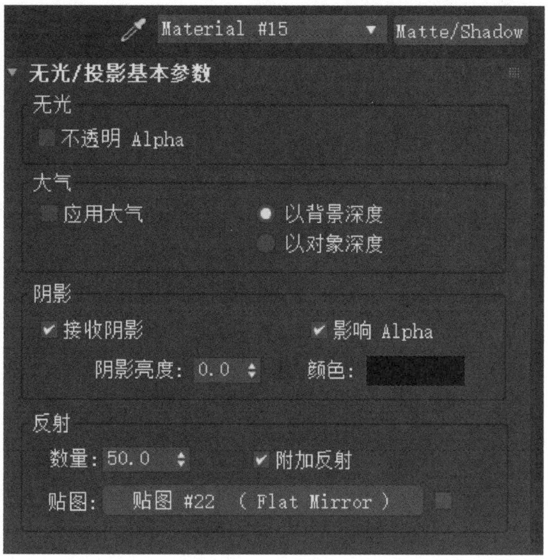

图 8-29 无光/投影材质设置

5. 多维/子对象材质

多维/子对象(Multi/Sub-Object)材质可以将一系列材质集合起来,给每个材质都赋予一个材质 ID,然后通过可编辑多边形中,子对象的多边形材质 ID 来为对象内的多边形设置不同的 ID 材质。

如图 8-30,创建一个茶壶,并将其转换为可编辑多边形。在元素层级中选择茶壶的壶身,再修改模板多边形:材质 ID 组中,设置 ID 为 1;依次选择壶嘴设置 ID 为 2、壶柄设置 ID 为 3、壶盖设置 ID 为 4。

选择一个材质球,在材质库中选择多维/子对象材质,然后分别创建 4 个新材质。以创建棋盘格、噪波、木纹、红色 4 个材质为例,将 4 个材质分别拖入到多维/子对象材质下面的 ID 1、2、3、4 号材质槽中,再将材质赋予茶壶。通过渲染可以看到茶壶的各个部件呈现了不同材质贴图。参数面板中的设置数量可以设置多维材质的数量。添加和删除可以添加一个子材质或者删除选定子材质,默认情况下添加的子对象 ID 数大于使用中的 ID 数的最大值。

6. 光线跟踪材质

光线跟踪材质是一种明暗处理更为细腻的材质类型,与标准材质一样,能支持漫反射表面明暗处理,同时还能创建完全光线跟踪的反射和折射,也支持雾、颜色密度、半透明、荧光以及其他特殊效果。光线跟踪材质中的控件较多,一般情况下使用基本参数中的控件就可以生成比较理想的反射和折射效果。光线跟踪材质常用于陶瓷、塑料、玻璃等表面光滑或者有透明折射的材质。

图 8-30　多维/子对象材质

如图 8-31,创建 3 个光线跟踪材质(在材质库中选择光线跟踪),如图中参数面板所示,分别设置其漫反射颜色、透明度颜色(颜色越浅越透明)、透明物体的折射率、发光度颜色(可以像彩色灯泡一样设置物体发光颜色)、反射颜色(颜色越浅反射强度越大)、高光级别和光泽度。通过渲染可以快速得到较高质量的玻璃材质、自发光材质和红色高光材质。继续调节参数细节和颜色就能模拟各种玻璃、陶瓷、塑料等物体材质。

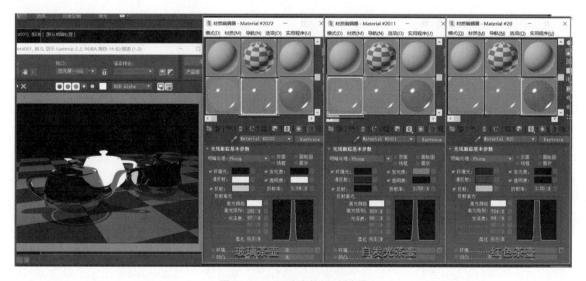

图 8-31　三种光线跟踪材质

7. 卡通材质

卡通(Ink'n Paint)材质可以创建类似漫画风格的卡通效果。卡通材质给渲染对象边缘添加带有墨水效果的描边。对于对象表面,采用归纳明暗变化的卡通渲染方式。

如图 8-32,在材质库中选取卡通材质,将材质赋予茶壶。在参数面板中可以调节:

基本材质扩展组:启用双面可将材质应用到模型的正反两面。启用面贴图可将贴图应用到几

图 8-32　卡通材质

何体的各面。启用面状就像表面是平面一样,渲染表面的每一面。启用不透明阿尔法后,即使墨水和绘制组件处于禁用状态,阿尔法通道也为不透明,默认设置为禁用状态。凹凸和置换可为模型表面添加凹凸和置换效果,如在凹凸中添加噪波贴图,能让卡通表面产生一些生动变化。

绘制控制组:在绘制级别中可设置明暗层次数量(如图 8-33)。数值越大,层次越多,越接近真实光影效果,默认为 2。

亮区、暗区、高光可分别设置相应区域的颜色和强度,也可指定贴图填充,通过修改贴图百分比,可以设置贴图将与颜色的混合程度。

墨水控制组:控制物体轮廓线的描边和结构转折区的划线。启用墨水可开启墨线描边,

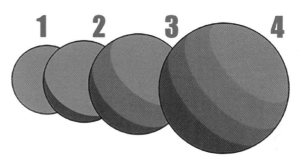

图 8-33　不同数量明暗层次效果

默认为开启。墨水质量控制描写笔刷形态,1 为十字形笔刷、2 为八边形笔刷、3 为圆形笔刷。墨水宽度设置描边的粗细,也可在最大、最小值范围内选择可变宽度。开启可变宽度后,描边的粗细受场景照明和模型结构影响,有时甚至可能细到看不见墨水描边。此时可以启用钳制,强制使墨水宽度始终保持在最大值和最小值之间,默认设置为禁用状态。

轮廓用来设置物体外轮廓的墨水颜色和贴图。相交偏移用来微调描边的位置,使其靠近或远离摄影机视点。正值使描边远离观察点,负值则将描边拉近,默认设置为 0.0。

重叠用于描绘模型上的内部结构穿插,默认设置为启用。延伸重叠与重叠相似,只是将墨水应用到较远的曲面上,默认设置为禁用状态。小组对不同平滑组边界之间添加绘制墨水,默认设置为启用。平滑组可以在可编辑多边形面层集中设置。材质 ID 对应用不同材质的面边缘绘制墨水,默认设置为启用。每个墨水组件后都有贴图控件,可为相应区域添加贴图。

8. 顶/底材质

顶/底(Top/Bottom)材质可向对象的顶部和底部指定两个不同的材质,也可将两种材质混合在一起,并指定材质混合的位置。

如图8-34,在材质库中选择顶/底材质。创建两个新材质,并在漫反射中赋予棋盘格和噪波贴图。把棋盘格材质拖曳到顶/底材质参数面板中的顶材质槽中,把噪波材质拖曳到底材质槽中。设置一定的混合值(默认数值为0,此时两个材质没有互相融合)。位置数值可以控制两个材质交汇的位置。交换可以互换已有的顶/底材质。

图8-34 顶/底材质

第一节　标准灯光

3ds Max 中的标准灯光包含一组基础灯光,可以用来模拟生活中常见到的各种点光源和平行光源,如白炽灯泡、射灯、舞台追灯等,还可以模拟天光和阳光。根据灯光照射属性模拟产生不同类型的阴影,比如平行光照射产生的硬边阴影和点光源产生的软阴影。标准灯光并不基于真实物理属性计算模拟,所以真实性较差。但是渲染速度较快,控制简单。

一、泛光灯

泛光灯(Omin)可以模拟从一个光源点向空间中的各个方向投射光线(类似一只白炽灯泡或者一团火焰)。泛光灯常用来模拟点光源或者给物体暗部补光。

如图9-1,点击创建面板→灯光→标准→泛光按钮,在场景中添加泛光灯。

标准灯光参数面板中的控件有较强的通用性,下面以泛光灯举例。

常规参数组:在灯光类型下拉选项中,可将泛光灯切换为聚光灯或平行光。启用阴影,产生阴影效果。在阴影类型下拉展卷中,可选择阴影类型,默认为阴影贴图。开启全局设置后,场景中的所有灯光将共享阴影参数。

点击排除按钮,可选择对场景中的物体禁用阴影投射效果。单击此按钮弹出排除/包含对话框,选择需要排除阴影效果的物体,确定后生效。

强度/颜色/衰减组:倍增可设置灯光强度,默认为1。灯光强度可以为负数,负数可产生使区域变暗的效果。倍增后面的颜色选择器可设置灯光颜色。衰退起到让远处灯光强度逐渐减弱的作用。有三种衰退方式:选择无为不应用衰退;选择反向应用反向衰退;选择平方反比为应用平方反比衰退。

近距离衰减可让灯光由光源中心到指定衰减位置,从近到远由弱变强。开始设置灯光最弱值距离(在泛光灯中是球形半径),结束设置灯光最强值距离(在泛光灯中是球形半径)。近距离衰减不常用于灯光设置中。

远距离衰减可设置灯光由光源中心到指定衰减位置,由近到远由强变弱。开始设置灯光开始衰弱的距离(在泛光灯中是球形半径),结束设置灯光衰弱到0的距离(在泛光灯中是球形半径)。远距离衰减常用于泛光灯的应用,而且有利于渲染运

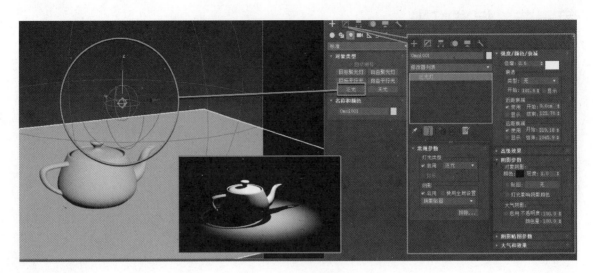

图9-1 创建泛光灯

算速度和控制泛光灯的照射范围。

高级效果组：对比度可调整物体表面的漫反射区域和环境光区域之间的对比度，普通对比度设置为0。柔化漫反射边可柔化物体表面的漫反射部分与环境光部分之间的边缘。可用于消除在某些情况下曲面上出现的边缘痕迹。

投影贴图可让灯光像投影机那样在物体表面投射出图案。如图9-2，在投影贴图中选用了棋盘格贴图，在地面和茶壶表面照射出棋盘格效果。可将投影贴图拖曳到材质球上，进一步调整投影贴图细节参数。通过以上操作可以看到材质编辑器不但可以显示材质球，还能显示贴图项。

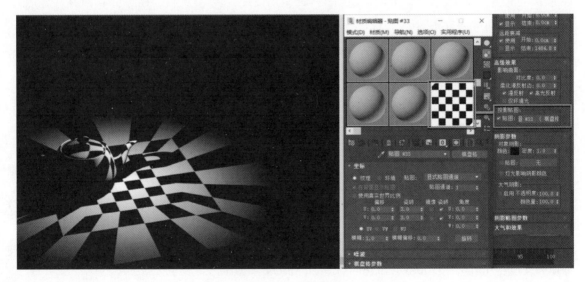

图9-2 投影贴图

阴影参数组：颜色可以设置阴影的颜色。密度可设置阴影的不透明度，数值越小阴影透明度越低，默认为1。启用贴图可用贴图代替颜色填充阴影区域。启用灯光影响阴影颜色后，可以在阴影中颜色混合灯光颜色。启用大气阴影，可使体积雾等大气效果也投射阴影。

阴影贴图组：偏移可将阴影移向或移离投射阴影的物体。大小设置阴影贴图的精度。采样范围影响软阴影边缘的细腻程度。

大气和效果组：将大气或渲染效果与灯光相关联。可添加体积光和镜头体积。

二、目标聚光灯

目标聚光灯可模拟射灯和闪光灯，投射出聚焦的光束，常用来模拟舞台射灯或者探照灯的照射效果。当添加目标聚光灯时，会自动生成一个控制灯光照射方向的目标点，可以将目标点绑定到场景中的运动物体上，使灯光始终照射运动目标。

如图9-3，点击创建面板→灯光→标准→目标聚光灯按钮，在场景中添加目标聚光灯。

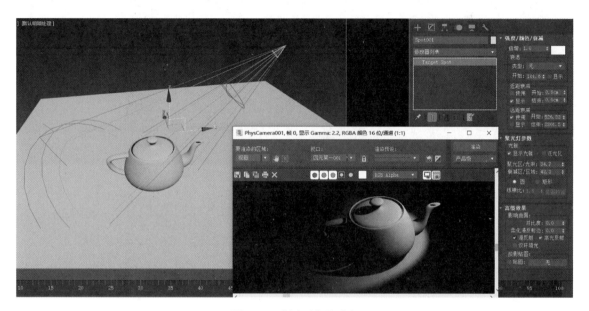

图9-3 创建目标聚光灯

目标聚光灯与泛光灯的大部分参数都相同，主要区别在于聚光灯参数：

聚光灯参数组：聚光区/光束可调整灯光圆锥体的扩散角度。聚光区值以角度为单位进行测量，聚光区的光锥最小为0.5度，最大为179.5度。衰减区/区域调整灯光衰减区的角度，衰减区数值也以角度为单位。默认聚光灯区域为圆，即为圆锥体，也可选择矩形将光锥区域变为矩形三角锥，设置为矩形时，能通过改变纵横比来设置矩形长宽比例。如果灯光的投影纵横比为矩形，可点击位图拟合，使灯光照射范围与贴图比例匹配，用于幻灯片投影效果的制作。

三、目标平行光

目标平行光（Target Directional Light）可以模拟太阳在地球表面上的照射。投射出指向同一方向的平行光。平行光主要用于模拟太阳光，以圆柱体或长方体作为光锥投射形体。

如图9-4，点击创建面板→灯光→标准→目标平行光按钮，在场景中添加目标平行光。

平行光参数组：聚光区/光束可设置光锥体大小，聚光区值使用长度单位进行测量。衰减区/区域可调整灯光衰减区的大小，衰减值也使用长度单位进行测量。可选择圆或者矩形来设置灯光区域形状。

灯光强度、颜色、阴影等其他参数可以参考泛光灯中介绍的标准灯光设置。

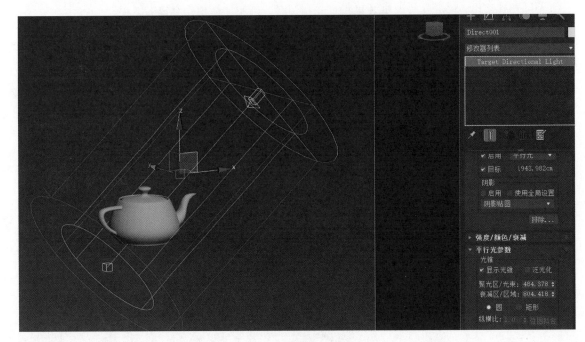

图9-4　创建目标平行光

四、天　光

天光(Skylight)可以用来建立日光模型。建立天光后会自动生成一个球体将场景包裹住,可以用颜色或者贴图来填充天空。

当使用默认扫描线渲染器进行渲染时,天光与高级照明(光跟踪器或光能传递)结合使用,效果更佳。如图9-5,点击创建面板→灯光→标准→天光按钮,在场景中添加天光。

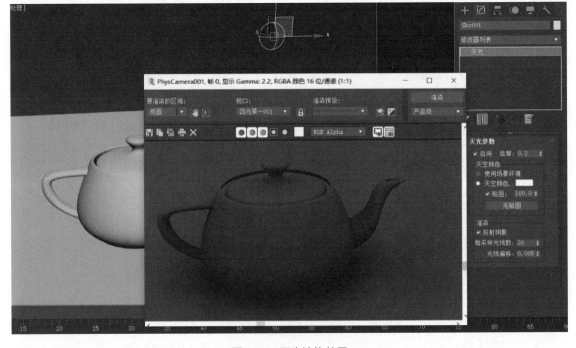

图9-5　天光渲染效果

天空颜色组：启用使用场景环境可以使用环境面板上设置的环境给光上色。启用天空颜色，拾色器可以设置天光颜色。也可启用贴图并使用高动态范围（HDR）格式环境贴图，为场景添加更真实的环境光源。

渲染组：开启投射阴影使天光投射阴影，默认设置为禁用。图9-5为开启后的渲染效果。天光为散射光，所产生的阴影没有方向和明显边缘，只会根据模型之间的距离产生结构阴影，每采样光线数用于控制阴影细节，采样越多光影越细腻，但同时渲染速度会变慢。

五、光度学灯光

光度学灯光使用光度学（光能）值来模拟计算光照。光度学灯光能模拟更加精确真实的光影效果，并可利用相应编辑器较为精确地设置光域网（光斑），既能载入3ds Max预设的真实灯光参数，也可以载入由其他照明厂商提供的灯光文件。

如图9-6，点击创建面板→灯光→光度学→目标灯光按钮，在场景中添加光度学目标灯光。

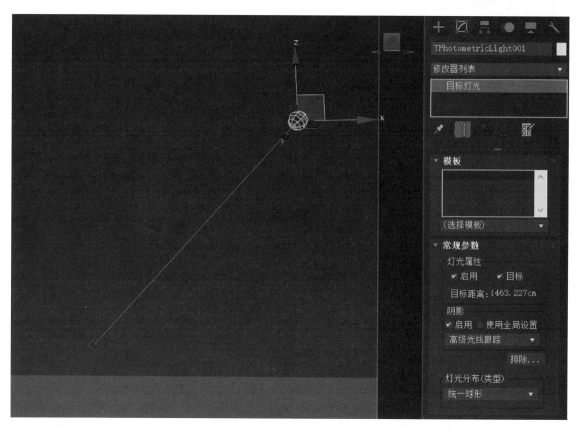

图9-6 创建光度学目标灯光

模板组中点击选择模板下拉栏可加载光度学灯光库中的预设灯光，包括灯泡照明类、卤素灯类、嵌入式照明类、荧光灯类和其他灯光类。每一类中都包含几种模拟真实世界存在的灯光。选中的灯光会在模板列表中显示名称。

常规参数组：在灯光属性中，可以启用灯光，禁用则失效。启用目标可以使灯光具有目标定位点。目标距离为光源点到目标点之间的距离。

启用阴影使当前灯光可投射出阴影，默认为关闭。开启使用全局设置使用该灯光投射阴影的全局设置，全局设置将统一设置场景中的灯光阴影。在阴影选择下拉栏中，可以选择渲染时使用阴影贴图、光线跟踪阴影、高级光线跟踪阴影或者区域阴影 4 种阴影类型。排除可选择对场景中的物体禁用阴影投射效果。单击此按钮弹出排除/包含对话框，选择需要排除阴影效果的物体，确定后生效。

在灯光分布（类型）下拉列表中，可以选择灯光分布的类型。一共可以选择 4 个形态的灯光类型：光度学 Web 基于模拟光源强度分布类型的几何网格；聚光灯可像射灯一样投射聚焦的光束；统一漫反射从半球体中投射灯光，可模拟从一个发光表面投射光源效果；统一球体模拟从发光球体向各个方向上均匀投射灯光。

使用光度学 Web 灯光类型后，可以通过分布（光度学 Web）组中的导入功能，加载光域网文件。光域网一般以 IES、LTLI 或 CIBSE 格式保存。还可以通过设置下方的 X、Y、Z 轴来调整光域网角度。

图 9-7　灯光强度/颜色/衰减控制面板

强度/颜色/衰减组：如图 9-7，颜色下拉列表中可以选择常用的一些灯规范，使之近似于灯光的光谱特征，默认选择 D65 Illuminant（基准白色）。启用开尔文通过调整色温微调器设置灯光的颜色。色温以开尔文度数显示。相应的颜色在温度微调器旁边的色样中可见。过滤颜色可以使用颜色过滤器模拟置于光源上的过滤色的效果。例如，红色过滤器置于白色光源上，就会投影红色灯光。单击色卡，可以选择设置过滤器颜色，默认为白色。

强度可以使用真实的光学数值来控制灯光的亮度和颜色。其中流明（lm）控制灯光的总体输出功率（光通量），坎得拉（cd）控制灯光沿着照射方向上产生的最大发光强度，勒克斯（lx）可以控制在一定距离中，面向光源方向投射到表面上的灯光强度。

暗淡组中：结果强度用于显示暗淡所产生的强度，使用与强度组相同的单位。启用暗淡百分比后，该值会用于降低灯光强度。如果值为 100%，则灯光具有最大强度，百分比较低时，灯光较暗。启用光线暗淡时白炽灯颜色会切换选项后，灯光可在暗淡时通过产生更多黄色来模拟白炽灯。

第二节　大气环境

一、设置环境参数

利用环境面板可以指定和调整环境。例如：场景背景效果和大气效果，还可以进行渲染曝光控制。如图 9-8，点击菜单栏→渲染→环境按钮可打开环境和效果面板（快捷键为大键盘数字 8）。

在环境和效果面板中可以设置以下参数：

背景组：颜色可以点击色卡设置场景中，天空背景的色彩，也可以给背景色彩添加关键点，制作

图 9-8　环境和效果控制面板

出背景颜色变换的动画效果。点击环境贴图按钮,可以在贴图浏览器中选择环境背景贴图。

全局照明组:染色可以为场景中的所有光线添加色相叠加,比如设置染色为黄色,则在场景中的所有可见光中添加黄色。注意:染色并不能带来光线亮度提升,而只是为已有光线添加色彩。级别可以整体增大或减小场景中的灯光强度。

环境光给场景添加一个整体亮度光源,环境光不能产生阴影。单击色样可以选择环境光颜色,颜色明度越高,环境光越亮。也可以设置环境光颜色变换动画。

曝光控制组:用来调整渲染输出图片的亮度、对比度、色调等参数。在曝光控制下拉栏中可以选择曝光方式,默认为对数曝光控制。选择对数曝光后,在下方的对数曝光控制参数面板中可以控制画面的亮度、对比度、色调、物理比例的参数。还可以通过颜色校正来整体调整画面色调。

二、大 气 效 果

大气是用于创建照明效果(例如雾、火焰等)的插件组件。有一些大气效果如雾和体积光依托于灯光,其他的大气效果如火和体积雾,则依托于大气装置。

在创建面板→辅助对象→大气装置按钮中可以看到三种不同的大气装置,包括长方体 Gizmo、球体 Gizmo 和圆柱体 Gizmo。通过大气和效果展卷可以添加体积雾和火效果。大气效果插件产生的雾和火会在 Gizmo 内部区域生成。改变 Gizmo 的尺寸会影响体积雾和火焰的大小、范围和周边,但不会影响其形态。形态是由体积物和火焰本身参数决定的。图 9-9 为长方体 Gizmo 和球体 Gizmo 内部添加体积雾后效果图。

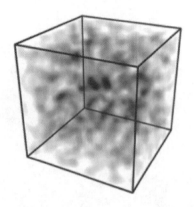
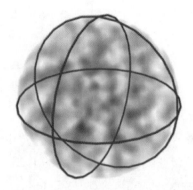

图 9-9　大气装置 Gizmo

三、火　效　果

使用火焰可以生成动画的火焰、烟雾和爆炸效果。可以用火焰模拟篝火、火炬、火球、烟云和星云效果。

点击创建→辅助对象→大气装置→球体 Gizmo 按钮创建一个球体 Gizmo 作为火焰载体。将球体 Gizmo 设置为半球，并用不等比例缩放，将其拉长一些以适应火焰形状。在大气和效果中添加火效果。

如图 9-10，在环境面板中可以调整火效果参数：

图 9-10　创建火效果

内部颜色和外部颜色可以设置火焰的颜色。拉伸可以设置 Z 轴方向缩放。火焰大小和火焰细节与球体 Gizmo 共同作用，影响火苗的形态细节，密度越大火焰越亮。可以通过设置相位和漂移关键帧，使火焰运动起来。

四、雾　效　果

雾插件效果可以生成雾或烟的效果。标准雾的浓度与摄影机的距离有关，离摄影机越近雾越淡。还可以在区域空间内使用体积雾，使用辅助对象可以控制产生体积雾的区域。只有在摄影机视口中渲染才能产生雾效，正交视口中雾不会生效。

如图 9-11，在大气效果中添加雾效果插件。渲染摄影机视图，能看到场景中出现雾效果。如图 9-11，在环境面板选中雾。在雾参数中，将类型设置为分层，可以让雾效果产生上下衰减。密度用来控制雾的整体浓淡,分层中的顶和底设置雾的衰减范围。如果设置为标准模式,就只根据摄影机的远近进行衰减。

图 9-11　添加雾效果

五、体　积　雾

体积雾可以产生密度不均匀的絮状雾效果,还提供了制作风吹动云雾效果的动画控件。上节讲到的雾效果依托于灯光,而体积雾与火效果一样依托于辅助对象中的大气装置。

如图 9-12,点击创建→辅助对象→大气装置→长方体 Gizmo 按钮,在场景中创建一个长方体 Gizmo,把场景中希望出现体积雾的区域罩住。在长方体 Gizmo 的大气和效果面板中添加体积雾。

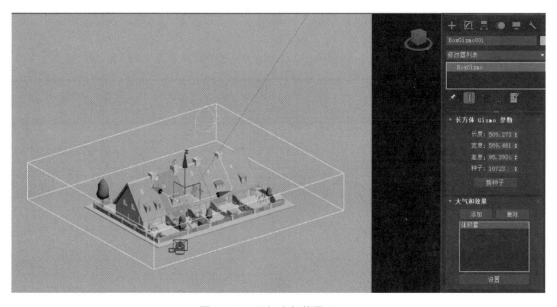

图 9-12　添加大气装置 Gizmo

如图 9-13 在通过渲染摄影机视图,在环境面板中,调整体积雾的参数可以看到场景中出现了块状雾。在环境面板中选中体积雾,在下面的颜色色卡中可以选择雾的颜色;密度可以设置体积雾的浓淡;柔化 Gizmo 边缘数值可以在 Gizmo 产生衰减,避免分界线过强。在类型中可以选择规则、分形、湍流 3 种雾形态。可以对相位值设定动画,体积雾就会产生流动的效果。流动的方向和速度由风力方向和风力强度决定。

图 9-13　设置体积雾

六、体 积 光

体积光可以根据灯光与大气(雾、烟雾等)的相互作用,模拟光线在大气中散射效果,使场景渲染更加真实。

如图 9-14,点击菜单栏→渲染→环境按钮,可打开环境和效果面板(快捷键为大键盘数字 8)。在大气组件中点击添加→体积光按钮,就可以在渲染中,模拟光在各种纯净度空气下的效果。也可点击灯光,在其大气和效果展卷中添加体积光。添加成功后,需要在环境和效果面板中进一步配置参数。

在体积光参数面板中:

灯光组:通过拾取场景中的灯光,指定其产生体积光效果。如果想模拟室外场景大气效果,请使用平行光。也可以设置最大亮度、最小亮度百分比进一步调整体积光的明暗。

体积组:利用拾色器指定雾颜色,默认为白色。体积光随距离而衰减。体积光通过灯光的近距衰减距离和远距衰减距离,从雾颜色渐变到衰减颜色。密度越大雾越密,从体积雾中反射的灯光量就越多。

噪波组:通过启用噪波,模拟光源在烟雾笼罩下产生的密度不均匀效果。如图 9-15,将灯光设

图9-14 添加体积光

图9-15 为体积光设置噪波

置为聚光灯，启用噪波。设定一定的噪波数量，并应用湍流模式。通过渲染可以获得雾中开启聚光灯的效果。

第三节 摄像机

一、摄像机类型

摄影机用来从指定的观察点展现场景。3ds Max 中的摄影机可以模拟现实世界中摄影机拍摄静止图像、运动图像或者录像。系统提供两种摄影机。

物理摄影机可以将场景框架与曝光控制,以及对真实世界摄影机进行建模的其他效果集成起来。在创建面板中只有一种物理摄影机,在物理摄影机参数面板中可以选择启用目标物理摄影机或者自由物理摄影机。

传统摄影机的界面更简单,其中只有较少控件。在创建面板中,传统摄影机包括目标摄影机和自由摄影机。在参数面板中也可以将两种摄影机互相切换。

在创建面板中,可以选择创建物理、目标、自由三种摄影机。使用者可以在场景中直接创建摄影机,也可以在指定活动透视图中,通过组合键 Ctrl+C,以当前透视图视角(只能在透视图中)创建新摄影机。在任意活动视口下,按快捷键 C 可将当前视口切至已存在摄影机视角。如果场景中有多部摄影机,按 C 键可弹出摄影机选择框。在弹出窗口中选择指定摄影机后,可直接切换到该摄影机视角,还可以将已有摄影机与透视图匹配。在菜单栏尾部工作区下拉栏中,将工作区切换到设计标准。在透视窗下,选择希望匹配的摄影机,在设计标准工具栏的视图工具栏中,点击匹配摄影机到视图(Match Camera to view)就可以将摄影机匹配到当前透视图。

二、摄像机的参数设置

如图 9-16,在场景中创建一个物理摄影机。在其参数面板中包括:

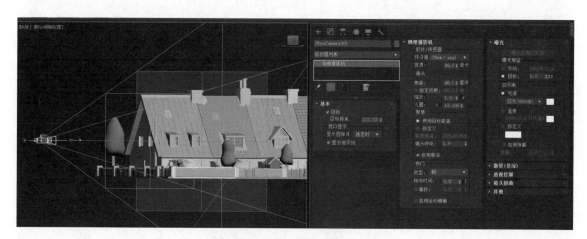

图 9-16 摄像机参数

基本组:启用目标后,摄影机包括了目标对象,可通过移动目标点的位置来设置摄影机的拍摄方向;禁用后,物理摄影机变为自由摄影机。目标距离设置摄影机目标与焦平面的距离,目标距离会影响聚焦、景深等参数。启用显示地平线后,地平线在摄影机视口中以为加粗水平线显示,默认为禁用。

物理摄影机组：胶片/传感器中能选择多种胶片预设，也可以手动输入宽度值来设置摄影机视角宽度。

焦距指真实摄影机中，镜片和感光元件的距离。焦距控制图片的清晰度和取景范围。焦距越小，取景范围就越大。加大焦距将缩小镜头中的取景范围，同时会显示远距离对象的更多细节。焦距以毫米为单位计量，一般情况下50毫米镜头是摄影的标准镜头，小于50毫米焦距的镜头称为短或广角镜头，大于50毫米的镜头称为长或长焦镜头。

光圈影响图像的曝光和景深，光圈数越低，光圈越大景深越窄。启用景深后，摄影机在不等于焦距的距离上生成模糊效果。景深效果的强度基于光圈设置，默认设置为禁用。

快门组：持续时间用于设置快门速度，该值可能影响曝光、景深和运动模糊。偏移用于影响运动模糊效果，需要启用运动模糊使其生效。

曝光组：曝光增益中可以手动设置曝光值，该数值越高，曝光时间越长，画面越亮。如果启用目标模式将设置与三个摄影曝光值的组合，相对应的单个曝光值设置。每次增加或降低 EV 值，也会对应减少或增加有效的曝光，类似修改快门速度。值越高，生成的图像越暗；值越低，生成的图像越亮。默认设置为 6.0。

白平衡中能以光源、温度、自定义颜色的形式设置画面白平衡。启用渐晕时，渲染模拟出现在胶片平面边缘的变暗效果。

此外散景组可以控制背景虚化的形态；透视控制组可以矫正因为透视产生的景物拉伸；镜头扭曲组可以对镜头添加扭曲效果；在其他组中可以设置摄影机远近距离的视域范围。

第四节　渲染效果的制作技法

一、渲　染

渲染功能可根据使用者设置的灯光、所应用的材质纹理及环境效果设置（如背景颜色和图片，大气特效）为场景的景物角色着色。在渲染设置对话框中，能将渲染出来景物以图片和视频的形式保存下来。渲染输出的进度在渲染帧窗口中显示，在该窗口中还可以更改其他设置并进行重复渲染。点击工具面板中的 ▨ 渲染帧窗口按钮，可以弹出渲染帧窗口（如图 9 - 17）。

在要渲染的区域下拉展卷中，能选择视图、选定、区域、裁剪、放大，用来指定将要渲染的场景部分。选择裁剪和放大时，启用编辑区域将自动激活活动视口中的显示安全框功能。在活动窗口中可以通过拖曳来编辑裁剪或者放大的渲染区域安全框。选择区域时，可以在渲染帧窗口中编辑区域安全框。

工具面板中包括：保存图像、复制图像、克隆渲染帧窗口（可以用此功能对比两次渲染结果）。选择 RGB 通道显示，选择阿尔法通道显示。点击渲染按钮能再次进行渲染（快捷键 F9）。

如图 9 - 18，点击工具面板中的 ▧ 渲染设置按钮（快捷键 F10），打开渲染设置面板。在渲染设置中可选择单帧渲染或者设置动画活动范围渲染。在输出大小中可以设置输出图片的宽度和高度。在渲染输出中可指定渲染图片保存的文件格式和位置。

图 9-17 渲染窗口

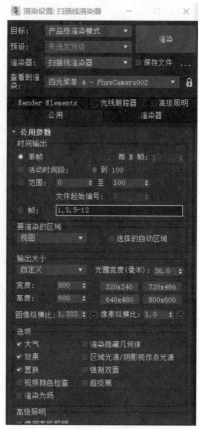

图 9-18 渲染设置

二、镜头特效

镜头效果可创建模拟摄影机相关的一些真实效果,包括光晕、光环、射线、自动从属光、手动从属光、星形和条纹等常用效果。

镜头特效依托于灯光,创建灯光后在灯光的参数面板中的大气和效果组里添加镜头效果即可。也可以在菜单栏中点击渲染菜单→效果按钮,在效果面板中点击添加选择镜头效果进行添加。添加后也需要拾取场景中的灯光才可以生效。

如图 9-19,在镜头特效参数组中,可以将左侧列表里的特效添加到右侧列表中,使其生效。上图中添加了射线(Ray)、光晕(Glow)、光环(Ring)、星形(Star)4 种镜头特效。

射线是从光源中心发出的明亮的直线,用来表现光源亮度很高的效果。射线还能模拟摄影机镜头元件的划痕。在射线元素参数组中,大小用来控制射线的长短,强度用来控制射线效果的总体亮度,强度值越大,光照效果越亮,光照颜色越不透明;值越小,效果越暗颜色越透明。数量用来控制指定镜头光斑中出现的总射线数,射线在光源半径附近随机分布。角度用来控制射线的角度,可以给角度数值制作动画让射线光斑旋转起来。锐化用来控制射线的边缘锐度,数字越大,生成的射线越鲜明、清洁和清晰;数字越小,产生的二级光晕越多,范围从 0 到 10。阻光度确定场景对镜头特定效果的影响程度,输入的值将应用在镜头效果全局面板中设置的那个阻光度百分比上。

光晕用于在指定光源对象的周围添加光环效果。例如,对于表现爆炸的粒子系统,给粒子添加光晕使它们看起来更为明亮炙热。大小用来指定光晕效果的大小。强度和射线效果的强度控制一

图 9-19　添加镜头效果

样,控制单个效果的总体亮度和不透明度。

　　光环是环绕源对象中心的环形彩色条带。大小确定效果的大小。强度控制单个效果的总体亮度和不透明度。平面沿轴设置效果位置,可以产生从灯光中心延伸到屏幕边缘的偏移。厚度确定效果的厚度(像素数)。

　　星形效果可以从光源中心发出的明亮的直线,其单体效果比射线要强烈,由 0 到 30 个辐射线组成。大小确定效果的大小。强度控制单个效果的总体亮度和不透明度。锥化控制星形的各辐射线的锥化。锥化使各星形点的末端变宽或变窄。数字较小,末端较尖,而数字较大,则末端较平。

　　条纹是穿过光源对象中心的条状光带。在使用真实摄影机时,用一些带有失真效果的镜头拍摄场景时,可以产生条纹。可以将其理解为只有两条射线的星形,其参数设置都可以参考星形。

第一节　动画原理与工具

一、动画的帧

视频动画由一系列静止图像组成。由于人眼的视觉暂留现象,当快速地连续查看这些图像时,就会产生连续运动的效果,每张图像被称为一张动画帧。单位时间内组成动画的图片数量越多,动画就越流畅。在 3ds Max 中,动画帧在视口下方的时间轴上显示,制作动画时只能精确到 1 帧。如图 10-1,为一四足动物的 55 帧动画截图。

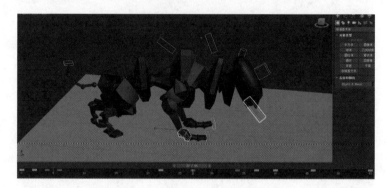

图 10-1　视口和动画时间轴

二、动画长度的设置

点击时间轴下方的 ![按钮] 按钮,进入时间配置面板。在时间配置对话框中,提供了帧速率选项、动画时间长度显示、动画播放控制和动画帧的设置。可以使用时间配置中的设置来更改总体动画长度,或者拉伸或重缩放。还可以结合时间轴来设置动画的开始时间和结束时间。

具体可见本章第五节中的《时间轴的使用》,里面详细讲解了 3ds Max 动画长度的设置方式。

三、常用的动画制作工具

3ds Max 在工具面板中提供了许多工具,用于帮助设置多种类型的动画。如图 10-2,点击工具面板中 ![扳手] 实用程序组中的"更多"按钮,可以打开实用程序面板。

运动捕捉工具使用外部设备捕捉驱动骨骼产生动画。驱动动画时,可以对其进行实时记录,保存为运动数据。

MACUtilities(MAC 实用程序)工具可以使用 Motion Analysis Corporation 工具将最初以 TRC 格式记录的运动数据

图 10-2　实用程序选择面板

转换为 Character Studio 标记(CSM)格式。这样可轻松将运动映射到 Biped 上。

摄影机跟踪器通过设置 3ds Max 中摄影机运动的动画来同步背景,将 3D 场景中的摄影机与用于拍摄影片的真实摄影机的运动相匹配。

蒙皮实用程序提供了一种从一个模块到另一模块复制蒙皮数据(封套和顶点权重)的方法。蒙皮工具通过嵌入蒙皮数据源网格副本的方式工作,然后使用对象副本来将数据贴图绘制到目标网格上。

四、运 动 面 板

1. PRS 参数控制

位置/旋转/缩放(Position/Rotation/Scale,简写为"PRS")控制器是大多数运动对象的默认变换控制器。可以用来控制和记录对象的移动、选择、缩放等变换操作。使用者能用 PRS 控制器给对象添加简单的变换动画。

如图 10-3,创建一个选择动画对象 Box 后,进入运动面板。

在 PRS 参数面板中,创建位置关键点。创建成功后,在时间轴上出现红色矩形关键帧(红色表示移动关键帧、绿色表示旋转关键帧、蓝色表示缩放关键帧)。在位置 XYZ 参数组中可以选择 X、Y、Z 轴作为移动轴向。在关键点信息组(基本)中可输入当前帧号,以及在当前帧的位置坐标值。在第 0 帧,将 Box 的 X 轴位置设置为 -10 厘米,将时间调到 100 帧,设置 X 轴位置为 100 厘米。这样 Box 从 0 帧到 100 帧就产生了一个 X 轴上的 110 厘米的位移动画。

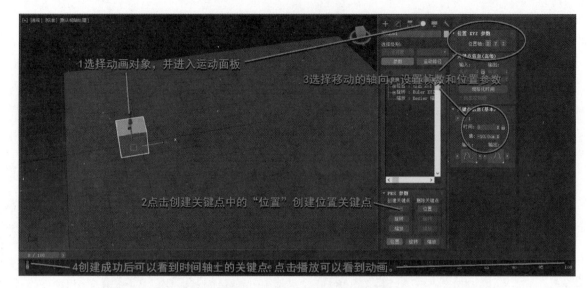

图 10-3　PRS 动画控制面板

在 PRS 参数面板还可以删除选定帧。指定帧中已经有关键点的情况下,创建关键点按键不可用,删除关键点按键激活。在关键点信息组(基本)也可以设置两帧之间的动画曲线从而更精确地控制动画速率。

根据以上办法可以为对象创建位移、选择、缩放动画。但是这种利用 PRS 参数创建动画的方式相对烦琐且不直观。更多情况下还是建议利用视口自动关键帧和曲线编辑器结合的方式制作动画。

2. 运动路径

运动路径可将对象的运动轨迹以直线段或者曲线段的形式显示出来。在编辑关键点时,运动路径提供了很多有用的可视反馈,显示出正在调整的参数对运动路径的作用效果。在运动捕捉中,可以使用轨迹显示来比较已过滤的和未过滤的运动捕获数据。运动路径能转换为样条线,或者反过来将样条线转换为运动路径。

如图 10-4,创建一个 Box,并在 0 帧到 100 帧创建一段运动动画。进入运动面板,在选择级别

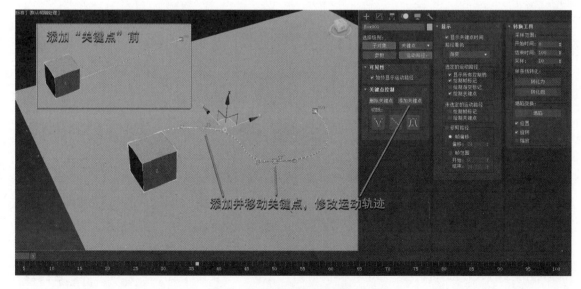

图 10-4　通过运动路径设置动画

中开启运动路径,就可以看到对象的运动轨迹。在视口中直接移动路径上的关键点,改变路径形状,可以改变Box的运动轨迹和运动速率。在可见性中启用始终显示运动路径能使运动轨迹始终显示;如关闭此项,就只能在选中运动对象的情况下,显示运动路径。

关键点控制组:点击添加关键点,可以在运动路径上创建新的关键点。开启子对象后(选中关键点后会自动开启子对象,但是如果意外选中其他元素后关闭子对象状态下,是不可以变换关键点的,还需手动打开子对象),选择并移动关键点可以改变运动路径,同时也改变了对象的运动轨迹。添加的关键点为Bezier点,可以通过拖曳Bezier点的手柄来调整曲线的曲率,从而更精确地控制动画路径。删除关键点可以删除所选中关键点。切线组中的3个工具断开切线、统一切线、自动切线可以将关键点转换为Bezier角点、Bezier点、自动平滑。这3种点与二维样条线中的Bezier点属性一致。

显示组中:开启显示关键点时间,在视口中的关键点上显示帧号,还可以选择开启显示所有控制手柄、绘制帧标记、绘制关键点和绘制渐变标记。关闭后相关信息就会在运动路径中隐藏。

转换组中:点击转化为可以将运动路径转化为样条线。静止对象也可以通过点击转化并拾取二维样条路径,赋予对象运动轨迹。开始时间和结束时间用来设置转化路径的时间和捕捉路径转化为动画的动画时间。采样控制路径的转化精度。将路径轨迹运动转换为对象的每一个关键帧的过程叫作塌陷。例如将路径约束自动生成的动画效果塌陷为标准的、可编辑的关键点动画。注意,运动路径与Biped(两足角色)中的轨迹还有所区别,轨迹只供观察点,而运动路径可以用来编辑关键点。

五、运 动 轨 迹

在3ds Max中,控制器可以储存一切动画值数据和动画类型的插件。用于记录变换动画的控制器包括:位置XYZ、旋转Euler XYZ、缩放Bezier 3个控制器。

1. 指定变换控制器

变换控制器用于设置对象的位置、旋转和缩放的控制器的类型和行为,变换控制器是一种复合控制器。

如图10-5,可使用轨迹视图中的曲线编辑器面板或运动面板里的控件来指定变换控制器。复

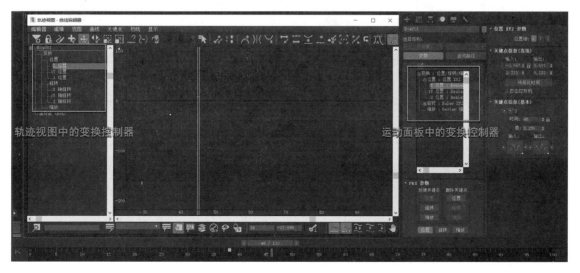

图 10-5　轨迹视图曲线编辑器

合变换控制器在轨迹视图中不显示属性。可以通过运动面板中的变换控制器参数和使用轨迹视图或运动面板上的指定控制器选项,将动画控制器指定给任何可设置动画的参数或轨迹。

在轨迹视图中使用变换控制器请参考本章第六节《曲线编辑器》,在运动面板中使用变换控制器请参考本章第一节中的《PRS 参数控制》。

2. 指定位置控制器

位置控制器是变换控制器中的一个组件,可以使用大多数标准控制器(如 Bezier、TCB 和噪波)的数据类型。默认的 PRS 控制器中使用 XYZ 控制器,将位置控制器划分为三个单独的 Bezier 浮点控制器。位置包含的每个 X、Y 和 Z 组件都独立接收与其相关的运动轨迹数据。

(1)噪波浮点控器添加随机位置变换

噪波浮点控制器可以添加浮点的随机值变化。将这种变化应用到对象的位置上,就可以添加随机位移动画,比如给运动对象增加随机弹跳效果。首先,如图 10 - 6,制作一段小球在水平面上的位移动画(只有 X 和 Y 轴位移)。然后在运动面板位置控制器中选择 Z 位置,点击指定控制器图标,在弹出的指定浮点控制器中选择噪波浮点,添加成功后在 Z 位置出现了噪波浮点控制器。

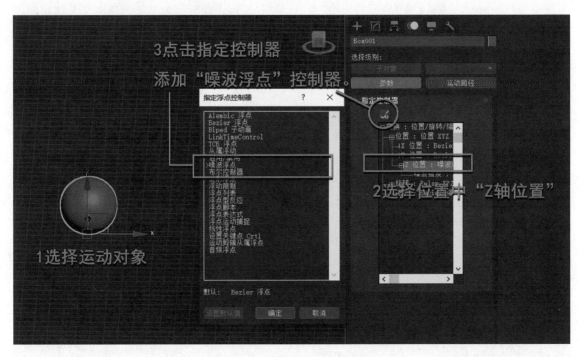

图 10 - 6　添加噪波浮点控制器

如图 10 - 7,通过噪波控制器控制面板,可以设置噪波的强度和频率,还可以设置渐入、渐出时长来控制噪波起始动画。种子用来设置随机。开启运动路径就可以看到小球在 Z 轴上的随机运动。

(2)路径约束控制器切换运动路径

使用路径约束可限制对象的移动,如使其沿指定样条线移动,或在多个样条线之间以平均间距进行移动。如图 10 - 8,给小球位置上添加路径约束控制器。点击添加路径先添加圆形路径,小球就会围绕圆形进行移动。然后再添加直线路径,点击目标中的直线路径 Line001,可以看到默认状态下其权重值为 50。代表小球受圆形和直线路径的控制权重各占 50%。

点击 Auto 开启自动关键帧模式,在 0 到 100 帧之间制作路径约束动画。第 0 帧时将 Line001 权重为默认 50,在 50 帧时将 Line001 权重设置为 75,在 100 帧将权重设置为 10。如图 10 - 9,播放或者

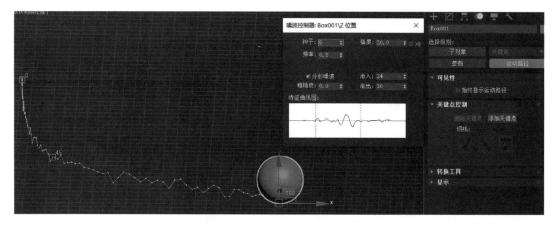

图 10-7　设置噪波参数

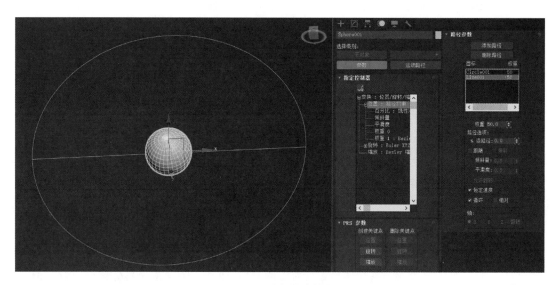

图 10-8　路径约束控制器

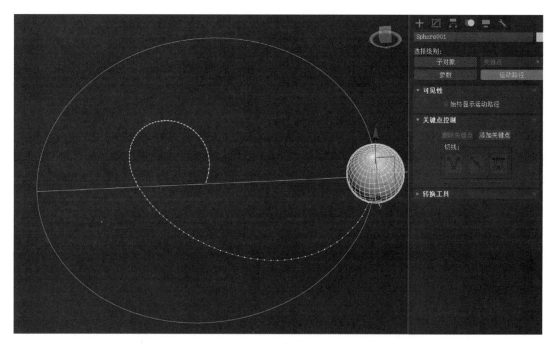

图 10-9　切换约束路径

点击运动路径可以看到，小球受直线和圆形之间权重变化影响，形成了一个螺旋形运动轨迹。

如果已经为一个参数设置了动画，那么指定新的控制器会产生下列两种可能之一：① 重新计算现有的动画值，以此来生成使用新控制器的类似的动画。例如，用 Bezier 位置替换 TCB 位置可以较好地保留原动画。② 丢弃现有动画值。例如，用噪波旋转替换平滑旋转会丢弃"平滑旋转"的动画值。

3. 指定旋转控制器

旋转控制器是变换控制器的一个组件。旋转控制器能使用大多数标准控制器（如 TCB、线性和噪波）的生成的数据。

在 3D 中旋转十分复杂。即使是标准控制器类型，在用于旋转时的行为也不一样。在 3D 动画中计算旋转最常用的方法是使用 4 个组件来定义绕任意某个轴进行的旋转这种方法也称作四元数方法。四元数值和对象在场景中交互旋转的方式之间生成直接的一对一关系，生成的旋转比其他方法生成的旋转更平滑。四元数旋转控制器不会在曲线编辑器中显示功能曲线。因此，Euler XYZ 目前是指定给所有对象的默认旋转控制器。

Euler XYZ：想要对旋转的每个轴的单个功能曲线进行控制时，需使用 Euler XYZ 旋转控制器。Euler XYZ 是一个复合控制器，它将独立的单值符点控制器组合在一起，来指定绕 X、Y 和 Z 轴旋转的角度。Euler XYZ 旋转是应用于所有对象的默认控制器。Euler XYZ 不如四元数控制器平滑，但它是唯一可以用于编辑旋转功能曲线的旋转类型。

平滑旋转：想要拥有更平滑、更自然的旋转，请使用平滑旋转。平滑旋转使用不可调整的曲线交错，这种方式具有以下特征：可以在轨迹视图中移动关键点来更改计时，可以直接旋转视口中的对象来更改旋转值，不显示控制器或关键点属性或功能曲线。

注视约束会控制运动对象的朝向，类似人眼观看一个固定目标一样，使运动对象一直注视一个目标对象。其原理为，在动画过程中锁定运动对象的旋转，使其一个轴指向目标对象或目标位置的加权平均值。

如图 10 - 10，创建一个茶壶，使其围绕圆形进行路径运动。点击菜单栏→动画→约束→注视约

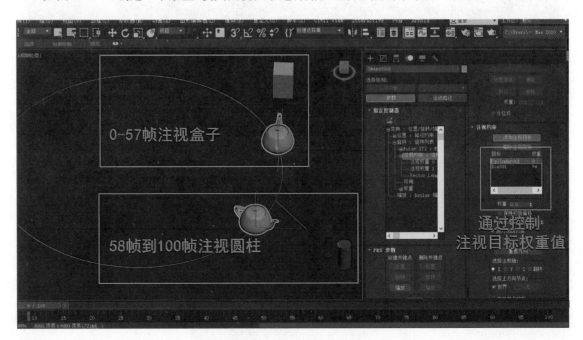

图 10 - 10　注视约束

束按钮,或者在指定控制器中选中旋转添加注视控制器。添加成功后会从茶壶中生成射线始终对着注视目标(多个目标可以生成多条射线)。添加两个注视目标,盒子 Box001 和圆柱 Cylinder001。在100 帧动画的前半部设置盒子的注视权重为 100,当茶壶围绕圆形逆时针旋转到下半部时,设置圆柱体的权重为 100,同时降低盒子的注视权重值。播放动画可以看到,茶壶在围绕圆形运动时先朝向盒子后朝向圆柱体。

4. 指定缩放控制器

缩放的默认控制器是 XYZ 控制器,该控制器可以针对缩放对象的每个缩放轴使用独立的浮点控制器,也可单独为每个轴创建缩放关键点,更改和添加单个轴的插值设置或指定轴上的控制器。例如,应用缩放 XYZ 控制器后,可对轴应用噪波或波形控制器,以便单独设置该轴的缩放动画。

(1)噪波控器添加随机缩放

如图 10-11,为茶壶对象添加噪波缩放控制器,可以使对象以频率设定的速率产生 3 个轴向上的随机缩放。缩放强度由 X、Y、Z 3 个轴向强度控制。同时也可以设定噪波的渐入、渐出时间。

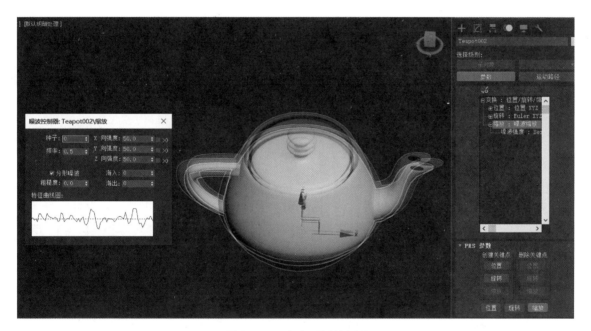

图 10-11 添加噪波控制器

(2)声音控制器添加缩放

使用音频控制器,可以通过声音控制对象的缩放动画,制作出对象随着声音大小节奏进行缩放的动画效果。音频控制器将音频中的波形或实时输入的声波转换为可以控制对象或参数动画的数值,将数值应用到对象的缩放控制器中,让对象随着音频的波形进行缩放。如图 10-12,选中对象缩放控制器后,添加音频控制器。在音频控制器面板中选择一段音频文件(WAV 格式),将目标比例设定为 X、Y、Z 轴上的 200,表示对象随着音频最大可以等比例缩放 2 倍。播放动画,可以观察到对象随着声音波形产生了缩放动作。

图 10－12　添加音频控制器

第二节　骨骼系统

一、CS 骨架系统

　　CS骨架系统全称为"Character Studio"（以下简称"CS系统"），是 3ds Max 中提供角色动画制作全套工具的一组组件。

　　如图 10－13，使用 CS 系统可以为 Biped 创建预置的标准骨骼，并且利用骨骼来为角色制作动

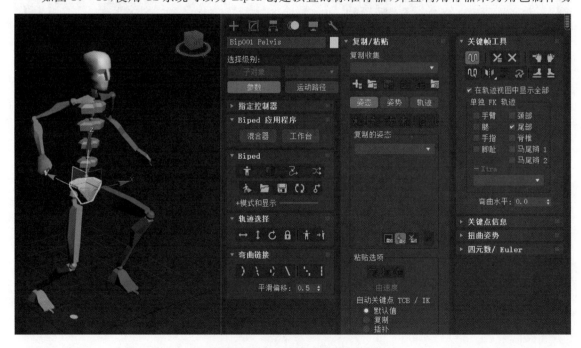

图 10－13　CS 角色动画系统

画。使用者也可以利用 CS 系统中的足迹动画,快速为角色添加双足行走动画。系统会根据角色的脚步位置、重心、姿态平衡和其他因素,自动计算角色行走姿态。

在 CS 系统中,使用者还可以配合时间轴,在手动模式下,为角色添加自由形式动画。这种动画制作方式除了可以制作直立人形角色,也同样适用于四足角色(兽类)、游动角色(鱼类)、飞行角色(鸟类)。

除了手动调节动画,使用者也可以通过使用运动捕捉(Motion Capture)得到的动作数据,来为 Biped 骨骼添加动画。在游戏和动画行业中,一般将动作捕捉和手动制作的方法结合使用,以充分利用各自优势来提高角色动画制作的效率和质量。

CS 系统还提供了 Physique 和 Skin 两种常用的工具,将三维角色的骨骼和模型紧密关联起来。骨骼和模型关联的过程叫作蒙皮。使用者使用骨骼制作动画,骨骼通过蒙皮来将动画传导给角色模型。

CS 系统可以将动画运动与角色分离开来。比如,使用者可以制作一段老虎行走的动画,然后将这段动画保存下来,并且直接应用到一只小猫身上。还可以制作一个胖角色的动画,然后将其应用到瘦角色身上。如图 10-14,使用动作库,可以为角色快速添加许多不同的动作。

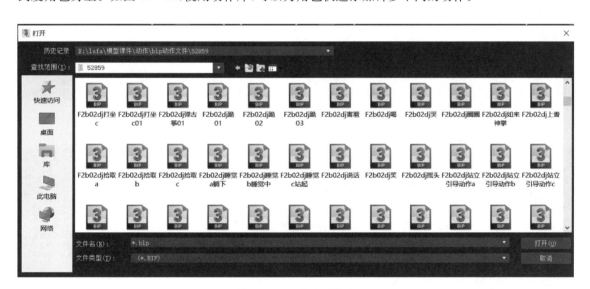

图 10-14　载入动作库

CS 系统还提供了一整套的运动编辑工具。使用者可以使用动作脚本和控件,对多段动画进行排序。既可以通过层工具将角色不同部位的动画叠加在一起组成新的动作,也可以通过非线性运动混合器将多段动画混合在一起生成一段新的动画。比如,让角色先加载跑步动画,然后再让其跳跃落地后完成一段打拳的攻击动作。使用者可以自由调整这 3 段动画的时间节奏。

二、CS 骨骼的架设和调整方法

如图 10-15,点击创建面板→系统面板→Biped 按钮骨骼工具。在场景视窗(建议在正交视图)中拖曳鼠标,创建 Biped 骨架。拖曳到合适大小后,单击鼠标右键完成创建。创建出来的 Biped 骨架为一套包含手、脚、头部的标准两足生物骨架系统。

完成 Biped 骨架创建后,进入运动面板。如图 10-16,点击 Biped 模块下的形体/运动模式切换按钮进入形体模式。在形体模式下调整结构面板中的参数,可以修改骨骼结构。

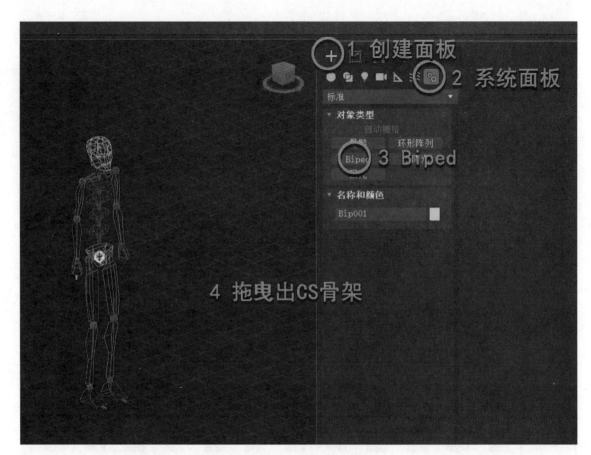

图 10-15　创建 CS 骨架

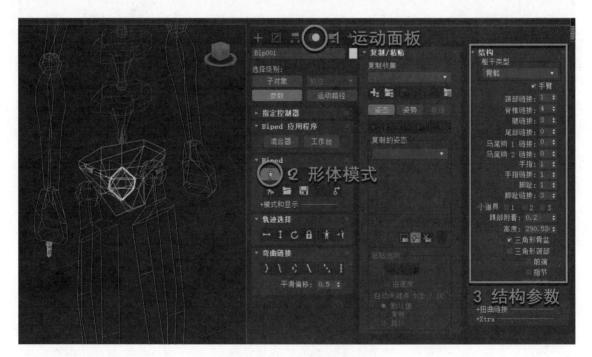

图 10-16　进入形体模式

在结构组中：

躯干类型：下拉栏里可以选择显示骨骼的类型，分为骨骼、男性、女性、标准几种模式。在标准模式下骨骼以简洁的长方体模式显示，所以建议使用该模式进行制作。骨骼、男性和女性显示模式对实际的骨骼属性并没有影响。

默认开启手臂选项，如果关闭可以去掉手臂和手部骨骼。在创建类似鸵鸟这种只有腿部的动物骨骼时，可以将手臂骨骼去掉。

颈部链接、脊椎链接、腿部链接：链接选项可以设置骨骼链的关节数量。每一个链接选项都有最大和最小值，比如腿部链接数量的最大数量为 4，最小为 3；颈部最大数量为 25，最小为 1；手指的根数最大为 5，最小为 1。

马尾辫和小道具：可用于制作头发或其他挂件骨骼，也可以用 Bone 骨骼与 Biped 骨骼配合，制作额外挂件结构。

高度：用来设置 Biped 骨架的整体大小。

确定好骨骼数量以后还需要根据模型来调整每一部分骨骼的位置、大小和角度。如图 10-17，根据角色模型的体态和姿态来调整骨骼的位置。

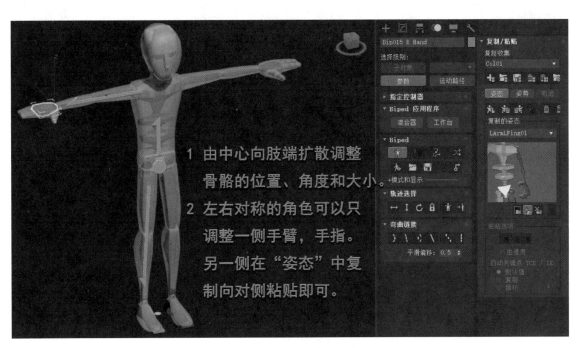

图 10-17　调整骨骼的位置、大小和角度

如图 10-18，首先需要在形体模式中通过移动 Biped 骨架中的 Bip001 骨骼，使骨架与角色模型的胯部对齐。

用移动、旋转、缩放工具来调整骨骼的位置、角度和大小，使各部分骨骼尽量与模型身体结构吻合。尤其要注意关节连接处尽量要与模型的关节重合。

建议从模型的胯部向肢体端部逐步扩散，调整骨骼位置适配模型。调整的顺序依次为胯部、腰部、胸骨、颈部、头部，锁骨、大臂、小臂、手腕、手指，大腿、小腿、脚踝、脚掌。注意：调整骨骼时，需要使用骨骼的局部坐

图 10-18　选择骨架根节点

标轴模式来对骨骼进行旋转和缩放,否则在调整过程中可能出现旋转和缩放错误。

如图 10-19,对于左右对称的角色模型,可以先调整一侧的手臂、手指、腿脚。然后通过复制和粘贴到对侧相对应的结构,来完成整个骨架的适配。一般情况下角色的四肢都可以用这个方法复制粘贴骨骼姿态。

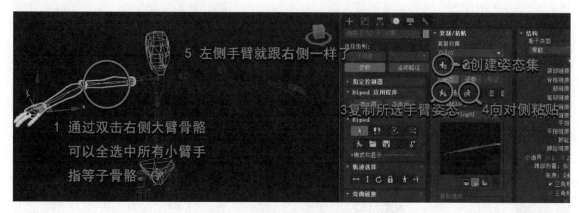

图 10-19　复制粘贴骨骼姿态

注意:对骨骼结构参数和骨骼位置的调整,需要在 Biped 骨骼创建完成后马上进行。一旦完成结构设置进入到蒙皮和动画环节后,就不能返回修改结构。

第三节　蒙皮

一、蒙皮的分类

3D 角色动画一般都是通过骨骼运动带动角色模型产生动画效果的。通过骨骼结构的形变带动角色网格产生形变,这种发生了形变的角色模型网格称为蒙皮。在 CS 中,Physique 和 Skin 是应用到角色模型上的蒙皮修改器。通过蒙皮能够将由 Biped 或其他骨骼结构产生的变形动画,传导给角色模型。将蒙皮修改器应用到模型网格后,底层骨骼的移动可以流畅地传导给表层模型网格,使模型表面产生移动,就像人类皮肤下骨骼和肌肉的运动。

二、Physique 蒙皮修改器

1. Physique 蒙皮修改器的特点

Physique 可以用于大多数三维模型对象,包括几何基本体、可编辑多边形、基于面片的对象、NURBS 以及 FFD 空间扭曲对象。使用者可通过 Physique 蒙皮将三维几何体关联到任何骨骼结构上,包括 3ds Max 基本 Bone 骨骼、Biped 骨骼、样条线、虚拟体或其他 3ds Max 层级。当将 Physique 应用于蒙皮对象并为骨骼添加蒙皮时,Physique 可以决定通过权重来具体设置每一根骨骼如何影响每个蒙皮顶点。

如图 10-20,Physique 主要通过封套来控制骨骼所在区域的模型点。每根骨骼对应的封套就像一个胶囊一样,可以在一定范围内影响模型表面顶点。使用者可以手动调节封套的控制范围和影响强度。通常用权重（Weight）来表示封套控制模型顶点的强度。权重越大代表受该骨骼的影响越强。注意：利用 Physique 封套胶囊来控制顶点，是较早期的蒙皮应用方式。这种蒙皮控制精度较低，在后期的 3ds Max 版本中已经不再更新 Physique 模块的新功能。在当今游戏和动画制作领域，Physique 也基本上被 Skin 蒙皮取代。

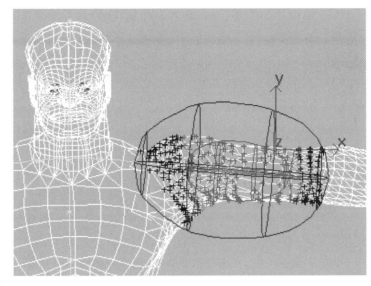

图 10‑20　Physique 封套

2. Physique 蒙皮修改器的使用方法

蒙皮之前的准备：

在为模型添加蒙皮之前，先需要使模型的旋转为 0（无旋转角度）、缩放为 100（无缩放）。根据项目要求摆正模型朝向，尽量使模型根节点在场景原点。同时要检查模型是否有未焊接的点和幽灵点（未与任何其他模型表面连接的点）。角色模型一般使用双手向两侧平伸开的姿态来进行蒙皮，这个动作下，正面看人物呈字母 T 型，也叫作"T Pose"。以上步骤确认无误后才可以进行蒙皮操作。注意，如果对设置好蒙皮的模型进行模型布线和缩放的修改，设置好的蒙皮信息将会丢失。所以在蒙皮之前一定要确认模型不会被修改。

如图 10‑21，添加 Physique 蒙皮：

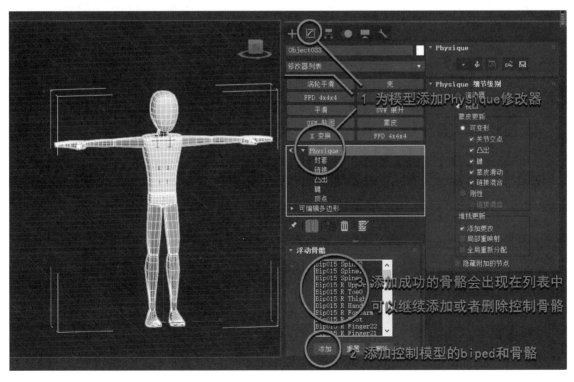

图 10‑21　在 Physique 修改器中添加骨骼

（1）选中角色模型后，点击修改面板，在修改器列表中选中 Physique 修改器。注意：添加 Physique 修改器时，如果模型是可编辑多边形要在模型的父层级中添加，不要选中点线面体等子层级添加。

（2）在浮动骨骼面板中点击添加，在弹出的面板中选中需要对模型产生影响的所有骨骼。注意，添加骨骼时需要在 Physique 修改器的父层级中添加，不要选中修改器下的任何子层级。

（3）如果需要添加新的控制骨骼，可以继续点击添加。想移除多余的控制骨骼可以在列表中选中骨骼，点击删除。

3. Physique 蒙皮修改器权重的设置

点击 Physique 修改器前面的下拉三角箭头，展开 Physique 面板，点击封套层级，就可以对骨骼封套进行手动调节。

（1）如图 10-22，点击小臂骨骼，就能看到椭圆形的封套。内侧红圈区域代表封套完全影响红圈内的所有顶点，外侧黑圈，代表从红圈区域开始向黑圈衰减，直至影响为 0。

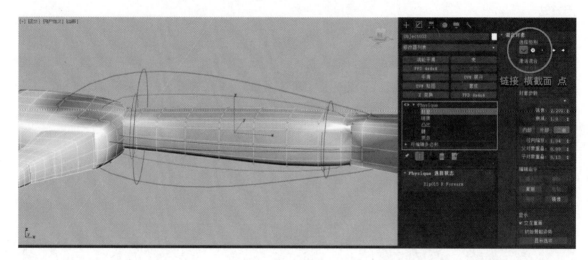

图 10-22　封套权重范围

（2）可以选择选择级别面板中的链接、横截面和顶点等层级来逐级调整封套范围。

（3）封套参数可以设定封套的强度和衰减。内部、外部和两者可以选择保留封套内和外的控制范围，一般用两者即可；下面的 3 个参数可以微调封套位置。

三、Skin 蒙皮修改器

1. Skin 蒙皮修改器的特点

Skin 蒙皮工具本身包含了 Physique 利用封套快速设置权重的方式。另外 Skin 模块中的权重工具可以精确地设置模型上每一个顶点的权重数值，对于权重的分配更为准确和直观。

Skin 工具还可以将蒙皮信息保存并传递给其他相似模型。比如在制作一组类似体型结构的角色时，可以只制作一个角色的蒙皮。保存蒙皮信息后传递给其他角色，再进行微调就可以完成蒙皮。同样地，对于一个对称角色，也可以只设置好一侧模型的权重信息，向对侧复制粘贴即可完成全部角色的蒙皮权重设置。这大大缩短了工作时间，建议使用 Skin 工具制作角色蒙皮。

2. Skin 蒙皮修改器的使用方法

添加 Skin 蒙皮之前也需要像做 Physique 蒙皮一样，检查模型，确认模型的缩放、旋转、朝向、焊接点、幽灵点等问题。

如图 10-23，为角色模型添加 Skin 蒙皮：

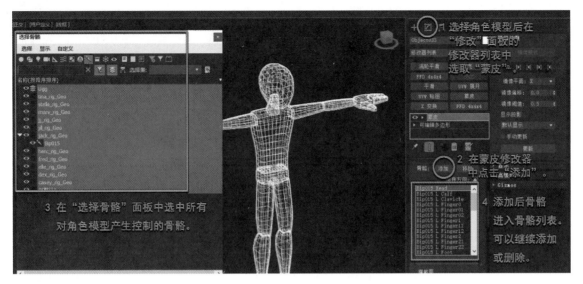

图 10-23　添加 Skin 蒙皮

（1）选中模型，在修改面板下的修改器列表中选取蒙皮 Skin 命令。

（2）点击蒙皮面板里参数中的添加骨骼按钮。

（3）在选择骨骼面板中，选择对模型产生控制的骨骼。可以点击面板上部的显示过滤器，只显示骨骼。选择的时候可以通过按住 Ctrl＋A 键选中列表中的所有元素。Biped 骨骼系统在默认状态下是折叠显示，单纯通过点击选择有可能遗漏折叠的子层级骨骼。

（4）添加好的骨骼会出现在骨骼列表中，以便后续继续添加骨骼。对于列表中没有参与蒙皮的骨骼也可以删除，列表中骨骼数量越少越有利于权重设定。

3. Skin 蒙皮修改器权重的设置

在蒙皮修改器中，有三种方式进行权重设置：

第一种：跟 Physique 中一样的办法——用封套来设置权重。点击参数面板下编辑封套按钮，可以看到每一根骨骼都由一根灰色线段来标注。选择线段就能看见该骨骼的封套。

如图 10-24，封套可对包含在其中的模型顶点产生权重控制。权重控制的强度用颜色显示。颜色由红色向黄色、绿色、蓝色、灰色渐变，权重也由强到弱，直至完全不控制，就以灰色显示。胶囊由内外圈组成，内圈红色胶囊为完全控制区域，权重值向外圈深红色胶囊递减。使用者可以拖动胶囊封套上的点来调整封套控制范围。默认情况下，通过编辑封套可以快速地为模型设置权重。

第二种：除了用封套控制这种相对比较粗犷的方式以外，Skin 蒙皮中还提供了更为精确的直接设置权重值的控制方式。点击编辑封套，在选择中点击顶点按钮，就能选择模型上的任意顶点，并为其设置权重。如图 10-25 所示：

（1）首先选择角色模型后，在修改面板的参数组中开启编辑封套，在选择下面开启顶点选择。此时可以选中模型上的顶点，用于设置其权重。

（2）框选角色模型上的小臂的上两列顶点（Skin 中的顶点框选可以选到背面的点）。

（3）点击权重工具图标，弹出权重工具面板。

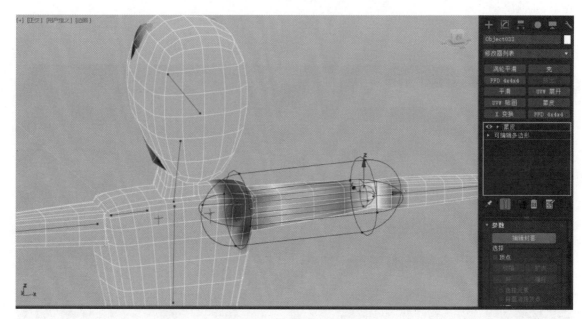

图 10-24 封套权重范围

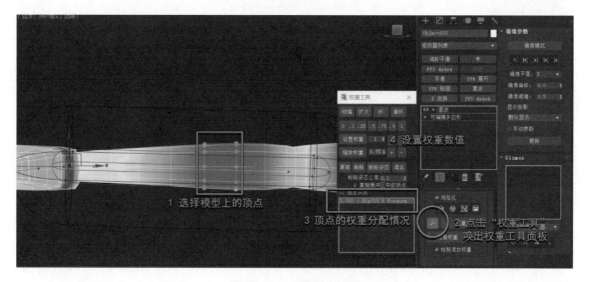

图 10-25 设置顶点权重

（4）在权重面板下部可以看到所选顶点的分配情况。目前所有选择的顶点都只受 Bip15 R Forearm 这根骨骼的影响。

（5）顶点权重的最大值为 1，最小值为 0。如果一个顶点受两根骨骼相同权重的影响，那该顶点的权重列表中就有两根骨骼，且每根骨骼的权重值都为 0.5。

（6）选中某顶点后，点击影响该点的骨骼所指示的灰色线段，再在权重工具面板的设置权重中输入数值，就完成了手动设置该顶点针对该骨骼的权重值操作。

（7）可以同时选择多个顶点对其统一设置权重值。

（8）如果同时选中的多个顶点的权重分配情况不一样，那权重列表中显示的骨骼和权重数值则不准确。

（9）权重工具上方的收缩、扩大、环和循环都是为了快捷选择使用。比如选择一排顶点后，点击扩大就能多选到这一排顶点两侧的顶点。

（10）0、0.1、……、1 这几个按钮是为了快速输入数值准备的。如图 10-26，把一个顶点的权重分配到两根骨骼上，其中 A 骨骼为 0.25，B 骨骼为 0.75。可以选择顶点后选中 A 骨骼设置其权重为 1，再选择 B 骨骼，点击 0.75 快速设置其权重为 0.75。那么 A 骨骼的权重就变成了 1 减去 0.75，也就是 0.25 了。

（11）一般来讲，游戏引擎对于一个顶点的权重受几根骨骼控制是有要求的。比如有一些游戏，只支持一个顶点受 3 根骨骼影响。如果骨骼数量超过 3 根，多出的小权重骨骼的影响在引擎里就不会体现。在 Skin 面板中的高级参数中可以设置骨骼影响限制。

（12）如果模型左右完全对称，我们也可以像复制粘贴骨骼一样左右镜像复制顶点的权重。如图 10-27，当设置好模型左侧的所有顶点权重后，可以在镜像参数中点击镜像模式。此时以模型的中心 X 轴为镜像平面（模型正面对准前视图）。顶点分别以绿色和蓝色显示。因为已经设置好了左侧所有绿色顶点的权重，设置右侧蓝色顶点的权重时，只需要点击将绿色粘贴到蓝色顶点按钮，就能完成镜像复制。此项操作主要用于复制粘贴四肢的权重。

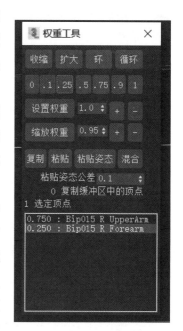

图 10-26 权重工具

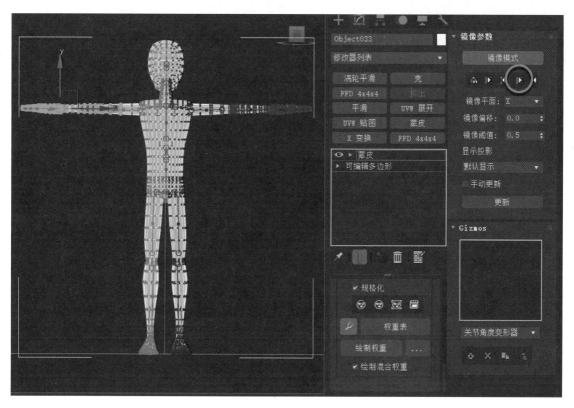

图 10-27 镜像复制权重

第三种设定权重的方式为使用权重绘制笔刷，在模型上绘制权重。进入编辑封套后，点击参数中的绘制权重工具，鼠标指针变成圆形笔刷。选中骨骼后，可以在模型上绘制骨骼的权重值。点击绘制权重工具后的"…"按钮，进入绘制选项菜单。在绘制选项中可以设置绘制笔刷的大小和强弱。

游戏模型面数相对较少时可以用第二种方式来精确设定蒙皮权重。对于面数较多的模型,可以将三种方式混合起来设置权重,比如先用封套和绘制的方式快速设置模型的大致权重,再用输入数值的方式精确调整。

四、检验蒙皮的效果

初步设置好权重以后,还需要进行蒙皮权重检查。变换骨骼位置,使角色摆出较大动势的动作。并从各个角度观察模型,用在骨骼变换过程中模型是否存在异常形变的方法来检查模型蒙皮。如图

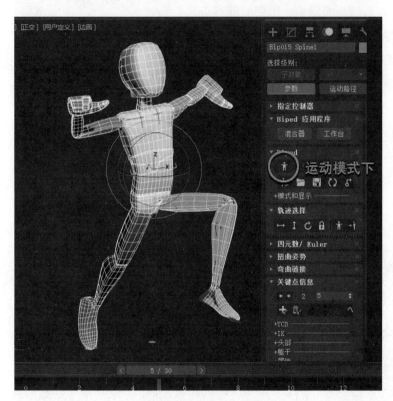

图 10-28　检查蒙皮权重

10-28,选择骨骼后,在运动模式下的第 5 帧中给角色摆出手臂前后上扬、头部前后仰、前后高抬腿等姿态。拖动关键帧,就能观察到角色从初始 T Pose 向第 5 帧的动作变换。此时从各个角度观察模型蒙皮权重在运动状态下是否合理。在检查蒙皮绑定过程中,如果有顶点随着骨骼角度变化而发生异常变形则说明权重分配有错误,需要重新分配权重值。

通常情况下,可以准备多个动作来检查角色蒙皮。人形角色重点注意检查角色的肩部、手肘、胯部、膝盖、脚踝、手指等关节处。穿戴服装的状态下还需要注意服装与身体之间的关系,避免大动作下穿模。蒙皮修改器使用线性权重,大多数情况下这种方式在使用骨骼变形角色网格时,都能很好地发挥作用。如果骨骼围绕其最长轴扭曲,则蒙皮网格趋于收拢,从而导致出现影响蒙皮效果。在这种情况下,可以应用双四元数(DQ)蒙皮防止体积丢失。在参数卷展栏上的双四元数组中可以开启。

第四节　Bone 骨骼的概念

一、Bone 骨骼的架设方法

Bone 骨骼是 3ds Max 中的最常用的基本骨骼,常用于为对象或层级设置动画。

在制作具有连续的封闭表面的角色模型的动画时(人类、动物),就必须应用骨骼系统来较为精

确地控制各个区域的模型表面。可以采用正向运动学为角色制作骨骼动画,也可以使用IK解算器,或者交互式IK或应用式IK等反向动力学工具为角色制作反向动力学动画。

如图10-29,点击创建面板下的系统中的"骨骼"按钮,可以开始创建骨骼。

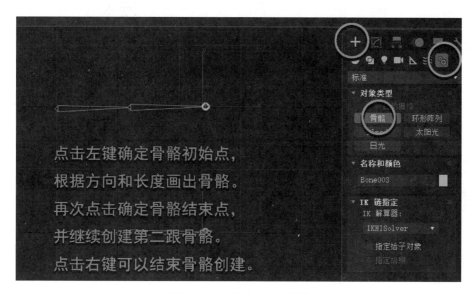

图10-29 创建Bone骨骼

如图10-30,通过图解视图很清晰地观察到场景中各个元素节点的层级关系。点击菜单栏→图形编辑器菜单→新建图解视图按钮,打开图解视图。在图解视图面板中显示为父层级的骨骼画箭头线指向子层级。在图解视图面板中,可以观察到骨骼链的层级关系。基本骨骼系统是一个首尾相接的骨骼层次链,按照创造的时间顺序依次为骨节Bone001、Bone002、Bone003。先创建的骨骼可以带动后创建的骨骼,这种带动和被带动的关系,也

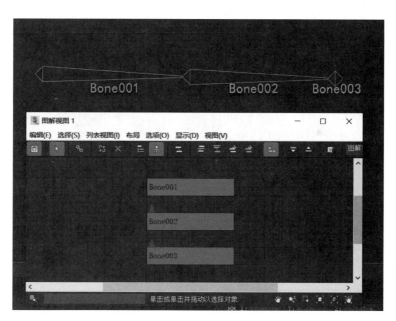

图10-30 骨骼图解视图

被称作父子链接关系。父层级骨骼的移动、旋转、缩放都可以带动子层级和子层级下的所有子层级,跟随移动、旋转、缩放。整个角色的骨架系统就是由一套有父子链接关联的骨骼组成的。骨节是骨骼创建结束时默认产生的一根骨骼。在Bone骨骼系统默认链接下,子层级的移动可以反向带动其上一层的父层级移动。骨节也是为了用来反向带动骨骼而产生的。

以小龙虾为例,创建一套以Bone骨骼为基础的动物骨架系统。

(1) 一般情况下,会选取角色身体重心所在的位置作为角色的第一根骨骼,这根骨骼也是所有组成角色骨骼的父层级骨骼。身体的其他骨骼都链接在根骨骼上或者其子层级以下的层级下。

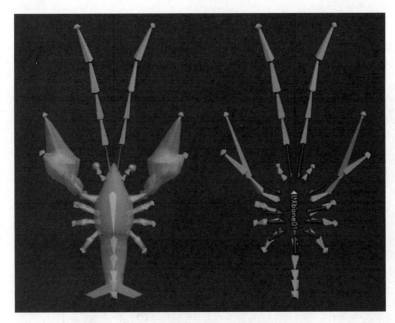

图 10-31　创建小龙虾骨骼

（2）先在龙虾头胸部建立根骨骼，并沿着身体走向创建躯干骨骼、尾部骨骼。为了让骨骼更好地符合躯干弯曲，可以在侧面视图沿着身体躯干创建出骨骼。创建 Bone 骨骼的时候，要在平面视图里创建，完成创建后再去调整其角度和位置。如图 10-31，将根骨骼命名为 LXbone01（可以在修改面板、图解视图或者元素右键属性中完成重命名）。

（3）躯干骨骼的架设要尽可能符合身体结构，骨骼与骨骼的连接处也要架设在模型关节布线处。在身体内部，骨骼尽量架设在躯干和四肢的管状结构中心。需要从各个角度检查骨骼位置和角度，以便为后期的蒙皮和动画打下良好基础。

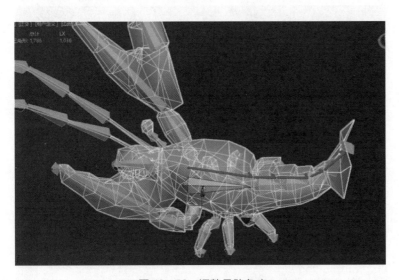

图 10-32　调整骨骼角度

（4）如图 10-32，接下来依次创建龙虾的触须、钳子和胸足等骨骼链。骨骼链中的骨骼节数由角色本身的结构和面数来决定。人类和其他硬骨动物的骨骼一般在角色关节处做骨骼分割就可以。如果是类似触须、布料飘带和头发这种软体结构，就需要根据模型的面数和项目效率需求来决定骨骼节数。

（5）如果创建好的肢体骨骼链没有与根骨骼链接。还需要使用选择并链接工具，让肢体骨骼、触须骨骼与躯干链接在一起成为整体。如图 10-33：点击工具面板中的选择并链接工具，在四肢骨骼链的第一根骨骼上点击拖曳，此时出现一条虚线，将鼠标拖曳到根骨骼上，即可建立父子链接。根骨骼为父级，四肢骨骼为子级。完成链接后，移动、旋转、缩放根骨骼都能带动四肢骨骼进行移动、旋转、缩放。选择并链接工具的操作逻辑就是点击子级骨骼向父级骨骼拖曳完成链接。

（6）想要取消两根骨骼的父子链接，只需要同时选择两个骨骼，点击工具面板中的选择并链接工具旁边的取消链接选择按钮就能断开链接关系。

（7）如图 10-34，打开图解视图，就能清晰地看到龙虾整个骨骼系统的结构关系，同时也可以在

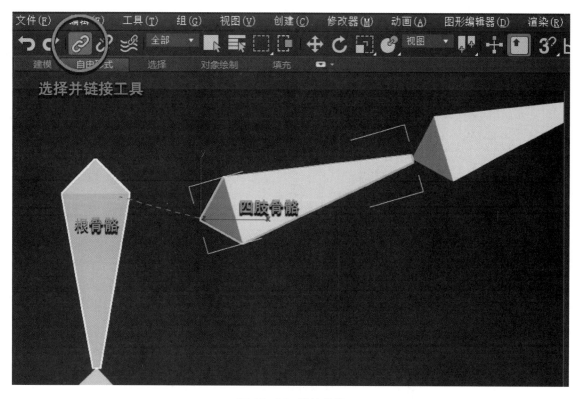

图 10-33　链接骨骼

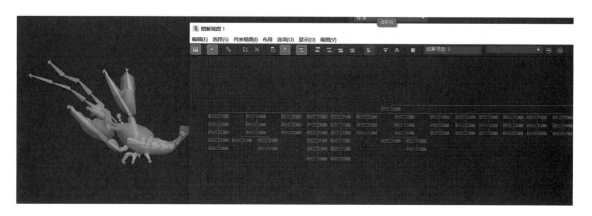

图 10-34　骨骼图解视图

图解视图中对骨骼进行选择、链接、断开链接和重命名等操作。

二、Bone 骨骼和 CS 骨架的结合、链接方法

　　用 Biped 骨骼系统直接创建两足角色骨架，但是 Biped 只包含角色的素体骨骼。角色模型中，往往还有类似于头发、长款服装、飘带等其他部件和结构，需要用 Bone 骨骼作为补充。

　　如图 10-35，用了大量 Bone 骨骼作为角色的头发骨骼。头发固定在角色头部上，所以需要用选择并链接工具将所有的头发 Bone 骨骼链接到角色 Biped 骨架中的 Bip01 Head 头骨上。链接骨骼时，可以关闭模型显示。选择 Bone 骨骼，点击选择并链接工具后，鼠标左键（注意虚线）拖曳将 Bone 骨骼链接给相对应的 Bip 骨骼就可以完成链接。如果 Bone 骨骼是一条多关节骨骼链，只用选中第一节 Bone 骨骼即可。链接完成后，移动根骨骼，整个骨架系统都随之移动。同时在层级关系里查层

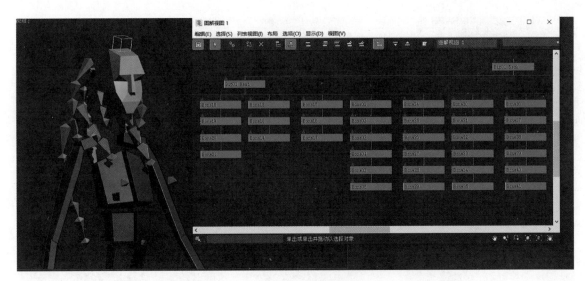

图 10-35　头发骨骼

级关系正确。移动链接父对象时,父对象带动 Bone 骨骼运动就可以证明链接成功。

三、动画约束

动画约束是一种特殊类型的控制器。通过使用约束将运动对象与其他对象进行绑定,从而控制运动对象的位置、旋转或缩放。需要有一个设置约束动画的对象及至少一个目标对象。目标对受约束的对象施加了特定的动画限制。例如,要制作一段汽车沿指定路径行驶的动画,可以使用路径约束将汽车的运动绑定在样条曲线上,可以使用关键帧动画在一段时间内切换约束与其目标的绑定关系。3ds Max 中提供了 7 种约束,分别是:

附着约束:将一个运动对象的位置附着到另一个目标对象的表面上(目标对象不用必须是可编辑多边形,但必须能够转化为可编辑多边形)。

链接约束:可以使被约束对象继承目标对象的位置、旋转度以及缩放比例。链接约束允许设置层次关系的动画,这样场景中的不同对象便可以在整个动画中控制应用了链接约束的对象的变换了。

注视约束:控制对象的朝向,使被约束对象一直注视另外一个或多个对象,同时还会锁定运动对象的旋转,使对象的一个轴指向目标对象或多个目标位置的平均值。注视轴指向目标,而上方向节点轴定义了指向上方的轴,如果这两个轴重合,可能会产生翻转。

方向约束:方向约束使对象的方向遵循目标对象的方向或多个目标对象的平均方向。

路径约束:可限制对象的移动:使其沿样条线移动,或在多个样条线之间以平均间距进行移动。

位置约束:使用位置约束可以使对象跟随目标对象的位置或多个对象的加权平均位置。

曲面约束:能将对象限制在另一对象的表面上。其控件包括 U 向位置和 V 向位置设置以及对齐选项。

Bone 骨骼也可以使用约束控制器,只要 IK(反向动力学)控制器不控制骨骼,约束就可以应用于骨骼。如果骨骼具有指定的 IK 控制器,则只能约束层次或链的根。

四、IK 动画

IK(反向运动学)是一种设置动画的方法。如果用一棵植物来比喻设置动画的方式,则默认的

FK(正向动力学)就是用根带动茎、用茎带动叶子，是一个由父级带动子级的过程；而反向动力学翻转操纵的方向，是用叶子的运动带动茎和根。

3ds Max 附带了四个插件 IK 解算器：

HI(历史独立型)解算器：HI 解算器是角色动画以及长序列中任何 IK 动画的首选方法。使用 HI 解算器，可以在层次中设置多个链。例如，角色的上肢可能存在一个从肩部到手腕的骨骼链，还存在另外一个从手腕到手指的骨骼链。因为该解算器的算法属于历史独立型，所以，无论涉及的动画帧有多少，都可以快速解算。在第 1 000 帧的速度与在第 5 帧的解算速度相同。解算稳定且动画无抖动。该解算器可以创建目标和末端效应器(虽然在默认情况下末端效应器的显示处于关闭状态)。它使用旋转角度调整该解算器平面，以便定位肘部或膝盖。可以将旋转角度操纵器显示为视口中的控制柄，然后对其进行调整。另外，HI 解算器还可以使用首选角度定义旋转方向，使肘部或膝盖正常弯曲。

HD(历史依赖型)解算器：使用该解算器，可以设置关节限制和优先级。在较长的动画序列解算中可能涉及计算速度问题，因此，最好在短动画序列中使用。在序列中求解的时间越迟，计算解决方案所需的时间就越长。该解算器可以将末端效应器绑定到后续对象，并使用优先级和阻尼系统定义关节参数。该解算器还允许将滑动关节限制与 IK 动画组合起来。与 HI 解算器不同的是，该解算器允许在使用 FK 移动时限制滑动关节。

IK 肢体解算器：IK 肢体解算器对有两根骨骼的链进行解算操作。可以设置角色手臂和腿部的动画。使用 IK 肢体解算器，可以导出到游戏引擎。该解算器可以创建目标和末端效应器(默认情况下末端效应器的显示处于关闭状态)。它使用旋转角度调整该解算器平面，以便定位肘部或膝盖。可以将旋转角度锁定其他对象，以便对其进行旋转。另外，IK 肢体解算器还可以使用首选角度定义旋转方向，使肘部或膝盖正常弯曲。使用该解算器，还可以通过启用关键帧 IK 在 IK 和 FK 之间进行切换。该解算器具有特殊的 IK 设置 FK 姿势功能，可以使用 IK 设置 FK 关键点。

样条线 IK 解算器：该解算器使用样条线确定一组骨骼或其他链接对象的曲率。样条线中的顶点称作节点。可以移动节点，并对其设置动画，以更改该样条线的曲率。样条线节点数可能少于骨骼数。与分别设置每个骨骼的动画相比，这样便于使用几个节点设置长形多骨骼结构的姿势或动画。样条线解算器比其他解算器的灵活性更高，节点可以在空间中任意位置上移动，所以链接的结构可以进行较为复杂的变形。分配样条线 IK 时，会自动在每个节点上加辅助对象。因此，可以通过移动辅助对象来移动节点。与 HI 解算器不同的是，样条线 IK 系统不会使用目标，节点在 3D 空间中的位置是决定链接结构形状的唯一因素，旋转或缩放节点时，不会对样条线或结构产生影响。

如图 10-36，使用反向运动学要求设置许多 IK 组件的参数。主要参数和组件包括：

IK 解算器：可以将 IK 解决方案应用到运动学链中。运动学链是由一个骨骼系统或一组链接对象所组成的。

关节：IK 关节可以控制对象与其父级一起如何进行变换。开始关节和结束关节定义了 IK 解算器所控制 IK 链的开始和结束。链的层次确定了开始和结束的方向。启用末端效应器显示后，结束关节的轴点显示为末端效应器。

运动学链：反向运动学计算运动学链中对象的位置和方向。运动学链定义为 IK 控制之下的层次的任一部分。IK 链开始于一个选定的节点，并由一个开始节点和结束节点组成。链的基点可以是整个层次的根，也可以指定为链的终结点。在将 IK 解算器应用到链上，或自动应用 IK 解算器来

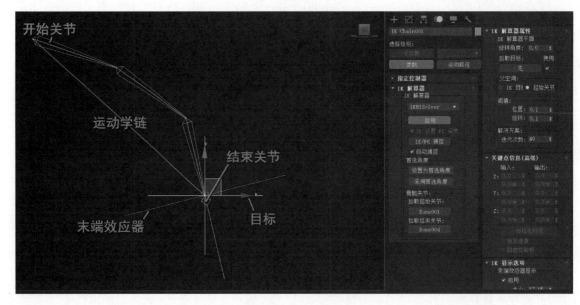

图 10 - 36　IK 骨骼链

创建骨骼链的时候,就定义了运动学链。

目标:为 HI 解算器用来操纵链的末端控制点。对目标控制点设置动画后,IK 解决方案会尝试将末端效应器(最后一个链的轴点)与目标位置进行匹配。在使用 HD 解算器时,末端效应器执行与目标相同的功能。

末端效应器:对于任何 IK 解决方案,明确移动控制对象之后,IK 解算就会移动、旋转运动学链中其他的对象,以对移动的对象作出响应。在 HI 解算器、IK 肢体解算器、HD 解算器中,用来移动的目标对象是末端效应器。

首选角度:确定关节要弯曲的方向。在应用 HI 解算器后,首选角度创建了链元素之间的基准角度。IK 解决方案会在计算中查找这个角度。

第五节　Biped 骨骼的概念

一、Biped 骨骼面板

1. Biped 骨骼属性指定控制器的使用

Biped 是 Character Studio 动画系统中附带的 3ds Max 骨骼系统。包括用于确立角色姿势的骨架,该骨架便于使用足迹或自由动画模式设置动画。使用 Biped 可以快速创建一套两足生物标准骨骼框架,为制作角色动画做好准备。

如图 10 - 37,Biped 骨骼根据人体解剖结构模拟人体,具有比较准确和稳定的反向运动层次。在移动手和脚时,肘或膝也会随之进行定向,从而形成自然的人体姿势反馈。

如图 10 - 38,Biped 的四种特殊模式为:

形体模式:创建完默认的 Biped 骨骼之后,进入体形模式更改骨骼比例、骨架结构、骨骼数量和

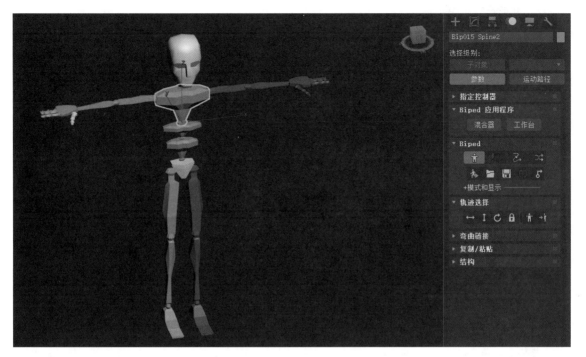

图 10‑37　Biped 模拟人体骨骼

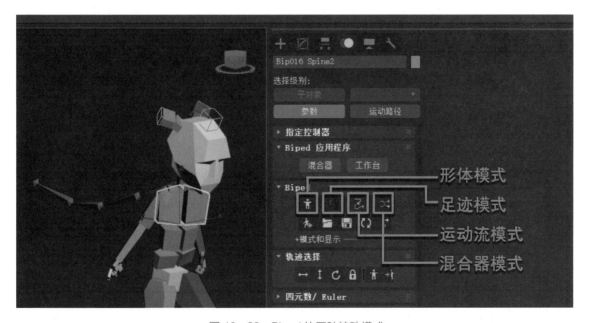

图 10‑38　Biped 的四种特殊模式

骨架高度,用以匹配角色模型结构。

　　足迹模式:可以通过创建或编辑足迹来生成行走、跑动和跳跃动作,一般用在有位移的行走动画中。

　　运动流模式:该模式下可以混合不同动作,通过计算形成新动画。

　　混合器模式:混合器可以像编辑音频和视频一样,通过剪辑将多段动画编辑后成新的动画。

　　一般情况下,制作动画时,这 4 种模式都处于非激活状态。通过编辑关键帧、运动轨迹,或者动作捕捉来进行动画关键帧的制作。

2. 动画混合器的使用

动画混合器也叫运动混合器,可以用来混合多段 Biped 动画。与音频混合器类似,运动剪辑可以经过交叉淡入和淡出、延长、分层处理,最后混合并导出成一段新的动画剪辑。

如图 10 - 39,将两段动画混合成为一段新动画:

图 10 - 39　在动画混合器中载入 Bip 动画文件

(1) 首先旋转 Biped 骨骼,点击运动面板→Biped 应用程序→混合器按钮,弹出运动混合器面板。

(2) 点击进入混合器模式,否则载入的动画将不会生效。

(3) 在运动混合器面板中的空白时间轴上点击右键→新建剪辑→来自文件按钮。载入 Biped 动画。

(4) 在时间轴上右键→转换为过渡轨迹,时间轴变宽。

(5) 如图 10 - 40,这里载入两段预制的动画:待机和闪避。

(6) 点击❶设置时间范围按钮,使时间轴自动缩放为两段动作时间之和。

(7) 在混合区域右键→编辑,可以设置过渡长度。过渡时间越长,两段动作衔接就越自然。

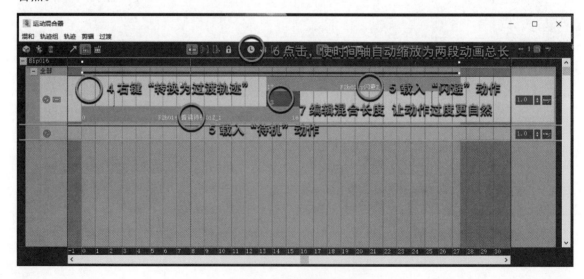

图 10 - 40　混合两段动画

此时合成的动画还只能在混合模式预览,还没有真正转换为关键帧动画,还需要进行下列操作进行动作转换。

(8)点击左上角 Biped 使其高亮显示。

(9)如图 10 - 41,在 Biped 上右键→计算合成。

图 10 - 41　合成新的动画

(10)在合成选项弹出框中,选择默认设置即可。

(11)如图 10 - 42 和图 10 - 43,在新生成的 Mixdown 动画段上右键→复制到 Biped。退出混合器模式后,就能看见一段先待机后闪避的动画已经复制粘贴到时间轴上了。

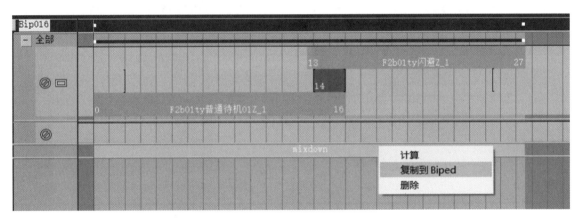

图 10 - 42　将新合成的动画受制到 Biped 骨骼上

3. Biped 文件的保存与导入

使用者可以通过加载 Biped 动画文件,来让 Biped 角色加载现成的动画;也可以把做好的 Biped 动画保存,供其他 Biped 角色读取使用。

Biped 动画文件的文件扩展名为". bip"。这些文件保存了 Biped 动画的所有信息:足迹、关键帧设置(包括肢体旋转、Biped 缩放)和活动重力(重力加速)值。同时还可以保存关键帧的 IK 混合值和对象空间设置。使用者可以在网上获得大量的 Biped 动作资源。

如图 10 - 44,选择 Biped 骨骼。在运动面板中,关闭所有 Biped 中的形体、混合器等模式。点击

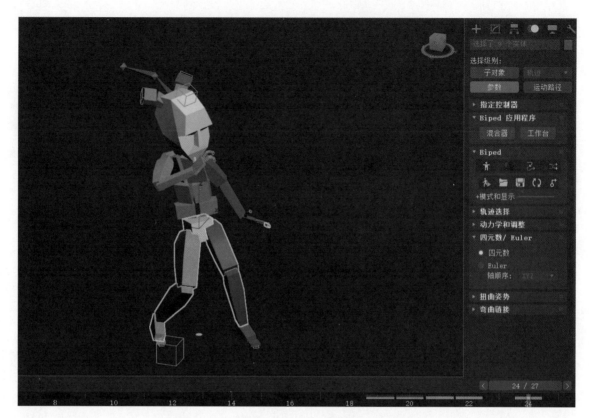

图 10-43　在时间轴中可以看到新的动画关键帧

图 10-44　加载和保存 Biped 动作文件

下面的加载和保存图标，就能加载 Biped 动作文件和将现有动作保存成 Biped 动作文件。

4. 关键帧制作

在 3ds Max 中主要有两种制作关键帧动画模式，分别为自动关键点动画模式和设置关键点动画模式。

点击时间轴下方的自动（Auto）按钮，进入自动关键点的关键帧模式。进入自动模式后，视口周围有红色框出现。此时，对对象位置、旋转和缩放所做的变换，都会被以关键帧的形式自动记录下来。注意：在 Biped 骨骼中的质心骨骼不支持自动关键点模式。想要记录质心骨骼的动画关键帧，需要用到运动面板中关键点信息下的设置关键帧功能，同时还需要配合轨迹选择，开启质心骨骼的水平、垂直和旋转模式才能自由变换质心骨骼位置和角度（如图 10 - 45）。

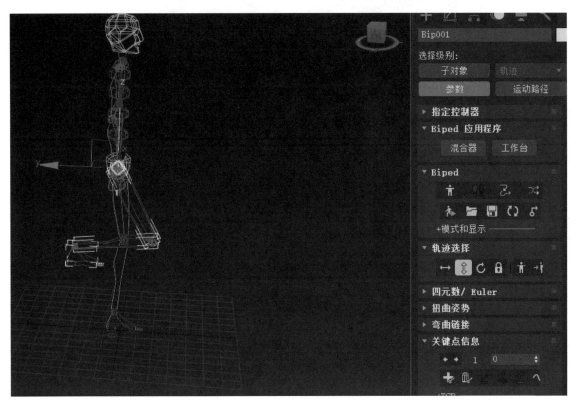

图 10 - 45　变换质心骨骼位置

除了自动关键帧模式以外，点击时间轴下方的设置关键点按钮（注意该按钮在中文版 3ds Max 中显示为设置关键点），切换为设置关键点模式里的手动关键帧模式。切换成功后，视口周围有红色框出现。与自动关键点模式不同，利用设置关键点模式可以控制设置关键点的对象以及时间。它可以设置角色的姿势（或变换任何对象），如果满意的话，可以点击设置关键点（快捷键 K）按钮保存该姿势，并创建关键点。如果移动到另一个时间点而没有设置关键点，那么该姿势将被放弃。也可以对对象参数使用设置关键点模式。注意：Biped 骨骼不支持设置关键点模式，想要记录 Biped 骨骼关键帧需要用到自动关键点模式或者 Biped 骨骼中的设置关键帧功能。

自动关键帧可以自动记录产生运动的骨骼；而对于一些关键姿态，需要将所有骨骼选中，手动设置所有骨骼的关键帧，这就需使用设置关键帧的方式。尤其是在动画的起始帧，需要将所有骨骼设置关键帧，以保持动作姿态。

5. 弯曲链接

弯曲链接是 Biped 骨骼中的一组工具，用于轻松操纵链接链。如 Biped 的脊椎、颈部和尾部。

如图 10 - 46，打开弯曲连接展卷可以看到 6 个弯曲模式按钮，依次为：

（1）弯曲链接模式：此模式可以用于旋转链的多个链接，而无须先选择所有链接。弯曲链接模式可以将一个链接的旋转传输到其他链接，以符合自然曲率。

选择一根脊椎 Bip001 Spine，开启此模式后旋转该脊椎时，其他脊椎都会跟随自然旋转。该模式

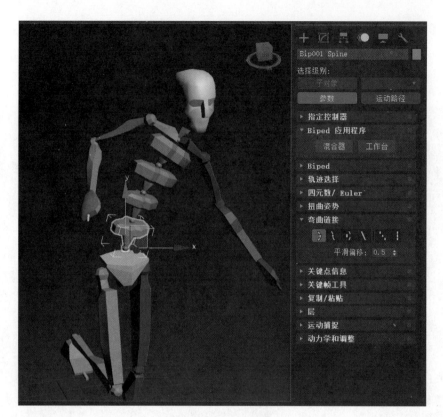

图 10 - 46　弯曲链接

也是主要的弯曲链接模式。

（2）扭曲链接模式：该模式与弯曲链接模式相似，使沿局部 X 轴的旋转应用于选定的链接，并在其余整个链中均等地递增，从而保持其他两个轴中链接的关系。

（3）扭曲个别模式：该模式允许沿局部 X 轴旋转选定的链接，而不会影响其父链接或子链接。相当于没开启任何链接模式。

（4）平滑扭曲模式：此模式根据骨骼链的首尾链接的局部 X 轴的方向旋转，以便自动设置其他链接的平滑旋转。通过调整平滑偏移控件或旋转链的第一个或最后一个链接可设置旋转分布。平滑偏移值在 0.0 和 1.0 之间。0.0 偏向链的第一个链接，而 1.0 偏向链的最后一个链接。通过设置平滑偏移设置可设置链的平滑。

（5）零扭曲：根据链的父链接的当前方向，沿局部 X 轴将每个链链接的旋转重置为 0，不会更改链的当前形状。

（6）所有归零：根据链的父链接的当前方向，沿所有轴将每个链链接的旋转重置为 0。这将调整链的当前形状，使其与 Biped 平行。

6. Biped 骨骼动画层的使用

使用 Biped 骨骼层卷展栏中的控件，可以在原 Biped 动画之上添加动画层。如图 10 - 47，在一段正常姿势的跑步动画中，点击创建层按钮，新建动画层，在层名称中输入上半身扭转。扭转上身骨骼和头部骨骼，完成身体朝向一侧的跑步动画。点击切换层箭头，可以看到角色在正常跑步和侧身跑步两层动画之间切换。

创建层旁的删除层功能，可以删除所在的动画图层。塌陷层可以将当前层中的动画合并在下一个最低的活动层中，并删除当前层。

图 10-47　创建新的动画层

二、关键点信息各项

1. 踩踏关键帧、滑动关键帧、自由关键帧、关键帧轨迹

如图 10-48，选择 Biped 脚部骨骼，在关键点信息展卷中可以看到踩踏关键帧、滑动关键帧、自由关键帧和关键帧轨迹。

踩踏关键帧：可以使两足动物骨骼的脚固定在指定平面的某个点上。这样在移动骨盆的时候，脚的位置不会改变。常用于走路中脚踩地面动作。

滑动关键帧：让脚部在平面上滑动，而不产生垂直位移。常用于蹬地动作。

自由关键帧：此关键帧类型可以使脚骨骼以自由形式运动。移动质心时，脚部骨骼也跟随移动。自由关键帧是默认的脚步关键帧类型。在结束滑动关键

图 10-48　四种关键帧模式

帧和踩踏关键帧时需要点击自由关键帧,才可关闭滑动和踩踏模式。

踩踏关键帧和滑动关键帧不仅可以应用于脚步,还可应用于手部或者其他需要限制移动区域的骨骼。

关键帧轨迹:选择运动骨骼后,开启关键帧轨迹,就能观察到该骨骼在时间轴范围内的运动轨迹。轨迹在编辑关键点时提供了很多有用的可视反馈,显示出正在调整的参数对运动路径的作用效果。还可以使用轨迹显示来比较已过滤的和未过滤的运动捕获数据。对张力、连续性、偏移、动力学混合、弹道张力以及总体重力设置重力加速度的操作,在轨迹中都有所反馈。使用原地模式播放动画时,不显示轨迹。

2. 复制、粘贴的使用

复制/粘贴面板上的工具可以用来复制 Biped 指定骨骼的姿势、姿态或整段运动轨迹,将它们粘贴到 Biped 其他帧上,或从一个 Biped 骨骼复制粘贴到另一个 Biped 骨骼上。姿态针对所选骨骼、姿势针对全身动作、轨迹针对所选骨骼的动画。

如图 10-49,制作一段跑步循环动画,需要让整个动作的第一帧和最后一帧姿态保持一致。就可利用复制/粘贴工具将第一帧的腿部姿态复制粘贴到最后一帧上。具体操作步骤如下:

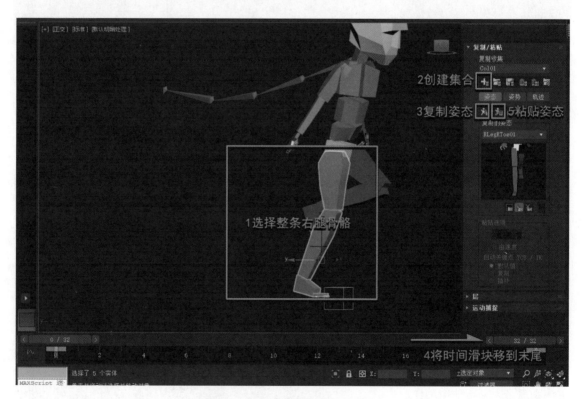

图 10-49 复制粘贴骨骼姿态

(1)在动画第一帧,调整好角色右侧整条腿的姿态。双击大腿骨骼,可选中所有大腿骨以下的子骨骼,继而可以选中整条设置好姿态的左腿。

(2)在复制/粘贴面板中创建姿态合集。

(3)点击复制姿态,成功后会在窗口中,用红色骨骼标记所复制姿态的骨骼。

(4)因为需要将第一帧的腿部动作复制到最后一帧,所以需要将时间滑块拖到时间轴末尾。点击粘贴姿态按钮,完成。

可以通过创建姿态合集,保存多个姿态。对于角色的整体姿势也可以用该方法进行复制粘贴;同样地,对于一整段动画也可以用轨迹模式复制粘贴。有两种粘贴方式:粘贴和向对面粘贴。向对面粘贴用于左右手部和左右腿部的相互复制粘贴,常用于制作走、跑这种左右对称的动作。

3. 关键帧工具的使用

如图 10-50,关键帧工具卷展栏上的控件可以用来清除已选定 Biped 骨骼上的动画、锁定手脚的运动、为 Biped 动画制作镜像。

在关键帧工具面板中,以下几个功能相对比较常用:

✖:清除选定骨骼上的所有动画。

✕:清除 Biped 上的所有动画,使角色回到创建 Biped 后的初始姿态。

🖐🖐👣👣:定位右臂、定位左臂、定位右腿、定位左腿功能。定位后手臂和腿将具有反向动力学特征,与踩踏关键帧功能一致。

📷:镜像动画,比如可以一段将右手持剑跑步的动画,通过镜像转换成左手持剑跑步。

图 10-50　关键帧工具面板

三、时间轴的使用

1. 时间轴的特征

时间轴并不只是显示时间速率的一段标尺线段,还包含其他一系列用制作、播放、显示动画和配置动画帧速率的控制组件。这些控件位于 3ds Max 主界面的下部。

如图 10-51,时间轴控件主要由以下几个模块构成:

图 10-51　时间轴工具区

(1) 时间轴和时间滑块:时间轴是一段显示帧数(或相应的显示单位)的时间线段。在时间轴上,可以移动、复制和删除动画的关键点。时间滑块所在位置为当前帧,可拖动滑块到活动时间段中的任意一帧上。时间滑块与时间轴结合使用,用以查看和编辑动画。

(2) 动画播放控制区域:动画播放区域主要包括 ▶ 播放\暂停、◄◄ ►► 转至开头\结尾、◫► 下一帧\上一帧(当点击 ◀▶ 切换到关键点模式时,变成上一关键帧和下一关键帧)。42 为时间滑块所在当前关键帧数,点击 ⚙ 可以进入时间配置面板按钮。

(3) 动画关键点设置区域:➕ 为记录动画关键点按钮、自动设置关键点 为自动记录动画关键点和手动记录动画关键点按钮。启用自动关键点后,对对象的位置、旋转和缩放所做的变换都会被自动记录成关键帧。

如图 10-52,自动关键点模式处于活动状态时,视图外框、时间轴和自动关键点按钮会变成红色,提醒使用者,当前正处于动画录制模式中。请务必在设置完动画关键帧后,禁用自动关键点,否则容易创建不需要的动画。

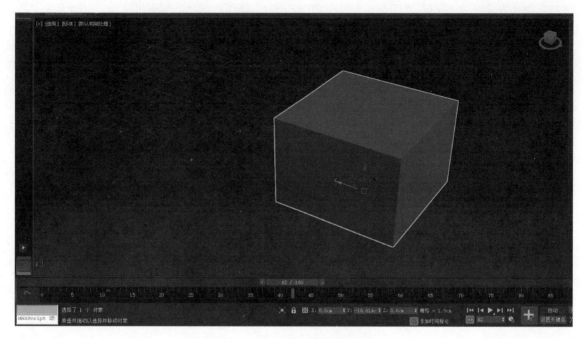

图 10‒52　开启自动关键帧模式

2. 时间轴快捷键

当把鼠标悬停在 按钮上时就会弹出 提示气泡。提示气泡中会显示该按钮的中文名称,有快捷键的还会显示快捷键。使用快捷键时要把输入法切换为英文输入法。

在时间轴的设置关键点模块 中,设置关键点的快捷键为 K,自动关键点的快捷键为 N,设置关键点的快捷键为′。

在时间轴播放控制模块 中,播放动画的快捷键为/,上一帧的快捷键为,,下一帧的快捷键为.,切换到动画开头的快捷键为 Home,切换到动画结尾的快捷键为 End。制作动画时操作比较频繁,熟练使用快捷键可以大大提高工作效率。

3. 时间配置面板

点击动画播放面板中的 图标,弹出时间配置面板。在时间配置面板中,包括了帧速率、时间显示、播放和动画的设置;还可以更改动画的长度,或者拉伸和重缩放;还可以用于设置活动时间段和动画的首尾帧。

如图 10‒53,开始时间为时间轴起点帧,

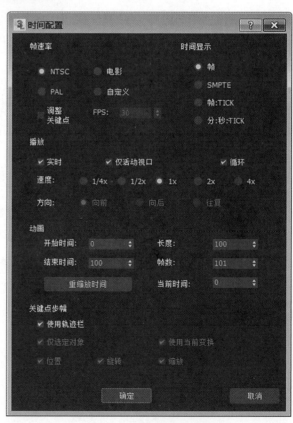

图 10‒53　时间配置面板

也就是当前动画的开始帧;结束时间为时间轴终点帧,也就是当前动画的结束帧。时间轴可以在负数范围内显示。通过在长度和帧数中直接输入关键帧数量,也可以设定时间轴范围。在当前时间中输入指定帧数字,点击确定后就能跳转到指定帧。重缩放时间可以将当前动画缩短或延长到指定时间,常用于加快或者减慢动画运动速率。

如图 10 - 54,在时间显示中启用"帧:TICK"或"分:秒:TICK"。时间轴滑块就能以更小的单位进行移动,常用于将一段动画以非整数倍缩短时使用。比如将 100 帧的动画缩短到 60 帧,其中某一些关键帧就有可能出现在非整数帧位置上,这时用"帧:TICK"模式就能更精确地观察到关键帧位置。除此之外,一般情况下不必开启此选项。

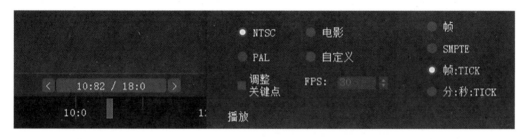

图 10 - 54　设置帧率

4. fps 帧速率

fps(每秒帧数)代表每秒关键帧的数量。动画是由一连串连续的静态图片(帧)构成的,在单位时间内包含的帧数越多,渲染出来的视频动画就越流畅,同时资源量也会相应增加。一般来讲,普通视频使用 30 fps 的帧速率,电影通常使用 24 fps 的帧速率,而 Web 网页和一些流媒体动画则有可能使用更低的帧速率。随着时代发展也出现了 60 fps 的高帧率视频。

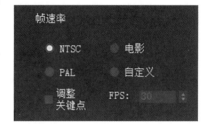

默认的 NTSC 帧速率为 30 fps,PAL 为 25 fps。开启自定义还能手动输入 fps 值(如图 10 - 55)。

图 10 - 55　几种常用帧速率

5. 播放速度的选择

如图 10 - 56,禁用实时后,可通过选择向前、向后或往复设置动画播放的方式。速度中提供了四分之一倍速、二分之一倍速、一倍速、二倍速和四倍速五种播放速率。禁用循环,动画播放到时间轴的结束帧后停止。

注意:这里的向前、向后、往复和变速,只改变动画播放预览,实际的角色或者场景动画并没有发生改变,也不会影响渲染和动画导出。

图 10 - 56　设置动画播放速度

第六节　曲线编辑器

一、曲线编辑器的特征

　　轨迹视图包含了两种可视化编辑器模式：曲线编辑器和摄影表编辑器，用于查看和修改场景中的动画数据。轨迹视图的曲线编辑器模式将场景中的各种类型的动画，以曲线和参数的形式显示。使用者还可以使用曲线编辑器，为运动对象的指定元素设置不同的动画控制器，并添加修改运动关键点和动画参数。一些较为精细的动画，在曲线编辑器里可以更直观地反应和控制。

　　曲线编辑器是轨迹视图的一种模式。在该视图模式中，物体的动画将以函数曲线的形式显示出来。使用者可以查看关键帧之间的插值，还能利用曲线上的关键点及其切线控制柄，控制关键帧和中间帧。在启用自动关键点后，对运动对象的任何变换动作，也都会转换为轨迹视图中的函数曲线和曲线上的坐标点。

　　使用者可以通过在窗口中的运动物体上右键面板中选择进入曲线编辑器，也可以在菜单栏中点击图形编辑器→曲线编辑器按钮进入。工具面板中的 ![icon] 图标也是曲线编辑器入口。打开轨迹视图后，曲线编辑器以包括功能曲线的标准布局显示。沿编辑器的顶部和底部显示以下工具栏：导航、键、关键点控制、新关键点、关键点选择工具、切线工具、仅关键点工具。

　　如图 10-57，曲线编辑器中显示场景中的 Box001 沿着 Y 轴进行平移的动画曲线。使用者可以在曲线编辑器左侧的控制器窗口列表里，选择对象的位置、旋转、缩放、物体长宽高等参数控制类。关于运动对象和环境效果及其关联的每一项可设置动画参数，都包含在列表中，使用者可以使用手动导航展开或折叠该列表，也可以自动展开所有层级。在控制器列表中选择每个单独运动层级，右侧曲线窗口中就显示相应层级的动画曲线。如图中所示，当前选中 Box001 位置变换中的 Y 轴位置。在右侧的坐标系中，显示 Y 轴位置的数值变换曲线。横轴为 0 至 30 帧的时间轴，纵轴为位置数值。图中的曲线表示经过 0 到 30 帧，Box001 在 Y 轴位置上的位置从 0 移动到－200。可以在曲线上的任意位置添加删除关键帧，在横轴方向拖动关键帧可以修改该关键帧所在的时间；在纵轴方

图 10-57　动画曲线编辑器

向拖动关键帧可以修改该关键帧的数值,也可以选中某一关键帧后在下方的数值输入框中直接键入数值。

摄影表编辑器在水平图形上显示随时间变化的动画关键点。如图10-58,使用者可以以类似电子表格的格式同时查看所有关键点,所以此图形显示简化了调整动画计时的过程。

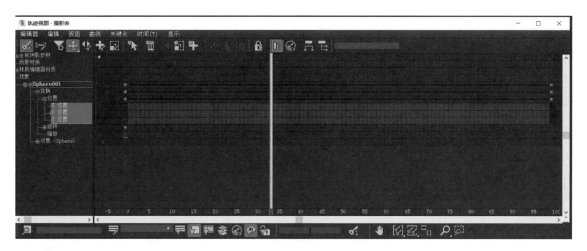

图 10-58　动画摄影表编辑器

二、曲线的样式和动画的关系

在三维动画制作中,一般以关键帧的方式来制作动画。如图10-59,在第1帧设置Box的初始位置关键帧,在第30帧设置Box的结束位置关键帧。软件就会自动计算0—30帧之间的运动轨迹。只靠时间轴和关键帧,使用者并不能精确控制物体在中间过程中的运动速率变化,这就需要利用轨迹视图中的曲线和控制手柄来更为精确地控制运动速率,得到更为理想的动画节奏效果。

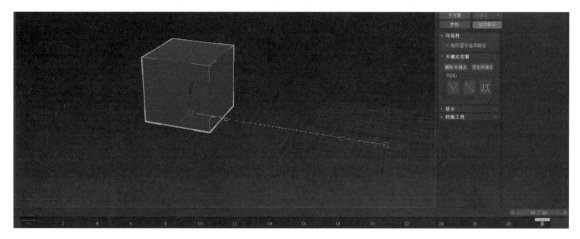

图 10-59　设置动画关键帧

如图10-60,曲线可以提供以下6种动画速率变化:由快变慢、由慢变快、由慢变快再变慢、由快变慢再变快、匀速和切变。

这6种速率可以适用于不同类型的动画。比如小球弹跳是由快变慢上升,到了最高点再由慢变快下落。又如汽车加速前进,常用由慢变快。

在曲线编辑器中可以修改曲线的曲率来调整动画快慢。如图10-61,在工具栏中选择移动关键

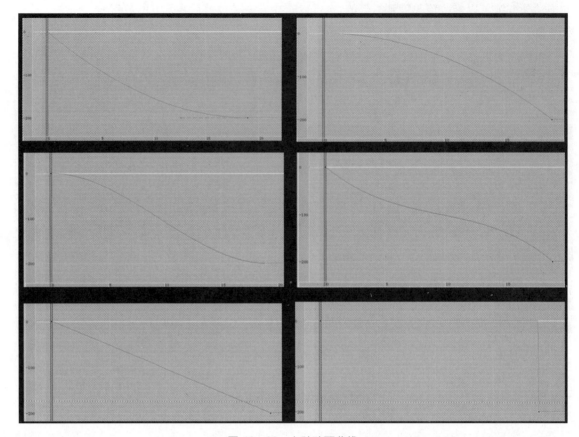

图 10-60 六种动画曲线

点模式。选中需要修改的关键点,可以看到控制该点的 Bezier 曲线手柄。通过拖曳手柄就能精确地修改曲线曲率。同时工具面板中还提供了 5 种常用快速调整曲率的工具,分别是将曲线调整为快速、将曲线调整为慢速、将曲线调整为阶梯、将曲线调整为线性和将曲线调整为平滑。

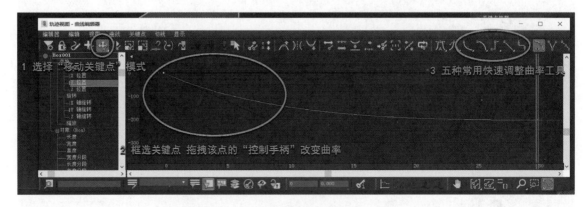

图 10-61 修改动画曲线的 Bezier 曲率

三、曲线过滤器的使用

由于曲线编辑器是用二维坐标系的方式来显示动画曲线,而一个运动对象又往往同时包含多种运动类型,所以在一个曲线面板中同时显示就会非常杂乱。使用曲线过滤器就能过滤掉一些暂时不需要的运动类型。比如可以将视图限定到只显示位移运动曲线。该对话框也可以分别控制位置、旋转、缩放和 XYZ 轴的功能曲线显示和变换显示。

如图 10-62，点击 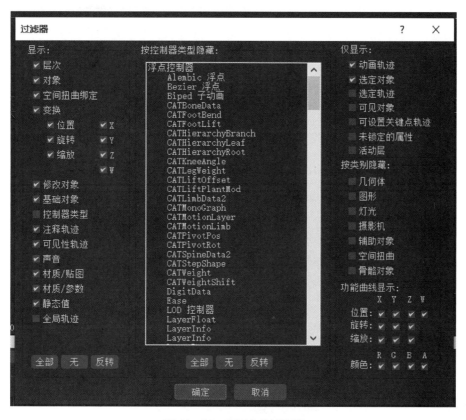 图标，弹出曲线过滤器面板。

图 10-62　动画曲线过滤器

左侧显示栏中，可以选择显示或者隐藏的层级、对象属性、位置、旋转和缩放等控制器类型。

中间按控制器类型隐藏包含了 3ds Max 中所有控制器类型。可以选择一个或多个控制器类型，使其在层次列表中隐藏。可以使用按住 Ctrl 键并单击、按住 Shift 键并单击或拖动的方法来进行多选操作。

在右侧仅显示和按类别隐藏栏中，显示一些常用的动画类型和动画对象。在功能曲线显示种类，可以快速访问最常用到的位移、旋转、缩放以及其轴向曲线。

第七节　人物角色的动作设计和调节

一、人物呼吸待机动画的设计和调节

呼吸待机动画指在动画和游戏中，角色没有任何行为时的默认站立姿态和动画，其设计重点在于根据不同的角色性格特征，设计站立姿态。比如表现一名英气勃勃的少年英雄，他的站姿需要体现挺拔、英武的气质，而表现一名反派兽人战士，他的站姿就要相对佝偻、蠢笨一些。一般情况下，待机动画相对简单，可以控制在 30 帧左右，首尾循环即可。运动部分，主要关注角色胸部骨骼产生的呼吸动画。

调制一名男性角色站立动画，步骤如下：

（1）首先制作第 1 帧姿态，将时间滑块调至初始第 0 帧，打开自动关键帧开关。先调整质心骨骼和脚步动作，移动质心骨骼将角色的重心侧移到角色右脚上，左脚略微迈出（如图 10 - 63）。在 3ds Max 中，想要移动角色质心骨骼，需要在运动面板中的轨迹选择中开启躯干水平、垂直或旋转模式，才能对质心骨骼进行移动和旋转，而身体其他部分骨骼只需要正常移动旋转（如图 10 - 64）。

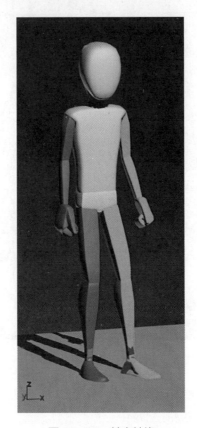

图 10 - 63　基本站姿

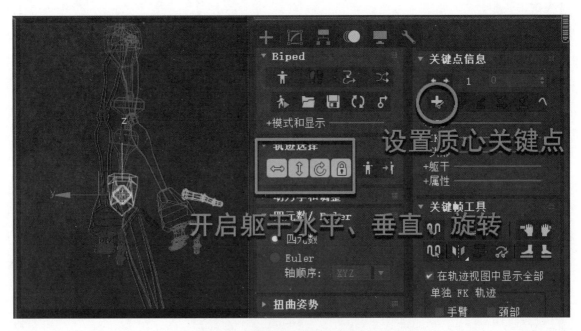

图 10 - 64　开启质心变换和设置质心关键点

相比于角色初始的 T Pose，质心侧移后，角色双脚有一定的岔开角度。可以先向下移动质心骨骼，再调整脚的位置。注意脚不要穿入或者离开地面。整个待机动画过程中双脚位置不变，所以需要为调整好位置的双脚设置踩踏关键点（如图 10-65）。

图 10-65　设置脚部的踩踏关键点

调整好角色的质心骨骼和脚步以后，继续调整手臂姿态。让双臂自然下垂，肘关节略微弯曲，右臂更加贴近身体，手部微握拳。设置完成角色的基本站立姿态后，选中所有骨骼点击设置关键帧，在第 0 帧手动为所有骨骼打上关键点。

（2）为了保证动画循环，将时间滑块移到最后第 30 帧，再次手动点击设置关键点。双脚也需要分别再次设置踩踏关键点。一般情况下，游戏使用的动画要求所有骨骼在动画的初始帧和结束帧都有关键点。

（3）接下来制作表现身体起伏的关键帧。将时间滑块移到第 15 帧，如图 10-66，稍微向斜下方拖动质心骨骼，使角色产生一个重心小幅度下沉的动作。同时分别旋转胸骨和腰椎骨，产生呼吸胸骨收缩的动作。腰椎骨、胸骨可以分别以顺时针和逆时针旋转，这样能避免同方向旋转累加形成的上身摆动角度过大。稍微调整手部和头部的位置和角度，避免僵硬。

（4）点击播放，测试动画。注意循环播放时首尾是否有跳帧现象。多角度观察角色动作确认无误后，呼吸待机动画就调制完成了。

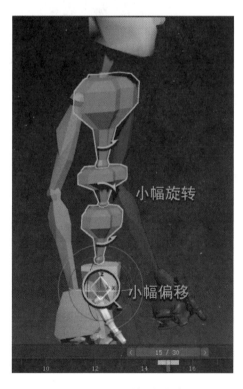

图 10-66　调整脊椎角度

二、人物战斗待机动画的设计和调节

战斗待机动画为角色进入战斗状态时的站立动画，战斗待机姿态一般也是角色攻击动作的发起姿态。攻击可以分为徒手攻击和使用武器攻击，所以也需要根据不同类型的攻击方式，为角色设计相应的战斗待机姿态。

下面以单手持剑角色为例,设计一段总长 30 帧、首尾循环的战斗待机动画:

(1)如图 10-67,时间滑块调至初始第 0 帧,打开自动关键帧开关,摆出初始持剑姿态。右手持剑后指,双脚开立,双腿微弯曲。左脚在前,右脚在斜后侧。身体面向右侧方向,重心在双腿之间,质心骨骼略微下沉。头部微低注视前方目标方向。整个待机动画过程中双脚位置不变,所以可以为调整好位置的双脚设置踩踏关键点。调整好角色持剑站立姿态后,手动为所有骨骼设置关键帧。

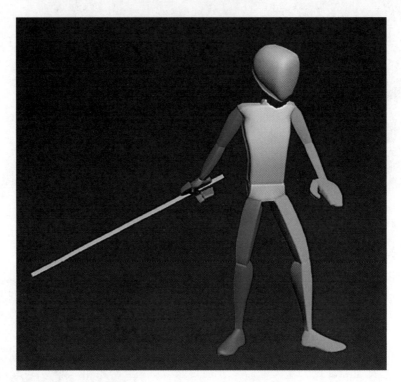

图 10-67 持剑而立的初始战斗姿态

(2)将时间滑块移到结尾第 30 帧,点击设置关键点。双脚也需要分别再次设置踩踏关键点,保证动画首尾一致。

(3)时间滑块移动到第 15 帧,稍微向斜后方拖动质心骨骼,使角色产生一个重心小幅度下沉的动作。同时分别旋转胸骨和腰椎骨,产生呼吸胸骨收缩的动作。腰椎骨、胸骨依旧可以分别向前和向后旋转,避免上身摆动角度过大。双手略微上移,避免僵硬。头部保持不动,体现战斗姿态下角色的注意力专注。

(4)点击播放,测试动画。注意循环播放时首尾是否有跳帧现象。多角度观察角色动作,确认无误后,战斗待机动画就调制完成了。

三、人物走路动画的设计和调节

在制作走路动画时,要先确定角色自身年龄、性别、性格、职业、情绪等基本特征,根据不同的人物性格、年龄、性别、职业来设计走路动作。比如,一位 20 岁左右正值壮年的男性战士,有着雄赳赳气昂昂的走路步伐;又如,一位 8 岁的女孩,就有着活泼天真的步伐。走路动画既是角色的基础动作,也是角色的关键动作。无论在动画还是在游戏中,走路动画都是最常用的动作之一,也最能体现角色性格特征。

下面以一段全长31(0—30)帧的基本走路动画为例,首先做如下动作分析:

如图10-68,走路动画重点在于脚步和腿部的动作调节,手臂只是脚步动画的附属。行走过程中,单侧脚的运动主要由以下几个关键动作构成:① 迈出后下踩;② 向后滑步;③ 腿部垂直身体,支撑身体重心;④ 后蹬;⑤ 后摆到极限;⑥ 屈膝,向前迈出;⑦ 向前迈出到极限;⑧ 结束后回到初始动作,形成一个循环。一般情况下,左右脚的关键动作和动作之间的顺序是一致的,只不过在时间上交错完成。

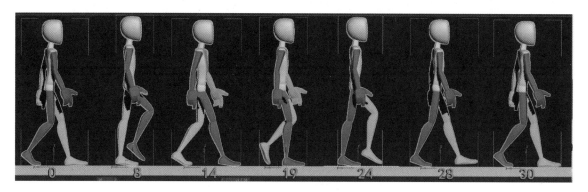

图10-68　走路关键帧分解

具体调节过程:

(1) 初始0帧:打开自动关键帧开关。在角色侧视图中,通过拖曳骨骼,将角色摆成跨步姿态。以角色左脚迈出(图中绿色腿),右脚后摆为初始姿态。摆好姿态后全选骨骼,点击设置关键点为所有骨骼打上关键帧。角色跨步时,腿部分开,所以身体重心会略有下降。注意脚不要穿入或者离开地面。

(2) 继续调整左脚、左腿动作。在第8帧,左脚收回,垂直于身体重心,左腿膝盖绷直,脚掌略微向上弯曲,调高质心骨骼。

(3) 第14帧:左腿后摆到最高点,膝盖微屈。

(4) 第19帧:左脚从最高点略微回落,脚跟抬起。大腿向前摆动,膝盖弯曲。质心骨骼下降。

(5) 第24帧:左脚向前抬到最高点。大腿抬到最高点,膝盖弯曲。调高质心骨骼。

(6) 第28帧:左脚向前迈步到最远端,膝盖绷直,脚掌略微向下绷紧。

(7) 第30帧:左脚下踩,与第0帧动作保持一致形成循环。第30帧为结束帧,也需要把所有骨骼选中,手动设置关键帧。

(8) 整个走路过程中,质心骨骼有两次上升下降。分别在左右脚开立最大时下降,单脚支撑身体重心时上升。

(9) 左脚从第0帧到第11帧处于在地面滑行状态,所以在第0帧开始设置滑动关键帧,在第11帧也设置滑动关键帧,就能避免因为质心骨骼高度的改变,脚掌穿入地面。

(10) 右脚与左脚动作姿态和顺序完全一致,在时间上比左脚相差15帧即可。

(11) 根据腿部前后步幅来调整手臂动作,当左腿向前迈出到极限时,右手也前摆到极限;左腿向后摆到极限时,右手也向后摆到极限。左手也根据此原则类推。

(12) 如图10-69,播放测试动画。注意循环播放时首尾是否有跳帧现象。多角度观察角色动作确认无误后,走路动画就调制完成了。

图 10-69　走路动画分解

四、人物跑步动画的设计和调节

　　跑步动画与走路动画相比具有腿部前后摆动幅度更大、双脚同时腾空、质心骨骼除了有垂直位移也有水平位移、腰部前屈更明显、摆臂幅度更大等特点。

　　下面以一段全长 31(0—30)帧的循环跑步动画为例,进行如下动作分析:

　　如图 10-70,跑步动画重点还在于脚步和腿部的动作调节,手臂只是脚步动画的附属。跑步过程中,单侧脚的运动主要由以下几个关键动作构成: ① 屈膝迈步;② 向前迈出到极限,身体腾空;③ 身体下落,脚部下踩;④ 腿部与身体在同一垂线,支撑重心;⑤ 向后蹬地滑步;⑥ 腿部后摆到极限;⑦ 大腿向前摆动,屈膝;⑧ 结束后回到初始动作,形成一个循环。与走路一样,一般情况下左右脚和腿部的关键动作和动作之间的顺序是一致的,只不过在时间上交错完成。

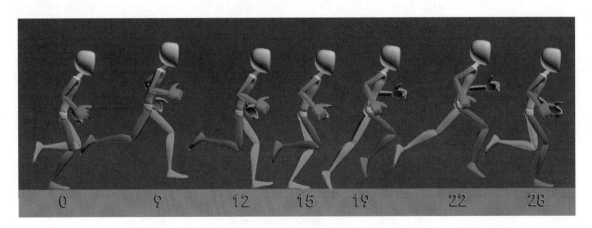

图 10-70　奔跑关键帧分解

　　(1) 如图 10-70,在初始 0 帧,打开自动关键帧开关。在角色侧视图中,通过拖曳骨骼,将角色摆成身体重心微微下沉,右脚支撑身体,左脚屈膝后摆姿态。摆好姿态后全选骨骼,点击设置关键点为所有骨骼打上关键帧。角色跨步时,腿部分开,所以身体重心会略有下降。注意脚不要穿入地面。

（2）第9帧：左腿左脚前摆到极限，膝盖微微弯曲，身体腾空到最高点。为了使蹬地发力表现更充分，质心骨骼向上的同时，也略微向前移动。伴随左手后摆到极限。

（3）第12帧：左脚下踩，左脚掌向上仰，左腿向后收回。身体重心下降的同时，也略微向后移动。

（4）第15帧：左脚、左腿与身体在同一垂线上，左腿支撑身体重心，脚掌向上压缩到极限。质心骨骼降为最低。

（5）第19帧：左脚蹬地后滑，膝盖绷直。

（6）第22帧：左腿后摆到极限，身体重心再次上升到最高点，同时也略微向前移动。伴随左手前摆到极限。

（7）第28帧：左大腿前摆，膝盖弯曲到极限，左脚脚掌向下弯曲。

（8）第30帧：与第0帧保持动作姿态一致。

（9）右腿姿态和动作顺序与左腿一致，时间相差15帧。

（10）根据腿部前后步幅来调整手臂动作，当左腿向前迈出到极限时，右手也前摆到极限；左腿向后摆到极限时，右手也向后摆到极限。左手也根据此原则类推。

（11）如图10-71，播放测试动画。注意循环播放时首尾是否有跳帧现象。多角度观察角色动作确认无误后，跑步动画就调制完成了。

图 10-71 奔跑动画分解

五、人物战斗动画的设计和调节

战斗攻击动画可以分为徒手攻击和使用武器攻击。其中，使用武器攻击也可以分为单手持武器攻击和双手持武器攻击。下面以单手持剑挥砍为例，学习战斗攻击动画的调制方法。

一段优秀的攻击动画，要注意以下几点：

（1）精准的打击范围：不管是拳击还是武器攻击，都要在保证出拳、挥砍、刺击的瞬间，拳头和武器能够命中目标范围。这是攻击动画的基本要求。一些游戏中的攻击动画还经常用剑气和刀光等特效来使攻击范围更加明确。

（2）充足的攻击力道：攻击前的蓄力准备、瞬间的发力出招、出招后的停顿缓冲都是表现攻击力度的必要阶段。

（3）体现角色特征的动作姿态：蓄力、出招、停顿等关键动作要尽可能做到体现角色性格特征，比如帅气、英武、猥琐、可爱、癫狂、性感等。

如图 10-72，以制作一段 40 帧持剑挥砍动画为例，可进行如下分析：

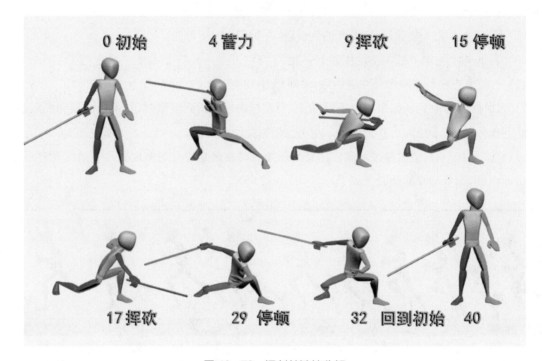

图 10-72　挥剑关键帧分解

攻击动画由初始姿态、起手蓄力、挥砍攻击、停顿保持、二次挥砍攻击、停顿保持、回到初始姿态几个阶段构成。其中蓄力和回到初始动作速率相对慢一些，挥砍的动作速率最快，停顿动作需要保证有一段时间的静止，体现一定的攻击力道。

传统武术有句话："劲起于足，发于腿，主宰于腰，而形于手。"这句话对于制作三维角色动画也有很强的指导意义。一般情况下，制作关键帧姿态时，先调制角色脚部和重心的位置和姿态，再调制上身、手臂和手部姿态。

（1）第 0 帧：摆出初始姿态。右手持剑后指，双脚开立，左脚在前，右脚在斜后侧。身体面向右侧方向，重心在双腿之间，略微下沉。头部微低注视目标方向。

（2）第 4 帧：攻击前蓄力姿态。右脚位置不动，左脚前探。反弓步下蹲，上身向右旋转，右手平端武器，右手臂向右后旋转蓄力。左手在胸前保持身体平衡。头部微低，目视目标方向。

（3）第 9 帧：攻击挥砍姿态。双脚位置不变，先快速向前移动质心骨骼，向左扭转胯部，上身也向左前方旋转。同时右手臂由身体右侧向身体左腋下方向挥出武器。

（4）第 15 帧：保持攻击停顿姿态。持剑手可以继续向左后方轻微旋转，调整武器角度，胯部和上身继续向左旋转，为第二次挥砍动作蓄力。

（5）第 17 帧：第二次挥砍姿态。质心骨骼不动，上身向右旋转的同时，右手持刀从身体左前侧向右后平挥砍出。

（6）第 29 帧：第二次挥砍停顿姿态。胯部和上身转向右侧，右手持剑继续向身体右后侧旋转平挥。头部保持面对目标的方向。左手在胸前保持身体平衡。

（7）第 32 帧到第 40 帧：质心骨骼上移，回到初始姿态。下图为 40 帧完整动作分解。

（8）如图 10-73，播放测试动画。注意循环播放时首尾是否有跳帧现象。多角度观察角色动作确认无误后，攻击动画就调制完成了。

图 10-73　挥剑动画分解

六、人物死亡动画的设计和调节

一般可以用角色受到致命一击后倒地不起，来表现角色的死亡。死亡动画主要由角色被击和倒地不起两段构成。具体调制过程如图 10-74：

（1）第 0 帧：角色双脚开立，身体微屈，做迎击姿态。第 0 帧到第 18 帧双脚位置固定，可以对脚设置踩踏关键点。

（2）第 4 帧：身体重心下沉做受击打状。

（3）第 13 帧到第 18 帧：右手捂胸口，身体后仰，头部后仰，同时左手前伸。

（4）第 21 帧：身体重心突然下降，左脚失去平衡抬起，离开地面。手臂上伸。

（5）第 24 帧：身体重心继续下降，双脚离开地面。

（6）第 27 帧：胯部接触地面，上身弯曲，四肢上伸。为了表现下落弹性，可以在第 30 帧为质心骨骼做微小上升反弹的动作。

（7）第 33 帧：上身和头部平躺到地面，手部落下。左脚还略微悬空。

（8）第 36 帧到第 40 帧：身体继续保持平躺，脚部全部落到地面。完成死亡动画。

（9）播放测试动画。多角度观察角色动作确认无误后，死亡动画就调制完成了。图 10-75 为全部动作分解。

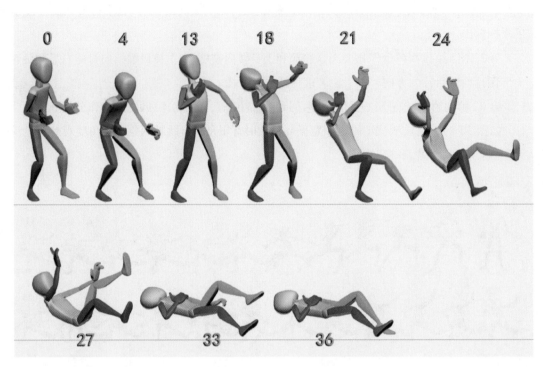

图 10 - 74　倒地死亡关键帧分解

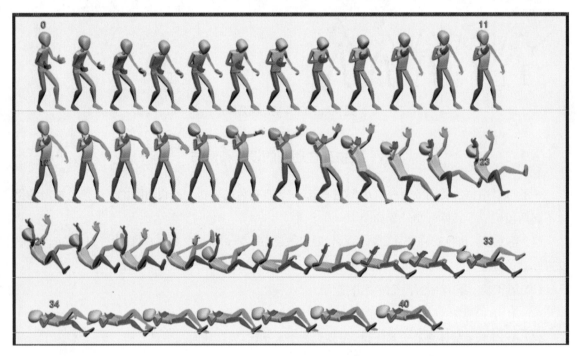

图 10 - 75　倒地死亡动画分解

七、人物技能动画的设计和调节

　　现在制作一段更为复杂一些的角色双手持重剑蓄力重击的战斗技能释放动画。该动画可以拆分成两个阶段：蓄力阶段和挥砍阶段。关键帧如图 10 - 76。

　　（1）第 0 帧：一般情况下，在游戏当中即便是双手持握武器，也可以只把武器用链接工具链接到

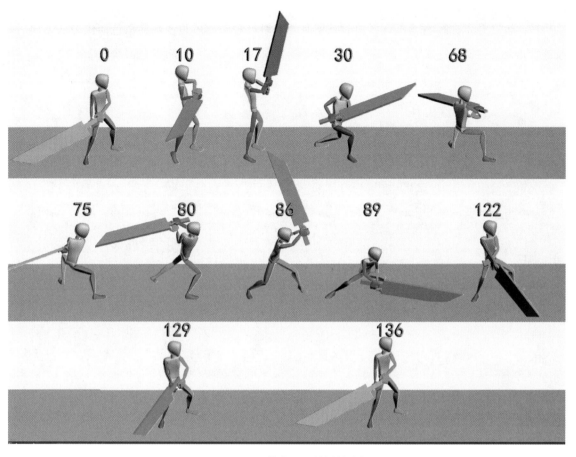

图 10-76 蓄力重砍关键帧分解

一只手掌上(武器作为一个整体在 3ds Max 中,不能同时有两个父级元素控制)。把重剑链接到角色右手掌(蓝色)上,在整个攻击动画过程中,用右手掌位置来控制武器的位置和角度。然后再根据武器位置手动适配左手位置,达到双手持握持武器的效果。

调制好角色脚步,重心略微下沉,武器朝向身体右后方,同时上身朝向武器侧。头部面对目标方向。

(2)第 1 帧到第 30 帧:蓄力动作。先向上提起质心骨骼,再向后蹲下,左脚后撤,双手从身体右侧向上举起武器,并在第 30 帧将剑柄收于怀中位置,剑尖朝前,做积蓄能量姿态。31 帧到 60 帧保持积蓄能量姿态,在这个过程中,可以让身体产生快速轻微抖动来表现能量流入角色身体。

(3)第 61 帧到第 80 帧:攻击起手动作。从第 61 帧开始,先使质心骨骼带动胯部和上身向左后侧旋转,同时将武器从角色身前由身体左侧转向身体后侧。从第 70 帧质心骨骼开始前探直到 80 帧,保证脚部位置不动,抬起右臂,准备挥击。

(4)第 81 帧到第 90 帧:挥击动作。先通过改变质心骨骼和胯部的位置和角度,做出向前跨步、下蹲动作。同时上身由左扭转向右,带动右手臂,向下挥舞重剑。在挥舞过程中通过调制右手掌位置,来控制重剑的挥砍轨迹。让剑锋保持在同一平面上,剑尖轨迹圆滑饱满。

(5)第 91 帧到第 110 帧:保持重剑下砸姿态。为了体现下砸力度,可以让角色质心骨骼在这过程中有一定程度的上下快速弹动。手肘也可以辅助一些弯曲动画,从而表现下砸力度。

(6)第 111 帧到动画结束:质心骨骼向后同时收回脚步。将武器由身体右侧旋至后侧,回归初始姿态,完成整段技能释放动作。

(7)播放测试动画,注意循环播放时首尾是否有跳帧现象。多角度观察角色动作确认无误后,技能攻击动画就调制完成了。图10-77为每间隔2帧截取的动作分解图,整段全长135帧。

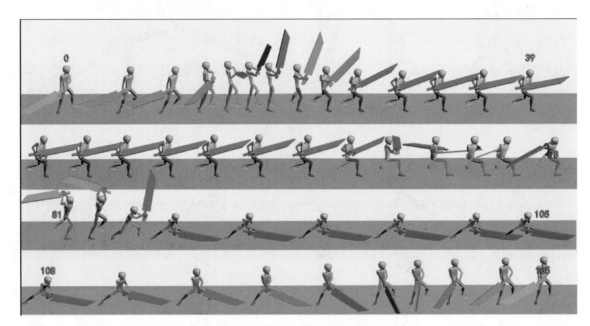

图 10-77　蓄力重砍动画分解

第八节　四足动物的动画设计和调节

一、四足动物的站立动画设计和调节

以猎豹走路动画为例,分析四足猫科兽类的走路动作要点:① 四条腿一侧分一侧合,左右交替完成一个走路循环。当左侧后腿和前腿合并时(后腿踢前腿),右侧前后腿分开,反之亦然。② 兽类的兽爪腕部在抬腿起时,向后弯曲角度明显。③ 身体稍有高低起伏。肩部和臀部起伏由各前后腿支撑角度分别决定。④ 头部略有点动,当前腿迈出时头部向下点动。

具体关键帧调节过程如下:

(1)如图10-78,第0帧:以右侧双腿(绿色)为例,将右后腿调制向前抬起,右后爪向下弯曲到最大角度,右前腿后蹬至极限。

(2)第4帧:右后腿向前抬起至最高点,右前腿向后抬起至最高点。

(3)第9帧:右后腿向前迈出至极限,右前腿屈肘准备前伸。右前爪向下弯曲至最大角度。

(4)第14帧:右后腿开始向后滑步蹬地,右前腿向前抬起至最高点。头部下点。

(5)第19帧:右后腿继续向后滑步,支撑臀部到最高点。右前腿前伸到极限,右前爪拍地准备后滑。

(6)第24帧:右后腿后蹬至极限,右前腿支撑肩部到最高点。

(7)第29帧:右腿向后蹬起,右前腿继续屈肘后滑。

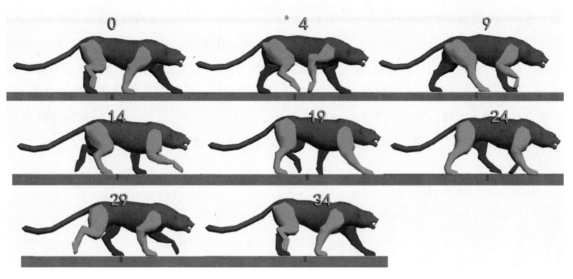

图 10-78　猎豹走路关键帧分解

（8）第 34 帧：回到初始第 0 帧姿态。

（9）整段动作一共 35 帧，左侧双腿与右侧双腿姿态，动作顺序一致。时间顺延或提前整段动作的一半长度，这里是 17 帧。

（10）播放测试动画。注意循环播放时首尾是否有跳帧现象。多角度观察角色动作确认无误后，动物走路动画就调制完成了。图 10-79 为整段动作分解截图。

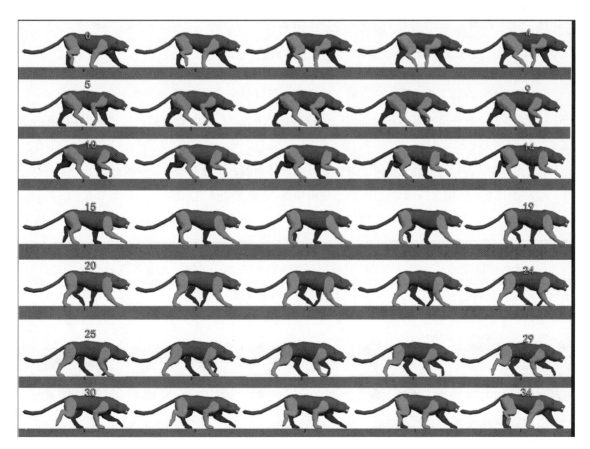

图 10-79　猎豹走路动画分解

二、四足动物跑步动画的设计和调节

以猎豹跑步动画为例,分析四足猫科兽类快跑时的动作要点:① 前两条腿向后侧蹬,后两条腿向前迈。前两腿向前迈时,后腿向后蹬地,前后交替开合完成一个跑步循环。左右前腿和左右后腿,可以略有前后变化。② 身体的伸展和收缩明显。前后腿分开时身体舒展呈凹形;前后腿合拢时身体收缩,呈凸形,爪类动物尤其明显。③ 身体重心起伏较大,前后腿分开时身体腾空,前后腿合拢时,身体着地。身体重心轨迹呈波浪形运动。④ 尾部朝后,做水平波浪状摆动。

具体关键帧调制过程如下:

(1) 如图 10-80:第 0 帧,身体腾空,前后腿分开到最大角度。腰部呈凹型。

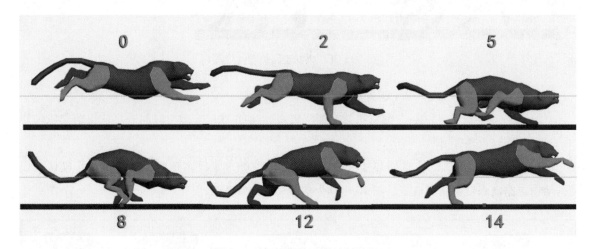

图 10-80　猎豹奔跑关键帧分解

(2) 第 2 帧:身体下落前脚开始着地。后腿继续保持一定的后蹬姿态,腰部平直。

(3) 第 5 帧:身体重心下落到最低点。前腿开始依次后刨,后腿开始依次前迈,腰部逐渐向上弓起。

(4) 第 8 帧:前后腿并拢到极限。身体上弓收缩到极限。注意四肢不要穿模。

(5) 第 12 帧:前腿上扑,上身也向斜上方向伸展,后腿开始依次后蹬。

(6) 第 14 帧:身体开始腾空,前腿扑出接近极限,后腿即将蹬离地面,腰部有凹陷趋势。第 16 帧身体腾空舒展,回到初始帧姿态。

(7) 播放测试动画。注意循环播放时首尾是否有跳帧现象。多角度观察角色动作确认无误后,动物跑步动画就调制完成了。图 10-81 为整段动作分解截图。

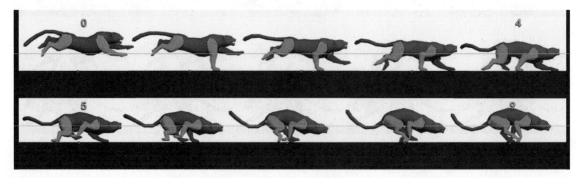

图 10-81　猎豹奔跑动画分解

三、四足动物战斗动画的设计和调节

四足兽类攻击主要有两种方式：撕咬和爪击。本节以撕咬为例，制作一段攻击动画。动作要点：① 攻击分为两段，先向下俯身蓄力。② 蓄力一段时间后迅速向前迈步探头发动撕咬攻击。③ 前冲咬中目标后，头部向下做撕扯动作。④ 尾部在蓄力时进行摆动，攻击时绷直。

具体关键帧调制过程如下：

(1) 如图 10-82，第 0 帧：右侧（绿色）前后腿合拢，左侧（蓝色）前后腿分开。

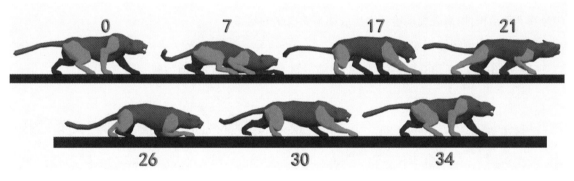

图 10-82　猎豹撕咬关键帧分解

(2) 第 7 帧：重心略微后移，胸部下伏贴地。四足位置保持不变。保持 10 帧左右的蓄力时间。尾部在此过程中有左右摆动。

(3) 第 17 帧：重心突然前冲，开始准备发动攻击。右后足和左前足保持踩踏关键点位置不动。左后足和右前足向前迈步。颈部微弓，头部微缩。

(4) 第 21 帧：重心前冲到极限。右后足和左前足位置不变，腿部后蹬到极限。头部前伸嘴部闭合做攻击动作。

(5) 第 26 帧：保持质心骨骼和四足位置。胸部下伏，头部向下扯动。

(6) 第 30 帧：完成攻击动画。重心向后移动，左后足和右前足依次向后迈出。

(7) 第 34 帧：回归到第 0 帧初始姿态。完成整段攻击循环动画。

(8) 播放测试动画。注意循环播放时首尾是否有跳帧现象。多角度观察角色动作确认无误后，动物攻击动画就调制完成了。图 10-83 为整段动作分解截图。

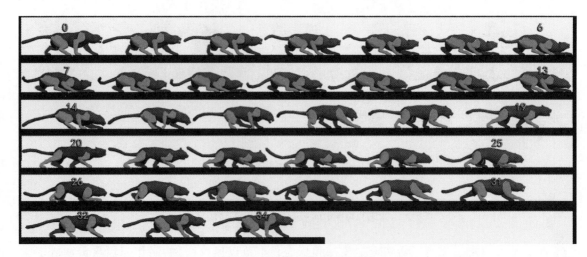

图 10 - 83　猎豹撕咬动画分解

四、四足动物死亡动画的设计和调节

本节学习制作一段猎豹被击倒死亡动画。动画要点：① 整体动画分为两个部分：第一部分为被击翻滚倒地动画；第二部分为倒地后四肢和尾部的伴随下落动画。② 为了表现受击打的力度，翻滚动作要尽量迅速，翻滚倒地时可以有一定的重心横向偏移。③ 倒地后四肢、头部、尾部分别有一些弹性下垂动作，用来表现动物死亡后肢体不受控制的状态。

具体关键帧调制过程如下：

（1）如图 10 - 84，第 0 帧：右侧（绿色）前后腿合拢，左侧（蓝色）前后腿分开。

图 10 - 84　猎豹倒地死亡关键帧分解

（2）第 1 帧：被击姿态。上身伏地，头部上扬。

（3）第 4 帧：身体开始受力翻滚。质心骨骼向左侧腾空，四肢依次离地。

（4）第 9 帧：质心骨骼带动臀部着地。身体向左侧翻滚，前腿腾空。

（5）第 15 帧：身体完全翻倒。头部和前腿上扬，作挣扎姿态。

（6）第 19 帧：胸部落地后微微上扬弹起。前腿和后腿依次下垂，头部下垂。胸部反弹带动前腿有一定的弹性动作。

（7）第 27 帧到第 30 帧，倒地死亡静止。

（8）播放测试动画。多角度观察角色动作确认无误后，动物死亡动画就调制完成了。图 10 - 85，为整段动作分解。

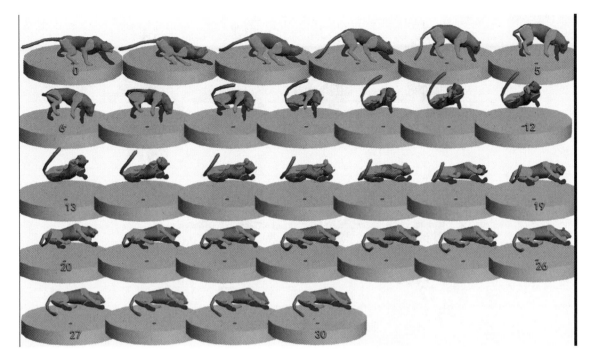

图 10-85 猎豹倒地死亡动画分解

第九节 禽类动物的动画设计和调节基本原理

一、禽类动物的飞行动画设计和调节

　　鸟类飞行动作由禽鸟的体型决定,一般可分为两大类:一类是体型较大的阔翼类,包括鹰、鹅、鹤、海鸥、大雁等。这些大型鸟类的翅膀长而宽,鸟喙和脖颈较长。在飞行时,扇动翅膀的频率较慢,翅膀动作柔和、姿态优美、姿态变化较多。另一类是体型较小的雀类,如麻雀、蜂鸟、小体型鹦鹉等,它们体型短小,翅膀面积不大,嘴和脖颈较短。在飞行时,雀类翅膀扇动的频率较高,常伴有短暂随机停留,运动轨迹琐碎而不稳定。

　　本节以阔翼类为例,学习制作一段中等体型鸟类的飞行动画。其动作要点分析如下:① 翅膀上扬展开时身体重心偏下。翅膀向下扇动时,产生升力推高身体重心,同时身体弓起。② 翅膀展开和扇动时,翅膀的根部和尖部遵循曲线运动规律。③ 尾部在身体重心下降时,向上扬起;在身体上升时,向下垂落。

　　具体关键帧调制过程如下:

　　(1) 如图 10-86,第 0 帧:翅膀完全向上扬起打开,翅根到翅尖呈弧形上扬。身体重心下沉到最低点。头部抬起,尾部翘起。

　　(2) 第 3 帧:开始向下扇动翅膀,翅膀整体依然保持上扬形态。身体重心开始上升。头部保持位置稳定。

　　(3) 第 7 帧到第 14 帧:翅膀继续向下扇动接近到最大角度。身体重心上升到最高点时背部隆起。颈部前伸,尾部下垂。

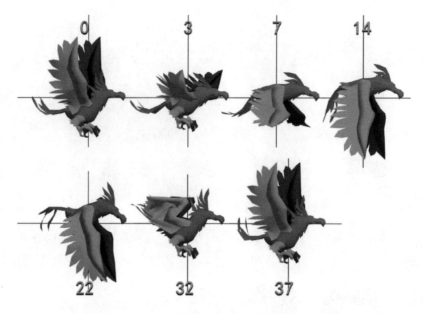

图 10-86　鸟飞行关键帧分解

（4）第 14 到 22 帧：翅膀保持向下扇动的最大角度，同时前翅向里弯曲、内扣。尾尖伴随上扬。

（5）第 22 帧到第 32 帧：翅膀开始向上扬。上扬过程中，翅膀分前、中、后三段，呈现一定角度的 Z 形折叠。身体重心开始下沉。

（6）第 37 帧：翅膀上扬到初始 0 帧角度。身体重心下沉到最低点。

（7）播放测试动画。注意检查首尾是否有跳帧。多角度观察角色动作确认无误后，禽类飞行动画就调制完成了。图 10-87，为整段动作分解。

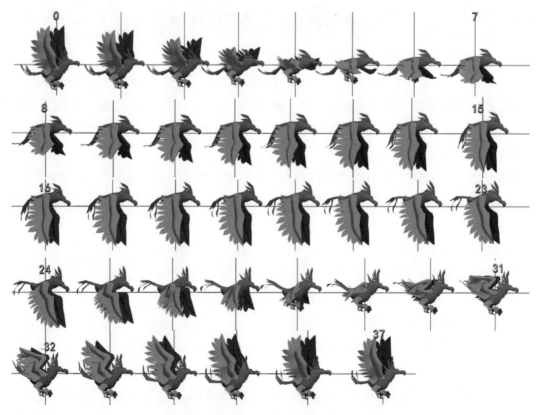

图 10-87　鸟飞行动画分解

二、禽类动物的战斗动画设计和调节

　　禽类一般有两种攻击方式：用鸟喙啄击和用鸟爪抓击。本节以抓击为例，调制一段禽类攻击动画。动作要点分析：① 整段攻击分为3个阶段：第一阶段挥翅预备攻击，第二阶段向下俯冲抓击，第三阶段挥翅返回初始姿态。② 第一和第三阶段节奏较缓，第二阶段攻击动作节奏较快。③ 身体重心位移带动尾部摆动。

　　具体关键帧调制过程如下：

　　（1）如图10-88，第0帧：翅膀完全向上扬起打开，翅根到翅尖呈弧形上扬。身体重心下沉到最低点。头部抬起，尾部翘起。

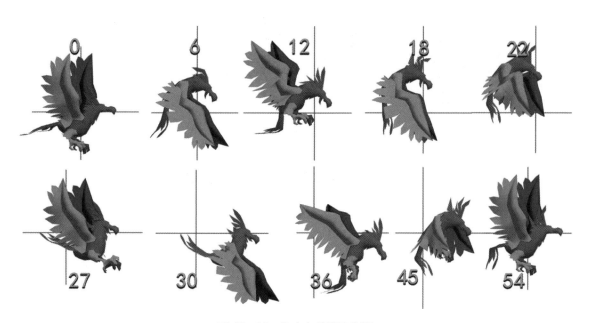

图 10-88　鸟攻击关键帧分解

　　（2）第1帧到第22帧：翅膀扇动两次，重心向后上方偏移，呈现预备攻击姿态。

　　（3）第23帧到第27帧：重心迅速向前下俯冲，鸟爪对准目标抓出。鸟身体呈直立姿态。

　　（4）第28帧到第35帧：重心位置保持不动，向前下迅速挥动一次翅膀，缓冲身体停顿。

　　（5）第36帧到第54帧：重心由攻击位置回到初始位置，挥动一次翅膀，姿态回归初始姿态。

　　（6）播放测试动画。注意检查首尾是否有跳帧。多角度观察角色动作确认无误后，禽类抓击动画就调制完成了。图10-89为动画分解截图。由于动作较长，分解图每间隔两帧取一张。

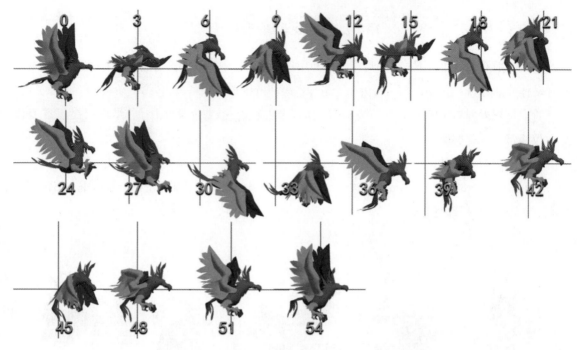

图 10-89　鸟攻击动画分解

三、禽类动物的死亡动画设计和调节

本节学习制作一段鸟类坠落死亡动画。动作要点分析：① 整段动画分为两个阶段：第一阶段扇动翅膀挣扎，第二阶段为坠落地面死亡。② 为了表现受伤濒死状态，第一阶段扇动两次翅膀；第二次比第一次扇动时身体重心高度下降，身体呈现扭曲挣扎姿态，翅膀也没有第一次挥动舒展。③ 颈部头部的夸张动作常常用来表现角色挣扎。比如头部大角度的上扬，晃动和垂下等动作，都具有很强的表现力。

具体关键帧调制过程如下：

（1）如图 10-90，第 0 帧到第 30 帧：第一次挥动翅膀，可以参考禽类飞翔动画调制。第 12 帧翅

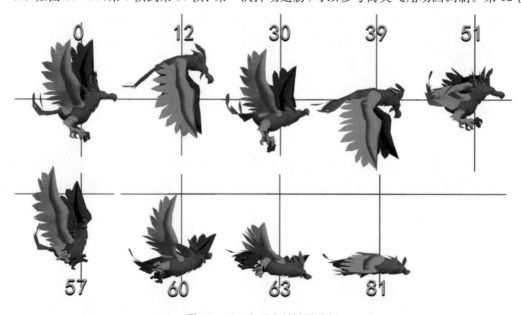

图 10-90　鸟死亡关键帧分解

膀向下挥动时重心上升。到了第 30 帧,挥舞动作末期时,重心快速下降,头部向上扬起,身体蜷曲。

(2)第 31 帧到第 57 帧:第二次挥动翅膀。身体重心在第一次挥动下降后,就保持在较低位置。二次挥动时,身体重心也不会像第一次挥动时有明显上升,同时头部向斜下方大幅晃动,表现吃力挣扎。二次挥舞动作末期时,身体开始下落,头部上扬,身体蜷曲角度更大。

(3)第 60 帧到第 81 帧:由爪子开始,腹部、胸部、头部依次坠落地面。在第 66 帧时身体完全落地后,翅膀和尾部伴随落下。

(4)播放测试动画。多角度观察角色动作确认无误后,禽类死亡动画就调制完成了。图 10-91 为动画分解截图。由于动作较长,每间隔两帧取一张。

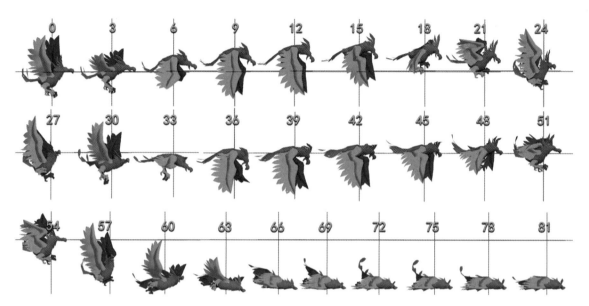

图 10-91　鸟死亡动画分解

第十节　动力学

一、动力学原理

动力学通过模拟对象的物理属性及其交互方式,经过运算模拟创建动画。交互和模拟通过参数设定来实现,如在实体对象相互重叠的情况下,或者已经存在关键帧动画的运动对象(如投掷的球)和动力学动画对象(例如桌球撞击)。动力学模拟涵盖重力、阻力、摩擦力、反弹力、风力(带有湍流)等。更高级的动力学引擎还可以模拟柔体(如布料和绳索)、流体(水流)以及关节体。角色的动力学模拟,也被称为"布娃娃"物理学。

3ds Max 的 MassFX 提供了添加真实物理模拟的工具集。该插件强调特定于 3ds Max 的工作流,使用修改器和辅助对象对场景模拟的各个方面添加注释。

MassFX 模拟使用刚体:模拟过程中不改变形状的对象。每个刚体可以是 3 种类型之一,这 3 种类型分别是动力学、运动学和静态。

动力学：动力学刚体或布料对象（mCloth）非常像在真实世界中的对象，动力学对象的运动完全由模拟运算生成。运算涵盖重力、力空间扭曲和模拟中其他对象（包括布料对象 mCloth）撞击产生的力。动力学对象一般用来模拟被撞击物体。

运动学：运动学刚体或布料对象是由一系列动画移动的木偶。它们不受重力或其他力作用，可以推动所有碰撞到的动力学对象，但不能被这些对象推动。可以使用标准方法为运动学对象设置动画。运动学对象可以是静止物体；它们可以影响模拟中的动态对象，但不受其影响。运动学对象也可以在模拟过程中切换到动态状态。运动学对象一般用来模拟撞击物体。

静态：静态对象类似于运动学对象，但无法设置动画。但是，它们可以是凹面形的，与动力学和运动学对象不同，静态对象一般用来作为地面、容器、墙壁、障碍物等。

刚体是物理模拟中的不会改变外形和大小的硬质对象。例如，如果场景中的圆柱体变成了刚体，刚体可能会被反弹、滑动或者滚动，但是不会发生形变或断裂。可以使用约束连接场景中的多个刚体。例如，假设将门添加到场景并使其成为刚体，该门在门框中的直立平衡状态在最开始时可能会不稳定，对该门的任何撞击行为都会使其倒落到地板上。要使门直立在门框中且可以旋转打开和关闭，可以使用转枢约束。

为方便起见，在 MassFX 工具栏的刚体弹出按钮上，每个类型都有一个按钮，可以同时应用刚体修改器和设置类型。此外，布料对象可以是动力学或运动学刚体，但不可以是静态刚体。

二、布料动画

布料系统是为角色和动物创建逼真的织物和衣服动画的高级工具。布料系统包含两个修改器：

布料修改器用于模拟布料和环境交互的动态效果，其中包括碰撞对象（如角色或桌子）和影响碰撞对象的外力（如重力和风）。

衣服生成器可以将二维面通过缝合转换为三维服装模型，其使用方式与真实的服装制作方式比较类似。

除此之外，3ds Max 中的 MassFX 工具集中的布料对象也是布料修改器的一个版本，可以完全参与 MassFX 模拟。它可以碰撞模拟中的其他对象，从而影响其运动，但也会受其他对象运动的影响。

三、粒子动画

3ds Max 中的粒子系统主要用于使用程序生成模拟的方式，为大量的小型对象创建程序模拟动画，常用于模拟自然现象、物理现象，比如雨、雪、水流、灰尘或爆炸。还可以将粒子系统与 3ds Max 提供的空间扭曲系统产生的各种阻力、重力、风力、反弹力等特殊力场配合使用，使粒子的运动更加真实、多变。

3ds Max 提供了两种类型的粒子系统，分别为事件驱动型和非事件驱动型。事件驱动粒子系统，又称为粒子流（Particle Flow）。事件驱动粒子系统可以模拟测试粒子属性，根据运算和测试的结果，将粒子分别发送到不同的事件中。每个事件都会为粒子单独指定各种属性和行为。而在非事件驱动系统中，粒子则通常在整个动画中表现出一致的运动属性。

通常情况下，发射出的粒子之间不需要碰撞的简单动画，如下雨、下雪、水流喷涌，可以使用非事件驱动粒子系统进行制作。非事件驱动粒子的运算速度更快、设置也更为简单。非事件驱动的粒子系统为随时间生成粒子的子对象提供了相对简单直接的方法，以便模拟雪、雨、尘埃等效果。在创建